中国科学院院史丛书

中国科学院院史拾零

宋振能 /编著

科学出版社
北京

图书在版编目(CIP)数据

中国科学院院史拾零／宋振能编著．—北京：科学出版社，2011.8
（中国科学院院史丛书）
ISBN 978-7-03-031981-4
Ⅰ.①中…　Ⅱ.①宋…　Ⅲ.①中国科学院－历史　Ⅳ.①G322.21-09
中国版本图书馆 CIP 数据核字（2011）第 157400 号

丛书策划：胡升华　侯俊琳
责任编辑：郭勇斌　景艳霞／责任校对：宋玲玲
责任印制：赵　博／封面设计：黄华斌　陈　敬
编辑部电话：010-64035853
E-mail：houjunlin@mail.sciencep.com

科学出版社 出版
北京东黄城根北街 16 号
邮政编码：100717
http://www.sciencep.com
北京凌奇印刷有限责任公司印刷
科学出版社发行　各地新华书店经销
*
2011 年 9 月第　一　版　　开本：787×1092 1/16
2025 年 2 月第七次印刷　　印张：17 3/4
字数：358 000

定价：78.00 元
（如有印装质量问题，我社负责调换）

序

宋振能同志与我是同年到中国科学院工作的，1951年3月他被分配到中国科学院院部调查研究室工作，同年8月我被分配到中国科学院遗传选种实验馆工作。1952年，我们分别被选送到农业部组织的“全国米丘林遗传育种学习班”（地点：北京华北农业科学研究所，即现今中国农业科学院）学习，并同在一个学习小组，同窗近一年，因此互相比较了解。他担任我们学习小组组长，能严格要求自己。他对学习和工作都很认真，分析问题的能力和组织能力都比较强，给我留下了深刻的良好印象。

1956年，我被调到陕西杨凌中国科学院西北农业生物研究所，后又调整到中国科学院西北植物研究所工作，先后31年，与宋振能同志没有工作上的联系。1987年，我调回北京的中国科学院院部工作后，到宋振能同志家中拜访过他，畅谈许久。1988年，他从院部转到科技政策与管理科学研究所工作。

他到科技政策与管理科学研究所后的21年中，集中较多的精力围绕中国科学院院史和中国近现代生物学史两个主题进行了资料收集与整理，撰写了许多很有价值的文章，并于2006年出版了《宋振能文集》。近两年，他发表了《陈毅与中国科学院》（《中国科学院院刊》2009年第2期第122～129页），介绍了陈毅同志任国务院常务副总理期间（1954～1956年）分管科学院时所作的重要贡献，记述了“文化大革命”前中国科学院“黄金时代”的形成与历史背景，具有重要的史料价值。

历史是一面镜子，温故而知新，它可以给我们一些新的启示。《中国科学院院史拾零》一书的出版又增添了一些新的内容，对了解新中国成立后的中国科学发展史具有重要参考价值，特此推荐从事科技政策研究及有关的同志参阅。

李振声

2009年8月25日

自　序

1950 年冬，我毕业于原福建协和大学生物系。当时大学毕业生的工作是由国家统一分配的。毕业后约两个月，我被通知工作单位是中国科学院。

毕业前，我曾考虑过自己今后的工作去向和志愿。我想出路不外是两条：一条是到学校当生物学教员；另一条是到某研究单位进行科学研究。虽然当时我对中国科学院（简称科学院）很不了解，但它是中国科学的最高殿堂却曾有耳闻，因此接到通知后我觉得这种安排很符合自己的预想和愿望，也为能到这样的单位工作而感到十分荣幸。

1951 年 3 月 12 日的早晨，在前两天刚下完大雪，街旁、路上还堆满积雪的北京城里，我怀着喜滋滋的心情到那时位于文津街三号的中国科学院院部报到。人事处的干部把我带到院部小楼二层的调查研究室，将我介绍给简焯坡同志。简焯坡在向我简要介绍了科学院和调研室的情况之后，就直截了当地告诉我，我的工作就在调查研究室。工作性质是科学行政工作、科研组织管理工作。那时我对这种工作毫无所知，听完介绍后，我觉得这跟我原来的愿望大相径庭，犹如被泼了一盆冷水，我刚来时的喜庆心理顿时被浇得踪影全无。我当即提出对这种工作很不清楚，也不知道怎么着手去做，恐怕难以胜任，希望能让我到生物学的研究单位去做科学研究。但他却说现在科学院最缺的是这方面的人才，需要有各门学科专业知识的人来做这种工作。他还以自己为例，说他本人原来就是搞科研的，也正是因为工作需要才被调到院部，他劝我还是要以工作需要为重，服从组织上的决定。当时我是新民主主义青年团（后改为共产主义青年团）的一名团员，毕业后又刚接受过要服从组织分配的教育，只好无奈地接受了。正式上班以后才知道，简焯坡同志当时是调查研究室的专员（相当于副处长），分管生物学和地学方面的工作，他就是我到中国科学院后的第一位直接领导，在院部工作的初期我是在他的指导和关怀下成长的。虽然从 1955 年学部成立后我们就再也没有在一起工作过，但我们之间的师生和同志情谊却一直保持到 2003 年他不幸因病逝世。

从 1951 年到现在，已经经历了半个多世纪的世事沧桑。我已从昔日那个经常活跃在体育场所、朝气蓬勃的青年，变成了鬓发斑白、抱病度日的垂垂老者。何曾想到，就是从当年简焯坡同志跟我的那次谈话起，我跟中国科学院结下了

“不了缘”，并在这个中国科学的圣坛上度过了大学毕业后的整个一生。

回顾在中国科学院的50余年生涯，大致可以划分为下面三个阶段。

第一阶段，1951～1987年。概括地说，这是我主要从事生物学科技组织管理和服务工作的阶段。这段时间，我除了1980～1982年约两年在中国科学院动物研究所工作外，其余的时间都是在中国科学院院部，而时间最长的要算是在生物学部。在院部，我的工作单位曾换过不下十次，先后在调查研究室、计划局、学术秘书处、生物学地学部、生物学部、黄淮海办公室、“五·七”办公室、业务一组、业务二组、二局、一局、生物学部、生物局等单位工作。不过值得庆幸的是，除“五·七”办公室外，不管工作单位怎么变来变去，但万变不离其宗的却是：我所做的依然是生物学科技的组织管理和服务工作。

虽然我早就有在科技报刊上发表作品的兴趣和愿望，可是在这个时期里，由于政治运动频繁以及科技行政工作的性质不能像科研工作那样持续稳定地进行等种种原因，我也就没有心思去考虑进行某一方面的写作或著述。这个阶段在科技刊物上刊登的少数几篇文章，大都是由于工作关系，临时被指定或一时感触而匆忙写出的作品。例如，收入本书的“调查河北省晋县除草防蚜功效报告”，是我在科技刊物上发表的第一篇文章，这并不是我的投稿，发表前我也毫不知情。只是在报告发表后才有人向我透露，这次调查是郭老（郭沫若院长）授意调研室派人进行的，调查报告也是郭老授意《科学通报》刊登的。为了宣传推广我院实验生物研究所昆虫研究室做出的这项对农业增产有益的科研成果，郭老还凭他的天才智慧、学识和灵感，亲自写出防治棉蚜歌在《人民日报》上发表。

纵览30多年在科学院院部的工作，对我来说是个难得的锻炼，并且获得了宝贵的收获。

第一，我的工作性质，使我有机会接触和结识不少生物学部的学部委员（后改称院士）和院内外知名的老科学家。他们大都是我国现代生物学、农学、林学和医学及其分支学科的奠基人、开拓者和权威专家，理所当然，我把他们尊奉为我的老师或是老师的老师，聆听他们对学术问题的见解和对科技工作的意见，使我学到比较广泛的生物学等基本知识，得到工作方向任务的启示。在工作中遇到疑难问题，我也常从向他们讨教中得以释疑解惑。同样我也结交了全国生物学界尤其是科学院的许多中、青年科学工作者和其他朋友，得到了他们的帮助。

第二，与上述相联系，我对院属生物学研究机构和院外主要有关单位的科研情况和重要成果能够有概略的了解。对于国际上生物学特别是重要和前沿领域的科研动态和最新进展，也能略知一二。这些，都给我顺利开展工作提供了必要的基础。

第三，认识到需要经常注意学习中共中央和国务院对科技工作的方针政策，学习自然科学发展的历史知识和一些规律，包括科技先进国家发展科技的一些经验等，并结合自己的实际情况灵活运用，使工作少走或不走弯路。

此外，我还学习到如何开展工作的一些方式方法等。

当然，在我的工作中也存在不少不尽如人意的缺点以至错误。例如，到科学院初期，曾有数年存在不安心院部工作的思想；一般化的工作多，深入、系统的工作少；程式化的工作多，在工作中求新求变少等。

总之，我没有虚度在科学院院部的30多年光阴。现在，我不仅没有为在院部工作而反悔和怨艾，相反，我为能被安排在这样的岗位上而感到欣慰和幸运。

第二阶段，1988～1993年，这个阶段我的主要工作是编辑和写作。

1987年秋，我离开院部到院属的科技政策与管理科学研究所工作。在离开院部前，我对自己的去向就有了一些盘算。当时我已年近花甲，我想以我这样的年龄和经历，要到生物学的研究机构去做实验研究已不可能，根据以往的工作状况和个人志趣，我有意围绕中国科学院院史和中国近现代生物学史做些史料的收集整理和研究。不过这也只是个泛泛的工作范围，并没有想好就某个领域或专题做深入的探讨和写作。

到科技政策与管理科学研究所后，我还承担了《中国科学院院刊》（以下简称《院刊》）的编辑任务。从此，除了完成兼任的《院刊》编辑工作外，我就专心致志地对我想过的一些题目着手资料的收集和整理，陆续发表了一些文章。

1991年，我办理了退休手续。可是由于《院刊》职务的任期还没有届满，我的姓名虽然已经列入退休人员的花名册，实际上编辑写作的工作还在继续进行。由于精力比较集中，时间也有比较充分的保证，在这短短的五年里，我所发表的文章和资料反倒比前30余年多出不少。收入本集的多数作品，大都是在这个期间内完成的。但是话又得说回来，如果没有以往多年的工作和经验积累，要取得这样的收获恐怕也是不可能的。

要进行院史等方面的一些研究和写作，必须下工夫收集查考有关的档案资料。中国科学院办公厅档案处是保藏这方面珍贵史料的宝库，为了挖掘和收集那里的宝藏，这段时间里我成了中国科学院档案处的常客。因为我是在院部工作多年的老人，当我查找和借阅档案时，档案处的许多同志给了我特殊的照顾和方便，在此我向他们谨表衷心的谢意。

第三阶段，1994年至现在。简单地说这是个休闲治病的阶段。

1992～1993年，由于我不自量力，除了我原来的编辑写作任务之外，又承揽了两件比较繁重的编纂工作。一件是接受院史文物资料征集委员会办公室的委托，由薛攀皋、季楚卿和我三人合作编写《中国科学院生物学发展史事要览》；另一件是接受中国科学技术协会的聘请，担任《中国科学技术专家传略·理学篇·生物学卷》的副主编。当时因主编朱弘复教授年迈有病，编纂传略的全部工作实际上都由我负责进行。就是这两件事，使我 1993 年全年几乎都是在不分昼夜地紧张劳作，疲惫不堪。没有想到，正是因为这种超负荷写作已经为病魔的侵袭埋下了祸根。果然，在不久后的 1994 年春节期间的一个早晨，当我准备起床去参加传略编委会的会议时，突然晕倒在床上，几天后我因身体不适只好住进医院接受治疗，经医生检查诊断，我患了脑梗死等疾病。此后，我便基本停止了编辑写作活动。

在这十二三年的时间里，我经常到医院看病治病。在身体状况许可的情况下，断断续续地编完生物学家传略的第二卷。我生病前，该卷的编纂已完成过半，把后一小半的扫尾工作做完以后，我便辞掉了这份副主编的兼差。此外，还写了一篇纪念郑作新老师的文章。

以上就是 50 多年来我在中国科学院工作和生活大致轮廓的简要回顾。

刊印本集时，中国科学院自然科学史研究所院史研究室王扬宗、张藜同志要我做个自我介绍，着重谈谈“我和中国科学院”的关系。是为序。

宋振能

2011 年 2 月

前　言

2006年12月，中国科学院自然科学史研究所院史研究室、中国科学院院史工作委员会刊发了拙著《宋振能文集》（以下简称《文集》），供内部交流使用。在《文集》刊印过程中，我曾校阅过两次。《文集》印发后，我又仔细校阅了一遍，发现仍有若干处错误（主要是由于我粗心大意所致，与编辑出版部门无关），同时我也考虑还有一些地方需要补充修改。在《文集》刊印前，我就希望能公开出版，出现了以上情况后，我就更加坚定了尽快修改后正式出版的决心，因此，我就没有对已经发现的错误补发勘误表进行更正。

编著本书，主要是以《文集》为基础，其中的原《文集》前言、自序和大部分文章、资料还是《文集》原有的，只作了一些变动和补充修改。

本书和《文集》不同之处有以下几点：

（1）书名改为《中国科学院院史拾零》。

（2）对作品的编排做了一些变动，把《文集》中的作品由原来划分的三部分改成五部分。这五部分是：①关于中国科学院建立组织机构、某些制度等的回顾和探讨；②对涉及科学院的一些重要专题做比较系统的史料收集和整理；③纪念对科学院作出重要贡献的国家和科学院领导人、著名科学家的文章；④访谈录及会议简报；⑤有关科学院生物学研究与发展问题的撰述。

（3）在《文集》前言中，我曾提及我还“编写或参与编写了一些会议纪要、简报以及其他一些作品，因为没有正式或公开出版发行，也就都没有收入这个集子”。2003年，《院史资料与研究》编辑从院档案室找到我编写的“百家争鸣”座谈会简报作为史料刊登在该刊上。该简报既已正式刊出，我就把它收入本书。

（4）增加了五篇近年来新发表的作品，一篇是纪念陈毅同志的文章，另外四篇是访谈录及会议简报；删除了《文集》中的“大事记”和一篇以李森科错误学术思想为指导而编写的书评。

（5）对已发现的《文集》中的错误和我认为需要补充修改的地方做了改正和修订。

承蒙中国科学院自然科学史研究所院史研究室一再积极支持，本书才得以公开出版；中国科学院原副院长、著名小麦遗传育种专家、2006年国家最高科学技术进步奖获得者李振声院士在百忙之中为拙著写序，我深以为幸；中国科学院植物研究所副馆员胡宗刚先生指正了《文集》中的一处重要缺漏；我的老领导、原生物学部副主任过兴先教授，我的老师郑作新院士的夫人陈嘉坚女士，我的长期同事、原生物学部副主任薛攀皋教授，植物研究所编审夏振岱女士都为本书提供了照片，特别是《院史资料与研究》杨小林副编审不仅提供了珍贵的照片，而且还帮助提供了几篇作品的电子稿件；我的外甥女宋勤副教授和儿子宋文戈（不久前回国，在美国时曾任高级软件工程师）帮我用计算机打印了一些书稿内容；院自然科学史研究所熊卫民副研究员做了许多编辑工作。在此，对于他们的热诚帮助和大力支持，一并谨致以深深的谢意。

本书虽已改正了《文集》中的一些讹误，但还是难免存在错漏和其他问题，敬希读者给予批评赐教。

宋振能

2009年8月

《宋振能文集》前言

这个集子，是我到中国科学院后科技书刊、报纸登载我的文章和资料的汇编。

为什么要把这些作品汇集付印？事情出于偶然。有一天我想找过去发表的一篇文章参阅，但在家里遍寻不得，最后只好到科学院图书馆去借阅。由此使我萌生出一个想法，反正近年来闲暇无事，为什么不把过去多年分散在各处的作品收集在一起，作为一种休闲的消遣，查看也方便。根据过去写作的情况和作品的性质，这些作品可以粗略划分为三类：一类是关于我院建立组织机构、某些制度等的回顾和探讨以及纪念一些院领导人的文章；另一类是就涉及全院的一些重要专题，做比较系统的史料收集和整理；再一类是有关生物学和生物学家方面的撰述，这些撰述与科学院都有密切关系，实际上也是院史的一个组成部分。因此，总的看来，本集也可以说是一册微不足道的、很小一部分的院史文献资料。这本文献资料，尽管它们数量有限，而且多系不能登堂入室的肤浅之作，但"敝帚自珍"，之所以把它汇编付印，对我来说，既便于需要时翻阅查考，同时也是给自己留下一个纪念；而对于其他读者，特别是一些有兴趣研究和了解院史的有心人，或许也具有史料方面的某种参考价值。

收入本集的作品，并不能完全体现我在科学院特别是在院部的全部工作和有关活动。不过，通过它们，多少可以看出我以往工作的一鳞半爪。

刊印本集，还有几点需要说明：

一、发表在有些书刊中的作品，有些是在会议上发言或访谈时记录的整理，原来没有标题，现在的标题是这次刊印时新加的。

二、发表本集作品的书、刊和报纸的名称以及年月、卷期等，都在每篇的篇首脚注中说明。这些出版物中，《院史资料与研究》是中国科学院院史文物资料征集委员会办公室编印的内部资料，其余都是公开出版发行的。与别人合作或我参与写作由别人署名的作品，具体情况也在注释中一并说明，未加说明者都是我个人的作品。

三、我还编纂或参与编纂了一些其他作品，因其都已独立成书（册）出版，因此没有收入本集。这些书籍有：

（一）《遗传学座谈会发言记录》

这本以“遗传学座谈会会务小组”名义编辑发行的册子，实际上主要是我编辑的。当时我是这个座谈会的工作人员，并被指定担任记录。会后我把经发言人审阅修改的记录整理（有一部分是发言人给我的发言稿）编辑成册。由时任生物学地学部学术秘书的过兴先同志写了前言，送交科学出版社于 1957 年 4 月出版，当时只在内部发行。事隔多年，李佩珊等四位同志编写的《百家争鸣——发展科学的必由之路》一书，由商务印书馆于 1985 年 11 月出版并公开发行。该书把《遗传学座谈会发言记录》作为重要组成部分全文登载。

（二）《中国科学院生物学发展史事要览 1949—1956》（薛攀皋、季楚卿、宋振能）

由中国科学院院史文物资料征集委员会办公室组织编写，1993 年印行。

（三）《中国科学技术专家传略·理学篇·生物学卷 1》（中国科学技术协会编，河北教育出版社出版，1996 年 7 月）

（四）《中国科学技术专家传略·理学篇·生物学卷 2》（中国科学技术协会编，中国科学技术出版社出版，2001 年 1 月）

上述两本生物学家传略得以出版发行，是各位撰稿人和编委们的集体劳动成果，为编纂该书我曾付出了相当多的时间和精力，编委、责任编辑韩存志同志也做了大量工作。

此外，我还曾替中国科学院的一些原领导人，如裴丽生、秦力生、武衡等同志草拟过若干报告或总结的稿子，编写或参与编写了一些会议纪要、简报以及其他一些作品，因为没有正式公开出版发行，也就都没有收入这个集子。

四、新中国成立初期，在党和政府的大力号召下，我国曾掀起了“学习苏联”的热潮。在学习取得成绩的同时，也搬用了类似苏联对学术问题采用政治、行政手段“支一派，打一派”的错误，使全国各地不同程度地重演了苏联“李森科事件”的悲剧。比如把孟德尔、摩尔根遗传学说成是“伪科学”、“资产阶级的”、“反动的”、“唯心主义和形而上学的”；而把李森科标榜的“米丘林学说”、“农业生物学”说成是“无产阶级的”、“革命的”、“辩证唯物主义的”等。受其影响，在我当时写作的有关米丘林学说的少数文章中，也存在着这方面的错误和其他一些问题，我自当引以为训。但是，这些作品在收入本集时，为了忠于历史，尊重客观事实，并藉资鉴戒，我仍然保持了文章发表时的全文原貌。

限于自己的思想水平和写作能力，本集难免存在着不少疏忽和纰漏，如蒙读者不吝赐教，将不胜感激。

本集得以编成刊印，首先得感谢中国科学院科技政策与管理科学研究所研究员、原院史研究室主任樊洪业同志，他曾出题并组织我写作了其中的一些作品，还为若干作品提供了发表的园地，本集的刊印也得益于他的支持和介绍。我还得感谢当时中国科学院档案处的许多同志，特别是袁慧、潘亚男、胡秀英、王立新等同志，没有她们的关照和帮助，要完成本集不少作品的写作是不可能的。最后感谢自然科学史研究所院史研究室的两位研究员王扬宗、张藜和学报编辑部主任艾素珍同志。他们对“自序”的写作和作品的编排等提供了宝贵的意见，并对本集的刊印出版给予了热诚的支持。

宋振能

2006 年 10 月

目　录

第一部分　中国科学院组织机构、制度建立的回顾

第二部分　一些重要专题的史料选汇

第三部分　缅怀科学院发展史上的重要领导人、著名科学家

第四部分　访谈录及会议简报

第五部分　中国科学院生物学研究与发展的相关论述

第一部分　中国科学院组织机构、制度建立的回顾

中国科学院建立专门委员制度的回顾*

内容提要

中国科学院建院初期，曾聘请国内大批科学家担任专门委员，作为中国科学院的学术顾问。专门委员制度的建立和实施，在科学院的创业时期留下了值得记述的史绩。本文对建立专门委员制度的缘起，产生专门委员的经过以及专门委员的性质、任务、作用等作了介绍和回顾。

中国科学院（以下简称科学院）成立以后，于 1950～1953 年选聘了院内外有代表性的知名科学家 200 余人担任科学院的专门委员。在全国范围内吸收这么多科学家参与国家最高科学机构的工作，这在中国科技史上还是第一次。虽然由于种种原因，专门委员的作用没有能够得到充分的发挥，专门委员的名称也不像学部委员那样被科技界广泛知晓，但专门委员制度的建立和实行，对于科学院创立初期全院性重大问题的决策，促进科学院与院外有关机构特别是高等院校的合作和联系，以及其他一些方面仍然作出了可贵的贡献；同时也为后来中国科学院学部的建立和学部委员的选聘打下了必要的基础，因而具有历史意义。

一、建立专门委员制度的缘起

中国科学院实行专门委员的制度，源于建院之前提出的在科学院内设立评议会或科学工作委员会的意见。

1949 年 6 月，在召开新政协筹备会期间，中共中央已经指派宣传部部长陆定一负责科学院的筹建工作。协助他工作的是恽子强和丁瓒（建院初他们即被任命为办公厅副主任，中共中国科学院党组成员），钱三强（建院初被任命为计划局副局长、近代物理研究所副所长）也被邀参加。大约在 1949 年 9 月，

---

* 本文原载《中国科技史料》第 13 卷（1991）第 4 期第 38～52 页和《宋振能文集》第 1～17 页。上述刊物和《文集》中关于当时委员的人数统计有误，此次出版时已作了改正。今后请以本文的统计和叙述为准。承钱三强、黄宗甄、简焯坡三位教授提供重要情况，对他们的热情帮助谨致深切的谢意。

由丁瓒和钱三强负责写了《建立人民科学院草案》（以下简称《建院草案》），经恽子强看后送给了陆定一[1]。这份有重大价值的历史文献，描绘出了构建科学院的基本蓝图，对于建立科学院的基础，包括的学科范围以及科学院的性质、任务，组织系统、拟调整改组而设立的研究机构等，都作了相当详尽的说明，其中不少意见后来都被采纳并陆续得到实施。《建院草案》指出："人民科学院的基本任务在于有计划地利用近代科学成就以服务于工业、农业和国防的建设，组织并指导全国的科学研究以提高我国科学研究水平。""科学院将成为工农业及国防方面解决科学理论及技术上的问题的最高机构。"为了与上述任务相适应，《建院草案》在科学院的组织系统图上，列出在院长、副院长下设立院务会议、评议会（科学工作委员会）和特种研究机构等组织，并指明"评议会除院长副院长、各处处长、各研究机构首长为当然评议员外，得聘请科学界有代表性之人士若干人组织之"。关于评议会的主要任务，《建院草案》规定为："（A）提供全国性科学研究计划。（B）审核科学院年度工作报告。（C）审核全国科学创作、著作及发明。"

据钱三强介绍，当时对苏联的情况了解很少，之所以提出建立评议会或科学工作委员会，是因为国内的中央研究院（后简称"中研院"）曾设有院士会议、评议会，北平研究院设有学术会议，而将成立的科学院要成为全国的最高科学机构，我们考虑必须吸收和团结国内有代表性的科学家来参与工作，以便发扬民主，集思广益，共同把科学院办好[2]。

相隔不久，1949年10月13日，丁瓒给陆定一送了一封便函[3]，写道："经过多方协商并根据前中研院原有名单，拟成科学工作委员会名单，以供参考。"接着提出："最近对于科学院的组织，有些意见如下：……（2）评议会过去职权只限于选院长，现在应该参加计划问题，不如改为科学工作委员会。（3）委员名单，老解放区可以再酌量增加，但需严格。（4）具体进行时，可待郭老（作者注：指中共中央已内定郭沫若为院长）发表后，由郭老先聘若干筹备委员，则一切工作可公开进行，然后科学工作委员会始可召集。"函中附了"科学院科学工作委员会委员（草案）"，包括数学、物理、化学、地质、地球物理、心理、动物、植物、生理、医药卫生、农林、工业12个方面85人的委员名单，并注明"社会科学请郭老推荐"。第二天陆定一就把原函转给了郭沫若。同月19日，中央人民政府委员会第三次会议任命郭沫若为科学院院长，陈伯达、李四光、陶孟和、竺可桢为副院长。同月23日，在由竺可桢主持，陶孟和、严济慈（建院初任办公厅主任）、恽子强、丁瓒、黄宗甄（建院初任办公厅秘书处处长）等参加的一个座谈会上[3]，议定"科学工作委员会暂称为第一届科学工作委员会"，"人选定本月底以前汇集。社会科学方面请陈伯达、陶孟和推荐，自然科学方面数理由严济慈，化学、工业由恽子强，地质、农林、气象等由竺可桢，心理、生理、卫生由丁瓒，负责考虑原有所提之名单。”10 月 29 日，科学院领导人商定了科学工作委员会各组的人选[4]。

中国科学院正式成立后，关于设立科学工作委员会的问题，经请示中共中央领导人，认为科学院刚刚成立，条件还不成熟，不要搞像以前院士之类性质的组织，科学家的事权不宜过重[5]。11 月 13 日，科学院决定改科学工作委员会为设立各种学科的专门委员会，并由其讨论已接收各研究机构的调整和工作方针[6]。第二天，郭沫若在北京对科学院同仁讲话，当谈到经周恩来总理看过的《中国科学院组织条例草案》时，说明“在条例中规定得视需要设立专门委员会及调查研究团，专门委员会有点像中研评议会”。虽然当时已经有一个科学工作委员会人选的名单，但为了比较广泛地征求对专门委员人选的意见，从 12 月中旬起，科学院研究计划局（1950 年 3 月改称为计划局）向国内有关专家发出书面调查表，请他们推荐有特殊贡献的科学家[7,8]。这样，原定由各科专门委员会讨论调整改组已接收各研究机构等方面的问题，就改由召开各有关学科的专家会议进行[9]。

1950 年 4 月，院务汇报①讨论了拟订的《中国科学院暂行组织条例草案》和《专门委员聘任规程草案》[10]，随后又提交 6 月下旬召开的中国科学院第一次扩大院务会议讨论，并获得原则通过[11]。规程经修改后定名为《中国科学院各科专门委员聘任暂行办法》（以下简称《暂行办法》）上报备案，8 月 1 日政务院文化教育委员会（以下简称“文教委员会”）批复准予备案[12]。根据《中国科学院暂行组织条例草案》[11]和《暂行办法》[12]，科学院没有设立各种学科的专门委员会，只聘任专门委员（郭沫若在 4 月 6 日的院务汇报上说明，若成立委员会在人事上将遇到麻烦）；专门委员依照其学科的性质可分为若干组，中国科学院得随时向个别专门委员征求意见，或召开某一组专门委员会议或几组专门委员的联席会议，研讨有关的工作事项。

以上所述，就是中国科学院从原来拟定的设立科学工作委员会改变成为实行专门委员制度的主要过程。

二、专门委员产生的经过和有关情况

专门委员的选聘工作，主要分两批进行。

第一批选聘的是自然科学方面基础学科的专门委员，这批专门委员是从科学

① 院务汇报是中国科学院 1950 年的一种领导人会议制度，会议成员是院长、副院长和院机关各部门负责人，并吸收在京有关研究机构负责人参加，在会上汇报工作和讨论、决定问题。

院研究计划局请专家推荐的人选中产生的。推荐工作分两次进行：第一次开始于1949年12月12日，到1950年1月底结束，研究计划局采用原来中央研究院院士的名单，经过选择、补充，确定35位为投票人，请他们从本身专长和熟悉的学科中推荐数人到20人有特殊贡献的科学家。在收回的30份调查表中，被推荐出的专家共233人。由于被推荐人在票上的名次是按其贡献大小顺序排列的，这样就可以对他们在其专长学科中的地位有个大致的估计。第二次调查从3月初开始，这次调查的对象更为广泛，是以被推荐出的全部专家名单为基础，同样经过选择和补充，决定了207位投票人。到4月15日止，共收回调查表182份。统计两次调查的结果，被推荐出的专家共865人（其中174人还在国外）。1950年4月下旬，科学院根据被推荐人的情况和所属单位的划分，从865人中选出165人为自然科学方面基础学科的专门委员，并按其专长分别归属于数学、近代物理、应用物理、物理化学、有机化学、生理生化、实验生物、水生生物、植物分类、心理、地球物理、地质、古生物、地理和天文15个组，因其中有4人（周培源、吴有训、竺可桢、李四光）兼任两个组的专门委员，受聘的实际上是161位科学家[7,8]。6月7日，科学院把院外单位的专门委员名单上报备案，6月18日发出聘函，7月2日文教委员会复函准予备案[13]。

第二批选聘的是社会科学和工程科学方面的专门委员，还补聘了上述基础科学方面的一些委员。这批专门委员的产生，没有采取投票推荐的方式。在1950年6月20～26日中国科学院举行第一次扩大院务会议期间，上述自然科学方面的专门委员已被邀请参加会议，而且委员的名单也已公布，而社会科学和工程科学方面的专门委员却还没有聘任。于是这些方面的不少与会科学家提出意见，希望尽快确定人选并聘任，近代史研究所还通过会议推荐了一些专门委员候选人[14]。经过一段时间的酝酿和商讨，选定了社会科学的专门委员61人，分为近代史、历史考古、语言文字和社会经济4个组；工程科学的专门委员10人，设工学实验组；还补聘了自然科学方面基础学科一些组的专门委员18人共89人。因其中有10人兼任两个组的专门委员，实际人数为79人。这批专门委员是作为上一批的补充名单于10月13日上报的，同样只报院外委员的名单，并随即给他们发了聘任通知书，文教委员会于10月25日批准备案[13]。只隔几天，计划局经商议得到近代史研究所同意，又推荐徐特立1人为近代史组专门委员，经批准后于10月26日发出聘书[13]。这样，1950年科学院共聘任专门委员255人，兼两组者14人①，实际人数为241人，其中自然科学方面181人（院外113人，院内68人），社会科学方面60人（院外47人，院内13人）。1950年以后，又几

① 见附表后的注释（1）。

次补聘个别或少数人共11位专门委员，其中1951年2人[15]，1952年1人[15]，1953年8人[13]。经过这样几次选聘和补聘，1950～1953年，科学院一共聘任了专门委员252人，分20个组，其中自然科学家191人（院外123人，院内68人），社会科学家61人（院外48人，院内13人）。全部委员的分组，姓名，聘任时所在单位和职务、聘任时间等详见附表[13,15]。

附表　中国科学院专门委员一览表(1)

组　别（人数）	姓名	聘任时所在单位和职务(2)	聘任时间
数学组（11人，其中兼任近代物理组委员1人）	江泽涵	北京大学数学系教授兼主任，院(3)数学研究所筹备处副主任	1950年6月
	周培源**(4)	清华大学物理学系教授兼校务委员会副主任委员、教务长，院数学研究所筹备处副主任	同上
	姜立夫	岭南大学数学系教授兼主任	同上
	段学复	清华大学数学系教授兼主任，院数学研究所筹备处合聘研究员	同上
	陈建功	浙江大学数学系教授，院数学研究所合聘研究员	同上
	许宝騄	北京大学数学系教授，院数学研究所筹备处副主任	同上
	华罗庚	清华大学数学系教授，院数学研究所筹备处副主任、合聘研究员	同上
	闵嗣鹤	清华大学数学系教授	同上
	钱伟长	清华大学机械学系教授兼主任、副教务长	同上
	苏步青	浙江大学数学系教授兼教务长，院数学研究所筹备处主任、合聘研究员	同上
	王湘浩	东北人民大学数学系副教授	1950年10月
近代物理组（13人，其中兼任应用物理组委员3人，兼任数学组委员1人）	王竹溪	清华大学物理学系教授兼主任	1950年6月
	王淦昌	院近代物理研究所研究员	同上
	吴有训**	院近代物理研究所研究员兼所长	同上
	何泽慧	院近代物理研究所研究员	同上
	周培源**	同前(5)	同上
	张宗燧	北京大学物理学系教授	同上
	彭桓武	院近代物理研究所研究员，清华大学物理学系合聘教授	同上
	赵忠尧	院近代物理研究所研究员	同上
	赵广增**	北京大学物理学系教授，院应用物理研究所合聘研究员	同上
	钱三强	院近代物理研究所研究员兼副所长、计划局副局长，清华大学物理学系教授（名誉职）	同上
	叶企孙**	清华大学物理学系教授兼校务委员会主任委员、理学院院长	1950年10月
	胡　宁	北京大学物理学系教授	1951年3月
	严　恺	上海交通大学教授	1951年8月

续表

组 别（人数）	姓名	聘任时所在单位和职务[(2)]	聘任时间
应用物理组（12人，其中兼任工学实验组委员1人，兼任近代物理组委员3人）	丁燮林	文化部副部长	1950年6月
	王大珩**	大连大学应用物理学系教授兼主任	同上
	吴有训**	同前	同上
	余瑞璜	清华大学物理学系教授，院应用物理研究所合聘研究员	同上
	陆学善	院应用物理研究所研究员兼副所长	同上
	叶企孙**	同前	同上
	葛庭燧	清华大学物理学系教授，院应用物理研究所合聘研究员	同上
	钱临照	院应用物理研究所研究员	同上
	饶毓泰	北京大学物理学系教授兼主任、理学院院长	同上
	严济慈	院应用物理研究所研究员兼所长、办公厅主任	同上
	施汝为	院应用物理研究所研究员	1950年10月
	赵广增**	同前	1950年10月
有机化学组（11人，其中兼任生理生化组委员1人）	王葆仁	浙江大学化学系教授兼主任（不久后任院有机化学研究所研究员）[(2)]	1950年6月
	汪 猷**	院生理生化研究所研究员	同上
	纪育沣	院有机化学研究所研究员	同上
	陈康白	东北财经委员会建设局局长	同上
	袁翰青	文化部科学普及局局长，北京大学化学系教授兼主任	同上
	高济宇	南京大学化学系教授	同上
	庄长恭	院有机化学研究所研究员兼所长	同上
	汤腾汉	同济大学化学系教授	同上
	曾昭抡	北京大学化学系教授兼主任、教务长	同上
	杨石先	南开大学化学系教授兼校务委员会主任委员、理学院院长	同上
	赵承嘏	院有机化学研究所研究员兼药物化学研究室主任	同上
物理化学组（10人）	李方训	金陵大学化学系教授兼主任、理学院院长	1950年6月
	吴学周	院物理化学研究所研究员兼所长	同上
	侯德榜	永利公司总经理	同上
	孙承谔	北京大学化学系教授	同上
	孙学悟	北京黄海化学工业研究社社长	同上
	张青莲	清华大学化学系教授	同上
	黄子卿	清华大学化学系教授	同上
	恽子强	院办公厅副主任	同上
	卢嘉锡	厦门大学化学系教授兼理学院院长	同上
	钱人元	浙江大学化学系教授	同上

续表

组　别（人数）	姓名	聘任时所在单位和职务[2]	聘任时间
生理生化组（13人，其中兼任有机化学组委员1人）	王应睐	院生理生化研究所研究员兼副所长	1950年6月
	朱壬葆	上海医学院生理学系教授	同上
	沈寯淇	北京大学医学院生理学系教授	同上
	沈霁春	济南白求恩医学院生理学系教授兼主任	同上
	易见龙	湘雅医学院生理系教授	同上
	徐丰彦	上海医学院生理学系教授兼主任	同上
	张锡钧	协和医学院生理科主任教授	同上
	冯德培	院生理生化研究所研究员兼所长	同上
	赵以炳	清华大学生物学系教授	同上
	蔡　翘	南京大学医学院生理科教授兼院长	同上
	汪　猷**	同前	1950年10月
	林国镐	上海医学院生化系教授兼主任	同上
	刘思职	北京大学医学院生化系教授兼主任	同上
实验生物组（20人，其中兼任水生生物组委员1人）	朱　洗	院实验生物研究所研究员兼发生生理研究室主任	1950年6月
	贝时璋	院实验生物研究所研究员兼所长，浙江大学生物学系教授（名誉职）	同上
	李继侗	清华大学生物学系教授	同上
	胡经甫	燕京大学生物学系教授	同上
	陈　桢	清华大学生物学系教授兼主任	同上
	崔芝兰	清华大学生物学系教授	同上
	庄孝僡	北京大学动物学系教授兼主任（不久后任院实验生物研究所研究员）	同上
	张景钺	北京大学植物学系教授兼主任	同上
	童第周	院水生生物研究所研究员兼副所长、海洋生物研究室主任，山东大学校务委员会副主任委员	同上
	汤佩松	北京农业大学农业化学系教授兼校务委员会副主任委员	同上
	刘崇乐	北京农业大学植物病虫害系教授	同上
	罗士苇	北京大学植物学系教授（不久后任院实验生物研究所研究员）	同上
	罗宗洛	院实验生物研究所研究员兼植物生理研究室主任	同上
	朱弘复	院实验生物研究所研究员兼昆虫研究室副主任	1950年10月
	周太玄	四川大学生物学系教授	同上
	夏康农	政务院文化教育委员会计划委员会副主任委员，北京大学动物学系教授	同上
	陈世骧**	院实验生物研究所研究员兼昆虫研究室主任	同上
	娄成后	北京农业大学农业化学系教授	同上
	冯兰洲	协和医学院寄生虫学系教授	同上
	蔡邦华	浙江大学植物病虫害学系教授兼农学院院长	同上

续表

组别(人数)	姓名	聘任时所在单位和职务(2)	聘任时间
水生生物组（13人，其中兼任实验生物组委员1人）	王家楫	院水生生物研究所研究员兼所长	1950年6月
	伍献文	院水生生物研究所研究员兼副所长、太湖淡水生物研究室主任	同上
	朱树屏	院水生生物研究所研究员	同上
	沈嘉瑞	院水生生物研究所研究员	同上
	秉　志	复旦大学生物学系教授，中国科学社生物研究所所长（不久后任院水生生物研究所研究员）	同上
	陈世骧**	同前	同上
	张　玺	院水生生物研究所研究员兼青岛海洋生物研究室副主任	同上
	张春霖	北京师范大学生物学系教授	同上
	郑　重	厦门大学海洋学系教授兼主任，院水生生物研究所合聘研究员	同上
	曾呈奎	院水生生物研究所研究员兼青岛海洋生物研究室副主任，山东大学植物学系教授（名誉职）	同上
	刘承钊	燕京大学生物学系教授兼主任	同上
	饶钦止	院水生生物研究所研究员	同上
	倪达书	院水生生物研究所研究员	1950年10月
植物分类组（13人）	吴征镒	院植物分类研究所研究员兼副所长	1950年6月
	林　镕	院植物分类研究所研究员	同上
	胡先骕	院植物分类研究所研究员	同上
	耿以礼	南京大学生物学系教授	同上
	陈焕镛	中山大学生物学系教授兼校植物研究所所长	同上
	张肇骞	院植物分类研究所研究员	同上
	邓叔群	院植物分类研究所研究员，沈阳农学院教授兼教务长	同上
	郑万钧	南京大学森林系教授兼主任	同上
	刘慎谔	院植物分类研究所研究员	同上
	裴　鉴	院植物分类研究所研究员	同上
	蒋　英	中山大学森林系教授	同上
	钱崇澍	院植物分类研究所研究员兼所长	同上
	戴芳澜	北京农业大学植物病虫害系教授	同上
心理组（10人，其中兼任语言文字组委员1人）	丁　瓒	院办公厅副主任、心理研究所筹备处副主任	1950年6月
	沈廼璋	燕京大学心理学系教授	同上
	周先庚	清华大学心理学系教授兼主任	同上
	陆志韦**	燕京大学心理学系教授兼校长，院心理研究所筹备处主任	同上
	唐　钺	清华大学心理学系教授	同上
	孙国华	清华大学心理学系教授	同上
	陈　立	浙江大学教育学系教授兼主任，院心理研究所筹备处副主任	同上
	曹日昌	院联络局副局长、心理研究所筹备处副主任	同上
	潘　菽	南京大学教授兼校务委员会主任委员	同上
	臧玉洤	北京大学医学院解剖学系教授	同上

续表

组　别（人数）	姓名	聘任时所在单位和职务[2]	聘任时间
地球物理组（12人，其中兼任地理组委员1人）	朱炳海	南京大学气象学系教授	1950年6月
	竺可桢**	院副院长、计划局局长、地理研究所筹备处主任	同上
	李善邦	南京地质调查所技正	同上
	李宪之	清华大学气象学系教授	同上
	翁文波	上海石油公司技正	同上
	涂长望	人民革命军事委员会气象局局长	同上
	陈宗器	院地球物理研究所研究员兼副所长	同上
	傅承义	院地球物理研究所研究员	同上
	赵九章	院地球物理研究所研究员兼所长	同上
	卢　鋈	人民革命军事委员会气象局副局长	同上
	顾功叙	院地球物理研究所研究员兼副所长	同上
	桂质庭	武汉大学物理系教授兼理学院院长	1952年1月
地质组（18人，其中兼任古生物组委员1人）	王竹泉	燃料工业部矿物管理总局地质勘探室主任	1950年6月
	田奇㑺	湖南地质调查所所长	同上
	李四光**	院副院长兼古生物研究所所长	同上
	李春昱	南京地质调查所技正兼所长	同上
	何作霖	山东大学地质矿物学系教授兼主任	同上
	孟宪民	清华大学地质学系教授	同上
	袁复礼	清华大学地学系教授兼主任	同上
	孙健初	中国石油公司兰州分公司勘探处	同上
	侯德封	南京地质调查所技正（不久后任院地质研究所研究员兼代理所长）	同上
	郭文魁	华东工业部矿产测勘处	同上
	张文佑	院地质研究所研究员	同上
	黄汲清	西南地质调查所所长	同上
	章鸿钊	南京地质调查所技正	同上
	程裕淇	南京地质调查所技正（不久后任院地质研究所研究员兼副所长）	同上
	谢家荣	华东工业部矿产测勘处处长	同上
	谭锡畴	昆明师范学院博物系教授兼主任	同上
	喻德渊	院地质研究所研究员	1950年10月
	叶连俊	院地质研究所研究员	同上

续表

组别（人数）	姓名	聘任时所在单位和职务(2)	聘任时间
古生物组（11人，其中兼任地质组委员1人，兼任历史考古组委员1人）	尹赞勋	南京地质调查所技正	1950年6月
	李四光**	同前	同上
	俞建章	院地质研究所研究员兼代所长	同上
	孙云铸	北京大学地质学系教授兼主任	同上
	许　杰	安徽大学地质系教授兼主任、校务委员会主任委员	同上
	张席禔	清华大学地学系教授	同上
	斯行健	院地质研究所研究员	同上
	杨钟健	院编译局局长	同上
	赵金科	院地质研究所研究员	同上
	裴文中**	文化部文物局博物馆处处长	同上
	卢衍豪	南京地质调查所技正（不久后任院古生物研究所研究员兼副所长）	同上
地理组（15人，其中兼任地球物理组委员1人）	方　俊	同济大学教授（不久后任院地理研究所筹备处研究员）	1950年6月
	王之卓	交通大学土木学系教授兼校务委员会委员	同上
	李旭旦	南京大学地理学系教授	同上
	李春芬	浙江大学地理学系教授兼主任	同上
	竺可桢**	同前	同上
	周立三	院地理研究所筹备处研究员	同上
	周宗浚	中国石油公司勘探处测绘科科长	同上
	徐近之	南京大学地理学系教授（不久后任院地理研究所筹备处研究员）	同上
	夏坚白	同济大学教授兼校务委员会主任委员	同上
	孙敬之	中国人民大学地理教研室教授兼主任	同上
	黄秉维	华东工业部经济研究所代理所长，院地理研究所筹备处副主任	同上
	黄国璋	北京师范大学地理学系教授兼主任、理学院院长	同上
	曾世英	解放日报编辑（不久后任院地理研究所筹备处技正）	同上
	刘恩兰	金陵女子文理学院地理学系教授兼主任	同上
	罗开富	中山大学地理学系教授	同上

续表

组别（人数）	姓名	聘任时所在单位和职务[2]	聘任时间
天文组（4人）	王士魁	云南大学数学系教授兼主任、代理理学院院长	同上
	张钰哲	院紫金山天文台研究员兼台长	同上
	戴文赛	燕京大学数学系教授	同上
	邹仪新	中山大学天文学系教授	1950 年 10 月
工业实验组（10 人，其中兼任应用物理组委员 1 人）	于世胄	燕京大学化学系副教授兼主任、陶瓷实验室主任	1950 年 10 月
	王大珩**	同前	同上
	李公达	重工业部钢铁局计划处处长	同上
	周　仁	院工学实验馆研究员兼馆长	同上
	周行健	院工学实验馆研究员兼副馆长	同上
	陈新民	清华大学化工系教授兼秘书长	同上
	叶渚沛	重工业部顾问	同上
	靳树樑	本溪炼铁公司计划处副处长	同上
	赖其芳	院工业实验馆兼任研究员	同上
	谢树英	北京矿冶研究所所长	同上
近代史组（13 人，其中兼任历史考古组委员 1 人，兼任语言文字组委员 1 人）	白寿彝	北京师范大学历史学系教授兼代理主任	同上
	田家英	中共中央宣传部	同上
	吴玉章**	中国人民大学校长	同上
	何干之	中国人民大学中国革命问题研究室主任兼研究部副部长	同上
	邵循正	清华大学历史学系教授兼主任	同上
	金灿然	出版总署编审局办公室主任	同上
	胡乔木	新闻总署署长	同上
	范文澜	院近代史研究所研究员兼所长	同上
	华　岗	山东大学校务委员会主任委员	同上
	叶蠖生	出版总署办公厅副主任	同上
	翦伯赞**	燕京大学历史学系教授	同上
	刘大年	院近代史研究所研究员兼副所长	同上
	徐特立	中央人民政府委员	1950 年 10 月下旬增补

续表

组　别（人数）	姓名	聘任时所在单位和职务[(2)]	聘任时间
历史考古组（21人，其中兼任古生物组委员1人，兼任近代史组委员1人，兼任语言文字组委员1人）	尹　达	中国人民大学研究部主任	1950年10月
	向　达	北京大学历史学系教授	同上
	杜国庠	广东省文教厅厅长	同上
	吴　晗	清华大学历史学系教授兼校务委员会副主任委员	同上
	李亚农	院办公厅副主任、华东办事处主任	同上
	吕振羽	大连大学校长	同上
	金岳霖	清华大学哲学系教授兼文学院院长	同上
	侯外庐	西北大学校长	同上
	郭沫若**	院长	同上
	梁思永	院考古研究所研究员兼副所长	同上
	夏　鼐	院考古研究所研究员兼副所长	同上
	徐炳昶	院考古研究所研究员	同上
	马　衡	故宫博物院院长	同上
	陈寅恪	岭南大学中国文学系教授	同上
	陈　垣	辅仁大学教授兼校长	同上
	汤用彤	北京大学教授兼校务委员会主任委员	同上
	裴文中**	同前	同上
	冯友兰	清华大学哲学系教授	同上
	翦伯赞**	同前	同上
	郑振铎	院考古研究所研究员兼所长	同上
	邓之诚	燕京大学历史学系教授	同上
语言文字组（13人，其中兼任心理组委员1人，兼任近代史组委员1人，兼任历史考古组委员1人）	王　力	岭南大学中国文学系教授兼文学院院长	1950年10月
	方光焘	南京大学中国文学系教授	同上
	吴玉章**	同前	同上
	吕叔湘	清华大学中国文学系教授	同上
	郭沫若**	同前	同上
	马叙伦	教育部部长	同上
	陆志韦**	同前	同上
	余嘉锡	辅仁大学中国文学系教授	同上
	张世禄	南京大学中国文学系教授	同上
	杨树达	湖南大学国文系教授	同上
	黎锦熙	北京师范大学中国文学系教授兼文学院院长	同上
	魏建功	北京大学国文系教授	同上
	罗常培	院语言研究所研究员兼所长	同上

续表

组别（人数）	姓名	聘任时所在单位和职务(2)	聘任时间
社会经济组（15人）	王学文	马列学院教授	1950年10月
	王亚南	厦门大学校长	同上
	何思敬	中国人民大学教授	同上
	李　达	湖南大学校长	同上
	巫宝三	院社会研究所研究员兼副所长	同上
	胡　绳	出版总署办公厅主任	同上
	马寅初	浙江大学校长	同上
	陈伯达	院副院长	同上
	陈　达	清华大学社会学系教授兼主任	同上
	张奚若	清华大学政治学系教授	同上
	陶孟和	院副院长兼社会研究所所长	同上
	费孝通	清华大学社会学系教授兼副教务长	同上
	冀朝鼎	政务院财政经济委员会外贸企业管理局局长	同上
	钱端升	北京大学政治学系教授兼主任	同上
	薛暮桥	政务院财政经济委员会秘书长	同上
	陈荫榖	?	1953年
	于道文	?	同上
	张勃川	教育部	同上
	薛公绰	卫生部	同上
	李世俊	农业部	同上
	梁思成	清华大学建筑系教授兼主任	同上
	曹言行	国家计划委员会	同上
	白拉提·阿里米	新疆人民政府财经委员会副主任	同上

注：(1) 郭沫若报告中的数字只是院外的专门委员，但未加说明①；姚蜀平文章中引用的同样是院外委员的人数，但自然科学方面多出1人，系把陈世骧误统计为院外委员所致，并误以为是全部委员的人数；本人文章中的208人系把第一批聘任的全部委员161人加上郭沫若报告中社会科学方面47位委员得出的，当时未查档案，没有把第二批聘任的工学实验组委员、基础学科组增聘的委员和院内社会科学各组的委员加进去，以致造成错误。

(2)“聘任时所在单位和职务”栏中加括弧注明聘任后不久即转到中国科学院任职者，郭沫若报告中的1950年专门委员人数未把他们计入。

(3) 表中院××研究所、××厅等系中国科学院××研究所、××厅的简称。

(4) 姓名后有**者，系兼任两个组的专门委员，计有周培源、吴有训、赵广增、叶企孙、王大珩、汪猷、陈世骧、陆志韦、竺可桢、李四光、裴文中、吴玉章、翦伯赞、郭沫若14人。

(5)“聘任时所在单位和职务”栏中的“同前”，系指一个人兼任两个组的专门委员，表中第二次出现时，其单位和职务同于第一次的。

---

① 据钱三强（当时主管聘任专门委员的工作）谈：中国科学院专门委员包括院内、院外科学家是肯定的，当时郭沫若只报告院外委员的人数，可能是为了着重表明吸收院外科学家参加科学院工作的意向。

关于1950年科学院专门委员的人数，以往发表的文章有三个不同的数字，第一个是郭沫若院长1951年2月2日在政务院会议上报告的数字，总人数是160人，其中，自然科学家113人，社会科学家47人[16]；第二个是姚蜀平文章中引用《中国科学院一九五〇年工作报告》上的数字，人数是161人，其中自然科学家114人，比郭沫若报告的多了1人，社会科学家也是47人[17]；第三个是作者本人文章中的数字，人数为208人[18]。经过查核，这三个数字都有问题，发生问题的原因以及专门委员人数上的其他一些疑点，已在本文附表后的注释（1）给予说明。

根据专门委员聘任和分组的有关情况，可以看出以下几点：

（1）在聘任的专门委员中，院外单位的委员占总数的68.2%，院内的只占31.8%，院外委员数约为院内的2.1倍。这说明建院初期科学院专家的力量相对比较薄弱，但更重要的是显示了当时科学院希望团结和吸收更多院外的专家来指导工作，并使科学院真正成为全国最高学术机构所作的努力。对此，李四光副院长在1950年8月召开的中华全国自然科学工作者代表会议上的报告谈到科学院专门委员的聘任时有着清楚的说明[7]。他说："为了尽量把科学院做成一个全国科学界共同而同时在学术上带有领导性的机构，所以就不能不请国内的科学家们参加有关学术方面的工作。"还说："无论什么时候，我们总要把科学院做成全国科学界的科学院，全国人民的科学院，这就要靠院内和院外科学工作者一致的努力，才能办到。"

（2）专门委员的人选，绝大多数都是国内各学科领域的知名科学家，他们中的大部分人以后都被陆续聘任为中国科学院的学部委员；自然科学方面采取广泛投票推荐专门委员候选人的做法，为选聘学部委员提供了有益的经验；同时，几年来建立专门委员制度的实践，对于确定学部制度也有所借鉴。因此，专门委员的选聘和这种制度的实行，确实为成立学部打下了必要的基础。

（3）从专门委员的分组情况看，自然科学方面的16个组与当时科学院已经或即将成立的16个研究所（台、馆）和筹备处的学科名称完全相同；社会科学的4个组，近代史组与近代史研究所的学科名称相同，其他3组原拟名称为考古与历史组、语言组和社会组，只是在上报前经郭沫若最后审阅时才亲笔改为历史考古组、语言文字组和社会经济组[13]，但仍与已设立的考古、语言和社会3个研究所的学科名称基本对应。再与起初准备成立的科学工作委员会的分组相比较，原拟的农林、医疗卫生两组没有设立，工业组则缩小范围为工学实验组，与工学实验馆的专业相对应。20个组聘任的专门委员，他们的专长也都跟科学院20个研究所的专业方向密切相关。这些情况表明，当时聘任专门委员的意图，还是着重希望他们在科学院已有的学科范围内对全国性的学术问题，特别是院内各研究所的工作给予学术指导，为科学院领导的咨询提供意见和出谋献策。

科学家们被聘任为专门委员，都感到由衷的喜悦和荣耀。金陵大学李方训、南京大学郑万钧、协和医学院张锡钧和冯兰洲、湘雅医学院易见龙、北京大学冯友兰等科学家在接到聘函后还分别致信科学院，表达自己的荣幸心情，有的提出将“尽力之所能以求我国科学的发扬光大”；有的表示愿为咨询提供意见，以期达成应负之责任；有的则表明要更努力于本身科学之研究[13]。还有一段北京大学金岳霖教授退还聘书的插曲。当他接到请他担任历史考古组专门委员的聘书后，他随即写信给科学院，说明自己在此方面从无研究，聘任他想为误会，因此把聘书退还。科学院很快回信向他道歉，并解释历史考古组的专业范围包括哲学及思想史，因他是这方面的专家，所以聘请。他这才写信表示“自当遵命”，并说“上次无调查即发言态度不正确，尚祈见谅”[13]。这次误会的发生，问题当然是出在科学院方面，但从金岳霖教授的两次信件中，可以看出这位著名学者在处事上严肃负责的科学态度和他的谦逊精神。

三、专门委员的性质、任务和作用

根据《暂行办法》，专门委员具有学术顾问的性质，属荣誉职。关于专门委员的任务，《暂行办法》规定可被商请研讨下列事宜：“（一）中国科学院各研究部门的工作计划、执行经过及其工作报告；（二）中国科学院各研究部门的高级研究及技术人员的聘任及升级；（三）中国科学院与院外研究工作的合作；（四）中国科学院对院外的各种学术补助；（五）科学发现发明和著作的审核；（六）国际学术合作的策进。”[12]

不难看出，中国科学院的专门委员，既不具有作出科研工作决策或学术评议决定的权责，又不单纯只是荣誉性的学术称号。同时，专门委员也没有固定的组织形式。因此，实行专门委员这样的制度，在实质上，既不同于国内以前中央研究院的院士制度或评议员制度，北平研究院的学术会议会员制度以及诸如国外苏联科学院的院士制度，也不同于英国皇家学会的会员制度、美国科学院的院士制度等，可以说是新中国成立后吸收全国著名科学家参加科研管理和学术指导工作的一种新的尝试。

从1950年6月聘任第一批专门委员到1955年6月中国科学院学部正式成立，专门委员的制度存在了近五年的历史。在这五年里，院内外专门委员中的许多人都在不同程度上为科学院的有关工作贡献了自己的智慧和力量，发挥了很好的作用。主要表现在以下两个方面：

（1）在中国科学院召开的重要会议上，与会的专门委员积极出谋献策，为科学院决定方针大计和重大问题作出了贡献。例如，1950 年 6 月举行的第一次扩大院务会议，刚聘任的第一批专门委员是与会的重要成员，他们和其他人员一起，通过讨论，使大家对科学院的方针和基本任务取得了比较一致的认识，确定了各研究所的方向任务；修改通过了《中国科学院暂行组织条例草案》和其他 4 个规程、细则，使科学院在建院初期就有了必要的规章制度；为加强科学院与院外有关单位的合作与交流也提供了许多宝贵的意见[19]。又如在 1953 年 7 ~ 9 月，中国科学院以学习苏联、发展我国科学事业为主题，分别召开了多种学科的专家座谈会[11]，不少专门委员应邀参加会议，他们在会议上提出的意见和建议，是形成 1953 年 11 月《中国科学院党组关于目前科学院工作的基本情况和今后工作任务给中央的报告》[20] 和 1954 年 1 月郭沫若院长在中央人民政府政务院（以下简称政务院）会议上所作的《关于中国科学院的基本情况和今后工作任务的报告》[11] 的重要依据。这两个报告和中共中央对中国科学院党组报告的批示[20]，成为后来一段时期中国科学院各项工作的根本指针，产生了重大而深远的影响。再如在 1954 年 5 月中国科学院分别邀请地学、生物学、物理学、数学、化学、技术科学和哲学社会科学专家讨论成立学部问题的座谈会上，专门委员们对建立学部的必要性，学部的性质和任务，学部成员的名称、选聘标准和人数等提出了大量的意见[21]，其中许多意见都得到了采纳。

（2）按《暂行办法》规定的任务被邀提供意见，保证了有关工作的顺利进行。收效比较显著的有两项：

一项是对院外研究工作申请补助的审查。1950 年 9 月，《中国科学院对院外研究工作暂行补助办法》经院长批准实行[14]，这是新中国首次设立的包括自然科学和社会科学的科学基金。1950 ~ 1955 年，中国科学院对院外团体和个人从事的科研工作给予经费补助的约 100 项，其中许多项目是请专门委员审查后批准的，1951 年还专门召开以在京委员为主的专家会议进行审查[22]。得到补助的研究项目，一般都做出较好的科研成果，一部分具有实用价值，多数发表了学术论文或专著。在新中国成立初期院外不少单位尤其是高等院校科研经费匮乏的情况下，这项工作对推动院外科学研究的开展产生了良好的效果，因而受到了广泛的欢迎和赞扬。

另一项是促进了中国科学院与院外有关单位的合作和交流。由于院内外的专门委员大都是所在单位的学科带头人和各级领导（附表），他们的身体力行和号召对密切院内外有关单位的联系自然产生了重要的影响。建院初期，院内外不少专门委员和其他科学家相互在有关单位兼课或兼职，这种密切的合作，缓解了当时高级专家严重不足的困难，加快了出成果、出人才的步伐。在合作进行科学研究以至联合建立机构方面，专门委员也作了有力的推动。中央气象局和中国科学院地球物理研究所合作组建联合天气预报中心和联合资料室，北京大学和中国科学院共同建立动物研究室等，就是这方面的显著事例。特别值得提到的是，科学院奠基时期一些研究机构的创建，如数学研究所、心理研究所、地理研究所、仪器馆、金属研究所等的筹备和成立，以及不少研究机构高级科学家的充实，都是与有关专门委员的热情关怀和大力支持分不开的。

此外，许多专门委员在审查学术论文、著作、技术革新、发明和各研究机构的计划等方面，也都认真提出了意见。有一部分专门委员还被聘请参加中国科学院设立的一些委员会，如学术评审委员会、地震工作委员会、巴甫洛夫学说研究委员会、中国动物图谱编辑委员会等，他们在这些委员会的工作和活动中，也都发挥了积极的作用。

虽然专门委员本身都是认真负责地去完成中国科学院交给的任务，但是他们的作用并未得到充分的发挥。一般地说，他们只是发挥了各自的个人作用，集体作用基本上没有能够发挥；在京委员的作用发挥稍好，京外的较差；自然科学方面的好些，社会科学的差些。造成这种状况，从客观方面看，当时中国科学院处于初创阶段，对在新的社会制度下如何发挥院内外专家的作用确实没有经验；《暂行办法》规定的专门委员属于学术顾问的性质和外地专门委员到北京不很方便等，使得要更多地发挥他们的作用也存在一定的实际困难。但从主观方面说，对如何更有效地发挥专门委员的作用重视不够，仍是一个不可忽视的重要原因。在5年时间里，中国科学院不仅没有召开过全体专门委员的会议，就连《暂行办法》上规定的“召开某一组专门委员会议或几组专门委员的联席会议”，也一次都没有开过。虽然按学科性质设立了20个分组，但从未聘定或推选出各组的负责人或召集人。中国科学院的领导人曾数次检查没有很好发挥专门委员作用的缺点，却并没有明显改进。例如，在1951年10月中国科学院向文教委员会的报告中，检查了与专门委员特别是院内专门委员缺乏经常的联系，并具体提出了如下的改进办法：“扩大现有专门委员名额，加聘工业、农业方面科学家及有关业务部门代表为专门委员；专门委员按学科划分为数理科学、化学、生物科学、地学、工程学、社会科学六组，设立组务会议，并选派一定代表参加院务会议。”[23]事后虽然增加了少数专门委员，但其他办法都没有得到兑现。上述状况一直延续到1955年6月中国科学院学部成立，专门委员制度也就完成了它的历史使命。

参考文献及注释

[1]《建立中国科学院有关文件材料》，中国科学院档案（以下略），办永50-1。《建院草案》中未写明该文件的写作者、去处和写出时间。经访问钱三强后才搞清楚。

[2] 访问钱三强笔记。
[3]《科学院准备接管原有各科学研究机关座谈会记录》，办永50-26。
[4]《竺可桢日记》Ⅱ，1943—1949，人民出版社，第1295页。
[5] 访问黄宗甄、简焯坡笔记。
[6] 同［1］，《中国科学院最近情况简报》。
[7] 李四光：《新中国的科学研究》，《科学通报》，第1卷第5期，第288页。
[8]《本院计划局四个月来的工作》，《科学通报》，第1卷第1期，第11页。
[9] 简焯坡、胡金麟：《新中国自然科学研究的前奏》，《科学通报》，第1卷第2期，第12页。
[10]《竺可桢日记》Ⅲ，1950—1956，科学出版社，第42页。
[11]《中国科学院资料汇编》，1949—1954，院办公厅编，第178页。
[12]《科学通报》第1卷第4期，封三。
[13]《聘请本院专门委员会及评审委员会的函件》，人长50-5。
[14]《中国科学院资料汇编》第一集，1950年，院办公厅编印，第35~39页，办永50-38②。
[15]《聘任本院各专门委员会和任用各所所务秘书的文书》，人永51-1。
[16]《中国科学院1950年工作总结和1951年工作计划要点》，《科学通报》，第2卷第4期，第340页。
[17] 姚蜀平：《中国科学院的筹备与建立》，《中国科技史料》，1989年第10卷第3期，第56~65页。
[18] 宋振能：《中国科学院学部历史概况》，《中国科学院院刊》，1990年5卷3期，第273页。
[19]《第一次扩大院务会议文件》，办永50-11。
[20]《科学工作文件集》，中共中央宣传部办公室编印（党内文件），第16~32页。
[21]《本院学术秘书处一九五四年处务会议纪要》，计长54-7。
[22]《中国科学院院报》，办永51-11。
[23]《中国科学院关于调整机构及人事向政务院文教委员会的报告》，《中国科学院院报》，办永51-11。

建院初期科研机构发展的回顾和探讨*

从中国科学院成立到1957年底，是中国科学院初创阶段科研机构发展比较顺利和健康的时期。这八年，在机构的发展过程中没有出现大的波折，机构的数量逐年递增（表1），为中国科学院形成全国自然科学的综合性中心打下了坚实的基础。本文将对这个时期科研机构的发展作简要回顾和初步探讨。

表1　1950～1957年中国科学院机构数量递增情况

年份	1950	1951	1952	1953	1954	1955	1956	1957
机构数量/个	20	27	33	36	41	45	63	69

一、接收和调整原有的科研机构

中国科学院主要是以中央研究院（以下简称“中研”）和北平研究院（以下简称“北研”）所属的研究机构为基础建立起来的。建院伊始，接收和调整原有的研究机构，是当时的最重要任务之一，这两项工作差不多是平行进行的。

接收原有机构的工作，除对静生生物调查所的归属问题一度与文化部有所争执外，其余的都进展顺利。从1949年11月开始，到1950年4月已基本完成，截至1950年年底，接收了“中研”、“北研”所属各研究机构和其他机构共26个（表2）。

怎样调整原有的科研机构和设立哪些新的科研机构？1949年9月，由当时参加筹建中国科学院的丁瓒和钱三强两人所写的《建立人民科学院草案》中，就提出了改变过去机构设置叠床架屋、人力分散等方面的意见，并具体建议在科学院下设立14或15个研究机构。这些意见和建议后来被作为机构调整的基本依据。建院之后，郭沫若院长于1949年11月14日对中国科学院的同仁讲话时说：“以往设立两个研究机构（作者注指“中研”、“北研”），各自为政，确甚不合理，……科学院要把它们统一起来。至于今后如何合并，应该尊重专家们的意见，务使其科学化、合理化。”随后即从1949年12月起进行了一系列的工作，包括分学科召开了28次座谈会听取院内外知名科学家的意见，院长、副院长和

* 本文原载《中国科学院院刊》1992年第3期第272～282页。

表 2　中国科学院接收科研机构情况(1949 年 11 月～1950 年 12 月)

学科	接收的研究机构									中国科学院成立的研究机构		
	中央研究院系统			北平研究院系统			其他系统					
	名称	接收时间	地点	名称	接收时间	地点	名称	接收时间	地点	名称	成立时间*	地点
数学										数学研究所筹备处	1950 年 6 月(1952 年 7 月所成立)	北京
天文学	天文研究所	1950 年 4 月	南京				徐家汇观象台	1950 年 12 月	上海	紫金山天文台(徐家汇、佘山观象台隶属该台)	1950 年 5 月	南京
							佘山观象台	1950 年 12 月	上海			上海
物理学	物理研究所	1950 年 4 月	南京	原子学研究所	1949 年 11 月	北京				近代物理研究所	1950 年 5 月	北京
				物理学研究所(该所结晶学实验室)	1949 年 11 月 1950 年 3 月	北京 上海				应用物理研究所	1950 年 5 月(1953 年 10 月改名物理研究所)	北京
化学	化学研究所	1950 年 3 月	上海	化学研究所	1949 年 11 月	北京				有机化学研究所	1950 年 5 月	上海
	药学研究所筹备处	1950 年 3 月	上海	药物研究所	1950 年 3 月	上海				物理化学研究所	1950 年 5 月	上海
生物学	动物研究所	1950 年 3 月	上海	动物学研究所	1949 年 11 月	北京				水生生物研究所	1950 年 5 月	上海
	医学研究所筹备处	1950 年 3 月	上海	生理学研究所	1950 年 3 月	上海				实验生物研究所	1950 年 5 月	上海
										生理生化研究所	1950 年 5 月	上海
	植物研究所	1950 年 3 月	上海	植物学研究所	1949 年 11 月	北京	静生生物调查所	1950 年 12 月	北京	植物分类研究所	1950 年 5 月(1952 年 11 月改名植物研究所)	北京
										心理研究所筹备处	1950 年 6 月	北京

续表

学科	接收的研究机构									中国科学院成立的研究机构		
	中央研究院系统			北平研究院系统			其他系统					
	名称	接收时间	地点	名称	接收时间	地点	名称	接收时间	地点	名称	成立时间*	地点
地学	气象研究所	1950年4月	南京				中国地理研究所	1950年4月	南京	地球物理研究所	1950年5月	南京
	地质研究所	1950年4月	南京							地理研究所筹备处	1950年6月（1951年12月所成立）	南京
										地质研究所	1950年8月	南京
										古生物研究所	1950年8月	南京
工学	工学研究所	1950年3月	上海							工学实验馆	1950年5月（1951年12月改名冶金陶瓷研究所）	上海
社会科学	社会研究所	1950年4月	南京	史学研究所	1949年11月	北京	华北大学研究部历史研究室	1950年	北京	近代史研究所	1950年5月（1953年10月改名历史研究所第三所）	北京
	历史语言研究所北平图书史料整理处	1950年11月	北京				西北科学考察团	1949年12月	组织散漫无固定团址	社会研究所	1950年5月（1952年11月改名经济研究所）	北京
										语言研究所	1950年5月	北京
										考古研究所	1950年5月	北京

* 本文研究机构的成立时间，除1950年5月者系政务院批准成立该机构的时间外，其余均为院长会议或院务常务会议通过成立该机构的时间。

有关职能部门的负责人到许多研究所了解情况和听取建议，还与不少科学家单独磋商。地质方面还写信给全国各地有代表性的地质学家，广泛征求他们的意见。1950 年 3 月新设置的大部分机构已经确定并于 5 月经政务院批准，8 月下旬调整工作全部结束，共设立了 20 个研究机构（表 2）。

经过这次调整，大大改变了以往机构重复、分工不清和人力分散的状况。例如，在物理学方面过去“中研”和“北研”共有三个研究所，在原子物理、光学等领域的研究互有重复交叉，而且力量都很单薄，经调整为近代物理所和应用物理所后，前者专门从事原子物理的研究，后者着重于光学、磁学、金属物理等方面的研究。这样既减少了机构，明确了各自的研究方向，同时科研力量也得到了相对的集中。在化学、药学方面，“中研”、“北研”设立的化学研究机构都侧重于研究有机化学，药学研究机构都主要是从事中草药的研究，在调整后就明显改变了这种各设机构、两相对峙的不正常局面。生物学方面，在接收的五个动、植物学机构中，有些是专门研究分类学的，另一些分类学的研究也占有相当的比例，经调整把植物分类学的研究相对集中于植物分类所，动物分类和藻类分类的研究在水生生物所中进行，显然比以前合理。此外，在机构调整中还注意到了学科的地区布局，把数学、物理学、社会科学的机构集中在北京，化学、生物学、工学的机构布设在上海，南京则作为地学、天文学的研究基地。

由于时间短促，在调整过程中有些工作难免做得不够细致，有些机构的调整是否合适也值得商榷。比如，药学研究已有一定基础，似乎没有必要把两个机构完全合并到有机化学所。事实上调整后不久，1951 年就又成立了药物所筹备处。对两个化学所进行适当调整是必要的，但把同类的研究所都集中到一处作为机构布局的主要或唯一因素也不一定妥善。这从不久后物理化学所即迁到东北和在北京又成立了一个化学所等都可作为证明。尽管如此，在当时毫无经验的情况下，调整任务能够迅速地完成并收到相当满意的效果，得到大多数人的拥护和支持，总体而言，无疑是成功的。

二、在东北、西北建立科研机构

初创阶段，中国科学院的研究机构大多是在接收原有机构的基础上建立的，依然是集中在北京、上海、南京三地。这在当时就引起了院领导人的注意。为改变科研机构在地区分布上不平衡的状况，东北很自然地被作为首选的目标。

东北是当时我国工业建设的主要基地，重工业的比例在全国占 80%。科技方面，伪满时期日本人曾于 1935 年在长春创办了一所“大陆科学院”，经建设后已稍具规模，但在抗战胜利后遭到很大破坏，到新中国成立前东北只留存有少数研究机构，科技力量也很有限。新中国成立后，中央人民政府就把发展东北的工业，特别是把重工业放在突出的地位，从各方面给予支持。在1950年6月中国科学院召开的第一次扩大院务会议上，周恩来总理在讲话中也向中国科学院特别提出："愿中国科学院以东北为出发点，有步骤地发挥力量。"

为了解情况并与当地有关部门商讨如何支援东北建设的问题，1950年5月和1951年4月，中国科学院先后派出由竺可桢副院长率领的考察团和由吴有训副院长率领的考察组到东北考察。1951年6月，院长会议在听取吴有训的汇报后，决定成立东北分院，着手准备设立研究机构的有关事宜。经过一段时间的酝酿，1952年在长春综合研究所等单位的基础上成立了几个研究所，随后又把在上海的物理化学所以及1951年在北京筹建的仪器馆和金属研究所迁往东北。到1954年，东北已有八个研究机构，成为中国科学院一个新的重要科研基地（表3）。

表3　中国科学院在东北的研究机构（截至1954年）

机构名称	成立时间	简况	地点
仪器馆	1952年5月	1951年2月成立筹备处，1952年从北京迁长春，1957年2月改名光学精密机械仪器研究所	长春
金属研究所	1953年1月	1951年12月成立筹备处，1953年所成立时从北京迁沈阳	沈阳
应用化学研究所	1954年6月	由1952年迁长春的物理化学所和1952年4月成立的长春综合研究所合并成立	长春
石油研究所	1954年6月	由1952年4月成立的工业化学研究所改名	大连
煤炭研究所	1954年10月	由石油研究所煤炭室扩建	大连
土木建筑研究所	1954年10月	1952年4月成立筹备处	哈尔滨
机械电机研究所	1954年10月	1953年1月成立筹备处	长春
林业土壤研究所	1954年10月	由1952年成立的林业研究所筹备处、1954年6月成立的东北土壤研究所筹备处和应用化学研究所微生物部分合并成立	沈阳

根据国家建设的迫切需要，中国科学院及时地作出在东北建立新的科研基地的决策是十分正确的。虽然有个别研究所的研究工作由于搬迁受到暂时的耽误，但从长远的观点看，还是得大于失。实践证明，大多数研究机构不仅为当时东北的生产发展作出了贡献，而且随后对整个国家的国防、经济建设，并对其相应学科的发展，以及培养、输送人才，都发挥了很好的作用。但也有些研究所由于成立时科技力量比较单薄，在发展过程中又未形成特色，后来归并入其他机构。中国科学院在技术科学和应用科学方面应该建立什么样的机构，下面将对此作进一步的探讨。

继东北之后，西北是得到中国科学院重视的第二个地区。我国西北地区的工农业生产水平和科技基础都比较落后，但资源丰富，地域辽阔，在科技领域有大量的处女地亟待开垦，科技工作者在这里可以大有作为。为了在这样的边远地区建立新的科研基地，1953年11月院务常务会议决定成立西北分院筹备委员会。翌年7月，根据西北水土保持考察和试验的需要，开始筹建西北农业生物研究所（1957年6月改名为西北生物土壤研究所），1955年10月又成立了兰州兽医研究室（不久后划归农业部门）。在制订中国科学院第一个五年计划时，曾计划由有关研究所抽调人员在兰州建立物理、地质、石油三个研究室和地球物理观测台、天文台等单位，但由于种种原因都未能如期实现，所以到1957年中国科学院在西北仍然只有一个研究所。不过这个时期除进行水土保持考察外，中国科学院在西北还先后组织开展了西藏、新疆、柴达木、石油地质、盐湖等综合考察，这些考察为西北科研基地的建成创造了必要的条件。

三、与高等院校合作建立科研机构

这个时期，不论是中国科学院新设科研机构的筹建，还是已有机构的充实和提高，高等院校在人力等多方面的大力支援和帮助都起了十分有益的作用。

这里要着重提出的是与高等院校合作建立科研机构的问题。最早采取这种方式的是1952年成立的动物研究室，由中国科学院和北京大学共同领导。此后又与有关高等院校合作建立了几个机构。为了进一步扩大这种合作，从1955年起经与高等教育部及其所属院校多次磋商，1956年3月由中国科学院与高等教育部联合发出通知，共同筹建上海数学研究室等八个单位。至1957年，除了有些机构在建立前后情况发生变化外，这种合作的机构共九个（表4）。

表4　中国科学院与高等院校合作建立的研究机构（截至1957年）

机构名称	合作单位	成立时间	地点	变动情况
动物研究室	北京大学	1952年7月	北京	
力学研究所	北京大学 清华大学	1956年1月	北京	
少数民族语言研究所	中央民族学院	1956年3月	北京	
武汉微生物研究室筹备委员会	武汉大学 华中农学院	1956年8月	武汉	
动力研究室	清华大学	1956年8月	北京	
北京植物生理研究室	北京大学 北京农业大学	1956年8月	北京	
重庆土壤研究室	西南农学院	1956年8月	重庆	
长春地质研究室	东北地质学院	1956年9月	长春	
上海数学研究室	复旦大学	1956年	上海	
水利工程研究室	清华大学	1955年9月	北京	1957年12月与水利电力部北京水利科学研究院合并，改名水利科学研究院，由中国科学院与水电部共同领导
兰州兽医研究室	西北畜牧兽医学院	1955年10月	兰州	1957年6月划归中国农业科学院领导
心理研究所	南京大学	1956年3月	北京	成立时南大心理系搬到北京与心理室合并，归院单独领导

选定建立这些机构，是由于有关高等院校在该学科的某些领域拥有作出显著贡献的专家和一定的基础，而中国科学院在这些领域却基础薄弱甚至是空白。这些科研机构在成立之后，都不同程度地推动了科研、教学和人才培养的进展。但这些机构中，属于新兴、前沿的学科领域极少，物理学、化学方面只有一个。还有个别的学科领域，如兽医学，当时在国内的农业研究部门和农业院校中已有了相当的基础，没有必要在中国科学院设立同类机构，不久后即划拨给中国农业科学院领导。

四、建立新的自然科学科研机构

除以上机构外，这个时期还新建了一批自然科学的研究机构。这批机构大致可以划分为三类：一类是分建的机构，就是把原有机构中一些较有基础的部门分出单独建所，或是一分为二设立两个所，属于这类的共 11 个；另一类是以接收院外单位为基础而成立的机构，只有 3 个（还有 1 个建立后并入其他机构）；再一类是为填补重要的薄弱、空白部门而建立的，共 7 个（表 5）。

表 5　中国科学院新建的自然科学研究机构（截至 1957 年）

类型	机构名称	成立时间	建立情况	地点
分建的研究机构	植物生理研究所	1951 年 12 月	前身是实验生物研究所植物生理研究室	上海
	昆虫研究所	1951 年 12 月	前身是实验生物研究所昆虫研究室	北京
	药物研究所	1951 年 12 月成立筹备处，1953 年 1 月所成立	前身是有机化学所药物化学研究室	上海
	土壤研究所	1952 年 1 月成立筹备处，1952 年 11 月所成立	前身是地质所土壤研究室	南京
	化学研究所	1953 年 12 月成立筹备委员会，1957 年 11 月所成立	以有机化学研究所物理化学组、分析化学组、高分子化合物组和长春综合研究所部分人员为基础组建	北京
	海洋生物研究所	1954 年 1 月成立海洋生物室，1957 年 5 月扩大成所	前身是水生生物研究所海洋生物研究室	青岛
	应用真菌研究所	1956 年 10 月	前身是植物研究所真菌植病研究室	北京
	北京实验生物研究所	1956 年 10 月	前身是实验生物研究所北京工作组	北京
	测量制图研究室	1957 年 4 月	前身是地理所测量制图研究室	南京
	生理研究所	1957 年 10 月	由生理生化研究所分建	上海
	生物化学研究所	1957 年 10 月	由生理生化研究所分建	上海
以接收院外单位为基础成立的研究机构	古脊椎动物研究所	1952 年 8 月成立古脊椎动物室，1957 年 5 月扩大成所	接收中央地质工作指导委员会下属的单位	北京
	北京微生物研究室	1952 年 12 月隶属菌种保藏委员会，1957 年 5 月室成立	接收黄海化学工业社发酵化学室	北京
	华南植物研究所（含广西分所）	1953 年 12 月	接收中山大学植物研究所和广西大学经济植物研究所	广州（分所在桂林）

续表

类型	机构名称	成立时间	建立情况	地点
为填补重要薄弱、空白部门而建立的研究机构	化工冶金研究所筹备处	1955 年 11 月		北京
	综合考察委员会	1955 年 12 月		北京
	计算技术研究所筹备委员会	1956 年 7 月		北京
	自动化及远距离操纵研究所筹备委员会	1956 年 7 月		北京
	电子学研究所筹备委员会	1956 年 7 月		北京
	科学情报研究所	1956 年 10 月		北京
	北京天文台筹备处	1957 年 11 月		北京

上列一类、二类两类的研究机构一般都具有以下特点：①属于基础学科的重要领域，这些领域的建立系国家建设和学科发展所必需；②拥有一定数量的高级科技人员和相应的中初级科技队伍，在高级人员中或多或少地都有该领域国内最优秀的科学家；③有一定的科技积累，整体水平在全国居于前列。此外，有些机构在院内虽已有同类机构，如化学研究所、北京实验生物研究所、华南植物研究所，但在研究方向上有相对明确的分工，或具有地区性的特色。

属于第三类的机构，基础一般都比较薄弱，它们的设立多数是为了配合国家建设和学科发展的紧迫需要，另外一些虽然也注意了这种因素，但在颇大程度上是出于发挥某些科学家的专长。特别值得提出的是电子学、自动化和计算技术三个机构的创办，这些受到国际上高度重视的新兴技术，是在我国制定 12 年科学远景规划时决定采取紧急措施给予大力加强的领域。当时能抓住时机，在有关部门和高等院校的支持下，迅速建立了这些研究所的筹备委员会，随即从各有关单位调集人员，配备年轻力量，积极筹备必需的条件设施。有一部分人为了国家急需放弃自己的专长而改行，从而使我国在这些领域能够紧紧地追赶国际先进水平，为以后的国防建设等作出了重要贡献。这些新技术部门的创建，为科学院的机构建设提供了宝贵的经验。

这个时期在机构的建立和撤销上也有一些需要进一步探讨的问题。例如，早在 1952 年 9 月就曾成立了电子学研究所筹备处，但仅隔一年又撤销了。如果当时对于发展电子学的重要性能有 1956 年那样清楚的认识，就不必在 4 年之后重新去筹建这个机构了。遗传学是生物科学中一个很重要的部门，中国科学院遗传学的研究机构曾两度成立又两度撤销，直到 1959 年前还没有一个独立的机构，也有值得总结汲取的重要教训。地震学研究在国家建设多方面需要的推动下，从

1953 年就引起中国科学院的重视，而且还把它列为全院第一个五年计划的 11 个主要科研项目之一，虽然当时科技力量不足，但如能在这个时期组织有关单位的人员成立专门机构，当会更有效地促进这门学科的发展。

五、发展社会科学的科研机构

郭沫若院长在 1949 年 11 月 14 日的讲话中明确指出，中国科学院当前的发展重点是技术科学、自然科学，社会科学要慢慢发展。1950 年 6 月政务院文化教育委员会对中国科学院机构的调整和充实也作了类似的指示。因此，在机构调整后三年多的时间里，中国科学院没有增设社会科学的研究机构。从 1953 年 10 月起，这方面的机构逐步得到缓慢发展，而在 1956 年、1957 年两年则有了比较明显的增长。1953～1957 年，中国科学院共新设了 13 个社会科学方面的研究机构（表 6）。

表 6　中国科学院新设立的社会科学研究机构（截至 1957 年）

机构名称	成立时间	地点
历史研究所第一所（上古史）	1953 年 10 月	北京
历史研究所第二所（中古史）	1953 年 10 月	北京
哲学研究所	1954 年 12 月成立筹备委员会，1955 年 9 月研究所成立	北京
文学研究所	1955 年 10 月，1956 年 1 月从北京大学划归院	北京
少数民族语言研究所	1956 年 3 月成立筹备处，11 月研究所成立（与民族委员会共同领导）	北京
上海经济研究所	1956 年 8 月成立筹备处，1957 年 4 月研究所成立	上海
上海历史研究所筹备委员会	1956 年 8 月成立筹备处，1957 年 4 月筹委会成立	上海
国际关系研究所	1956 年 10 月（与外交部共同领导）	北京
中国自然科学史研究室	1956 年 11 月	北京
武汉哲学社会科学研究所筹备委员会	1957 年 4 月	武汉
广州哲学社会科学研究所筹备委员会	1957 年 4 月	广州
民族研究所筹备委员会	1957 年 4 月	北京
法学研究所筹备处	1957 年 12 月	北京

以中国科学院社会科学与自然科学机构的增长速度相比较，社会科学的机构从原来的 4 个发展到 1957 年的 17 个，增加了 3.25 倍，自然科学的机构从原有的 16 个发展到 52 个，只增长了 2.25 倍；社会科学的机构数从原来占全院总数的 20% 增大到 24.6%，发展速度应该说是不慢的。特别是后两年在上海、武汉、广州设立了 4 个专业性或综合性的机构，这对于进一步发挥这些地区社会科学家的作用，促进全国社会科学的发展以及改变以往机构全部集中在北京的布局等都有积极的意义。尽管如此，由于我国原有的社会科学研究基础比起自然科学还要薄弱，中国科学院那些新设的机构都刚在建立基础，不少大的学科门类还属于薄

弱甚至是空白，而社会科学的众多学科在继承遗产和吸收新成果上又与自然科学有着本质的区别，从总体上看，以马克思主义为指导来研究和发展我国的社会科学还只是处于起步阶段。

六、思考和启示

由于社会科学方面的机构从 1961 年起已相对独立，1975 年后就不再属于中国科学院的系统，这里只就自然科学的机构建设问题作些总的探讨。

（一）关于中国科学院的总体结构问题

经过八年来的建设，中国科学院自然科学的总体结构大致是由以下的框架搭成的：在基础科学方面，已经具有各主要学科领域稍为配套的网络；技术科学方面，在国家建设迫切需要而产业部门力量又比较薄弱的重要科技领域，建立了一批研究机构；在新兴技术领域方面，开始筹建了相应的研究机构。新兴技术领域也属于技术科学的范畴，把它另行列出，是因为这些领域具有特殊重要的意义。从当时全国科技体制的整体来考察，中国科学院建立这样的框架结构应当说是比较合理而有效的。就是这样的结构雏形，经过逐步发展使中国科学院成为全国自然科学的综合研究中心。尽管现在各方面的情况与这个时期已有很大的不同，但它对于中国科学院今天的机构建设和深化改革仍然具有一定的借鉴意义。

由于当时我国的产业部门和其他部门在若干科技领域已有一定基础（如铁道、水利、农业、医药卫生、地质等），随着国家建设事业的发展，一些原来科技力量比较薄弱的部门也必将建立起本身的专业机构，面对这种形势，如何建设中国科学院的技术科学和应用科学部门便成为一个常有争议的问题。中国科学院要发展技术科学，这在建院之初郭沫若院长的讲话中就作了明确的表示，对此也没有什么异议；像基础科学那样力求在主要学科门类配套，既不必要也不可能。看来答案只能是有取有舍。根据这个时期的实践，优化选择的原则是：①新兴的技术领域；②跨几个产业部门为多方面生产建设服务的领域；③虽然只涉及一个产业部门，但对国家建设和学科发展具有重要意义而中国科学院又具有特色的领域。中国科学院成立的技术科学和应用科学方面的研究机构，凡是符合上述原则的，大都得到了顺利的成长和发展，至今在各领域中还居于全国的显要地位。而有些机构由于不具备上述的任何条件，在发展过程中就往往遇到不少困难或挫折，则是从反面提供的例证。

（二）关于中国科学院科研机构的地区布局问题

中国科学院科研机构新的布局，是在接收原来集中于北京、上海、南京三地机构的基础上设计和安排的。1950 年调整机构时，按照同一学科的机构集中在一个地区的原则，搬迁了一些原有的机构，如把在南京、上海的物理学机构迁到北京，把北京的化学机构搬到上海等。这种按学科的布局有其可取之处，它有利于开展同一学科内各有关机构的学术交流和一些重大科研项目的协作；如果组织得当，可以统一建设和共同使用某些重要的科技支撑设施。例如，在某些学科集中的地区建立侧重于这些学科的书刊和情报资料比较完备的公共图书馆，统一购置和建设有关机构共用的某些贵重大型仪器设备，建设提供生物学实验材料的公用动物房等，避免分散、重复建设所造成的不必要浪费。

但是，科研机构的布局和设置地点取决于多种因素，诸如若干机构已在某地设立的历史因素，在内地、边疆和其他重要城市建立新的科研机构或基地的因素，在国家重点建设地区、重要资源蕴藏地区和严重灾害地区就近进行调查研究和解决问题的因素，便于与政府有关主管部门、院外主要科研机构和高等院校联系合作的因素，防备一旦发生战争的因素等。仅就学科之间的交流和合作而言，根据现代科学技术的发展趋势，不同学科之间交流和合作的重要性在相当程度上并不亚于同一学科内部有关领域的交流和合作，同样也是考虑机构布设的一个因素，而把不同学科的机构分设于不同的地区，反而会有碍于这种交流和合作的开展。实际上，从到这个时期末机构布设的情况看，已经明显地改变了原来按学科的地区布局。北京已不仅是数学、物理学的研究中心，而且还有天文、化学、生物学、地学、技术科学等众多的机构，成了一个自然科学方面比较综合的科研基地；上海在化学、工学方面和南京在地学、天文学方面也都不再是机构集中的地区；而东北科研基地的开辟和其他地区一些机构的成立，又是机构布局中出现的新的重要变化。

考察这个时期机构布局发生变化的原因，有些是数种因素共同促成的，如北京综合性科研基地和东北科研基地的形成；有些则是某一个主导因素起作用的结果，如地球物理研究所从南京迁到北京和在陕西设立农业生物研究所等。无论是一个具有集群机构的基地的建立，还是某一个单独机构的成立或搬迁，衡量其地区布设是否合理，需要从整体上分析比较各有关因素的利弊得失，以决定其是否有利于国家建设和本门学科的发展。譬如，为了改变以往科研机构地区布局过于集中的状况，我国的中南、西南、西北等几个主要地区都可以作为选择的目标，而东北由于当时我国工业，特别是重工业的迫切需要，当地比其他地区有稍好的相应科技基础，同时又可借以设立一群技术科学的机构，因而首先选择在该地区建立新的科研基地应该说是合理的。地球物理所从南京迁到北京，主要是为了与气象局合作建立联合气象预报中心和联合气候资料室，并通过合作取得气象、气候研究必不可少的基本资料，这样虽然改变了地学机构集中于南京的布局，但从支援国家建设和促进地球物理学的发展来看，搬迁显然更为有利。

综上所述，按学科的地区布局应该作为考虑机构布局的重要因素之一，但如果以此作为主要或者唯一的因素，就难免失之偏颇。

（三）关于中国科学院各学科之间的发展比例问题

到1957年底，中国科学院自然科学的机构共52个，其中各门学科机构增长的情况如下（表7）。

表7　中国科学院自然科学各学科机构增长情况（截至1957年）

学科	1950年机构数	1957年机构数	学科	1950年机构数	1957年机构数
数学	1	2	生物学	5	19
天文学	1	2	地学	4	8
力学	0	1	技术科学	1	13
物理学	2	2	科学情报	0	1
化学	2	4	总计	16	52

从表7可以看出，数学、天文学、力学、地学方面的机构增长比较平稳，发展速度是比较正常的。技术科学机构的发展速度最快，生物学机构的数量增加最多，这固然各有其可资说明的因由。如技术科学方面，我国的工业和国防建设对其发展有紧迫的需要，中国科学院领导人也有迅速给予加强的愿望，生物学方面中国科学院原有的基础较强，接收的机构也最多等。但整体来看，这两门学科的发展速度偏高，有些机构是可以不必成立或推迟成立的。化学的机构只增加了两个，特别是物理学的机构一个都没有增加，虽然同样有其一定的客观原因，但物理学和化学都是有众多分支学科的部门，中国科学院又有一定的基础，与其他学科相比发展速度是偏低的。根据世界科技的发展趋势和院内外各方面的情况，研究和确定各门学科比较恰当的发展速度和相互之间相对合理的比例，应该是宏观管理方面一个经常性的任务。

（四）中国科学院与高等院校合作建立科研机构的问题

美国、英国等科学先进国家的科技体制与我国不同，没有像中国科学院这样的机构，它们的许多研究机构是在高等学校内设立的，这就很自然地使科研机构跟学校内的有关科系形成相当密切的关系，甚至浑然一体。法国的国家科学研究中心与中国科学院的性质类似，但它长期以来就注意与有关高等院校联合建立研究机构，并且得到了不断的发展，从而为加强双方的关系开辟了有效的渠道。这个时期中国科学院与高等院校合作成立了一小批机构，为双方的关系树立了一个良好的开端。虽然由于多数机构建立的时间还很短，没有能在促进科研、教学和人才培养上显示出应有的优越性，但这种合作应该说是一种值得提倡的好形式。

可惜的是，这种形式后来不仅没有得到巩固和扩大，相反连原来多数机构的合作关系也名存实亡，实际上变成了科学院独家领导的机构，给双方的关系在相当长的时间里带来了消极的影响，应当从中认真总结汲取必要的教训。中国科学院和高等院校是我国科技体制中的两大系统，近些年来高等院校本身已纷纷建立了不少科研机构，双方在许许多多的领域上都在进行着类似性质的研究工作，为了更好地发展我国的科技事业，展开相互之间的竞赛是必要的，但如何密切和加强双方的合作关系，是更值得重视的一个重要问题。

中国科学院学部历史概况*

中国科学院学部从1955年6月1日成立到现在，已经35年了。学部的建立，曾被称是“促进我国科学工作的一个非常重要的步骤”，“标志着我国科学事业发展中的新阶段的开始”。长期以来，学部被认为是中国最具权威性的学术机构，学部委员是中国最高的学术荣誉。那么，为什么要成立学部？学部的性质和任务是什么，有过哪些变化？学部开展了哪些工作，作用如何？开过几次学部大会，什么内容？学部的组织机构和学部委员有什么变化？本文将对这些问题作概要的介绍。由于哲学社会科学部从1960年起已相对独立，1975年在组织机构上与中国科学院完全分开，因此这里介绍的主要是自然科学各学部的情况。

学部诞生的背景和经过

1949年10月新中国建立伊始，政务院在决定正式组建中国科学院时就明确指示，中国科学院要服务于我国的各项建设事业，组织并指导全国的科学研究以提高中国的科学水平。1949年11月1日中国科学院成立以后，随着我国各方面建设的逐步展开，国家对中国科学院的这个要求也愈益迫切。而中国科学院在建院初期的几年中虽然也做了许多工作，并取得了一定成绩，但在组织机构、领导骨干、领导方法，特别是学术领导上都还远远不能适应国家的需要。在吸收科学家参加工作方面，建院初期中国科学院曾聘请252位院内外著名专家担任专门委员，作为中国科学院的顾问，他们对中国科学院的工作作出了贡献，但由于所赋予职能的限制，当然不可能起到学术领导的作用。

为了寻求解决问题的办法，中国科学院于1953年2月派出以钱三强为团长的访苏代表团，包括知名科学家和领导干部共26人，主要任务之一就是学习苏联如何组织和领导科研工作的经验。代表团在苏联考察访问3个月回国后，中国科学院在组织访苏代表团广泛传达的基础上，于同年7～9月，按学科邀请科学家召开了多次座谈会，10月又在北京召开各研究所所长会议，听取他们对改进中国科学院工作和如何发展我国科学事业的意见。通过以上一系列的工作，形成

* 本文原载《中国科学院院刊》1990年第3期第273～280页。

了《中国科学院党组关于目前科学院工作的基本情况和今后工作任务给中央的报告》，于1953年11月19日上报。随后，又据此改写成《关于中国科学院的基本情况和今后工作任务的报告》，由院长郭沫若在1954年1月28日政务院第204次政务会议上作了报告，并获同次会议批准。中共中央于1954年3月也批准了中国科学院党组的报告，还写了一篇颇长的批示。

建立学部，作为在组织机构上树立学术领导的一条主要措施，就是在上述两个报告中提出来的。在中国科学院党组的报告中，当谈到在组织领导方面存在行政领导多、学术领导少等严重情况后提出："参照苏联科学工作的先进经验，科学院应分学部领导各所工作。"郭沫若的报告中说：中国科学院"未能适当地组织国内优秀的科学家参加学术领导工作，而这对于加强科学院的学术领导，使科学院成为名副其实的全国科学研究工作的中心是具有决定意义的问题"。

两个报告经批准之后，中国科学院随即为成立学部进行了紧张的筹备工作。1954年4月，草拟出筹组中国科学院学部的书面文件，送请各方面的科学家提意见。科学家们一致认为建立学部十分必要，许多人提出学部委员应具备三个条件：学术成就，对学科的推动作用，忠于人民事业。5月17～22日，中国科学院又分别召开地学、生物学、技术科学和数学物理学化学方面科学家的座谈会，讨论学部的工作任务等问题。6月，建立了物理学数学化学部、生物学地学部、技术科学部和社会科学部的筹备机构。7月，以郭沫若名义发出445封信函，请院内外有代表性的科学家推荐学部委员候选人，哲学社会科学方面则由中国科学院提出初步名单征求意见。在此基础上经过认真研究和反复磋商，中国科学院确定了学部委员人选，并向国务院报送《中国科学院关于筹组学部的经过和召开学部大会的报告》和《中国科学院学部委员名单》（共233人）。1955年5月31日，报告和名单得到国务院全体会议第11次会议的批准。

至此，成立中国科学院学部的筹备工作遂告完成。

学部的性质和任务

中国科学院全体学部委员大会的性质和职能，曾经历过两次重要变化。

全体学部委员参加的大会，开始时被称为学部委员会会议，也称为学部委员会全体会议，1981年起改称学部委员大会。这种大会的性质和任务是什么，从学部成立到1980年一直没有任何规定。从实际情况看，这种会议属于咨询性质，只是在开会期间供学部委员讨论问题、发表意见和提供建议的一个讲坛，即使是作出的决议，也不具有行政或法定效力。

1981年5月第四次学部委员大会期间通过的《中国科学院试行章程》（以下

简称《院章》），第一次规定了学部委员大会和由它产生的中国科学院主席团的性质和职能。《院章》中写明："学部委员大会是中国科学院的最高决策机构。""学部委员大会决定中国科学院的业务发展方向，制订和修改中国科学院章程，选举中国科学院主席团，审订全院科学研究规划，审议中国科学院院长的工作报告。""中国科学院主席团是学部委员大会闭幕期间的决策机构。主席团决定下列事项：全院科学研究工作计划和事业发展计划；全院性重要规章制度；学术荣誉称号和重大学术奖励的授予；国际科技合作和学术交流的重大事宜；分院院长、所长等主要领导干部的任免和研究机构的设置、调整；其他重大事宜。"

仅隔两年多，《院章》的这些规定又有了根本性的改变。1983 年 11 月，中共中央书记处决定，改变学部委员大会是中国科学院最高决策机构为国家在科学技术方面的最高咨询机构，努力研究我国现代化问题，积极参与国家科技决策工作。在 1984 年 1 月 5 日举行的第五次学部委员大会开幕式上，国务委员方毅在讲话中说明了学部委员大会作为中国科学院最高决策机构有困难的理由，然后说："中央和国务院听取了各方面的意见，经过慎重研究，认为：学部委员大会作为学术评议和咨询机构比较适当。学部大会和中国科学院主席团的职能是，组织学部委员研究国家的科学技术发展和现代化建设中的科学技术问题，积极参与国家重大科学技术决策和经济决策活动，并对中国科学院及其研究所的重大学术工作进行评议和指导。"

关于各学部的性质和任务，有过三次法规性的规定，也经历了两次重要变化。

1955 年 6 月 28 日院务常务会议通过的《中国科学院学部暂行组织规程》（以下简称《学部规程》），规定了学部的性质和 9 条任务。因条文很长，只根据其精神概述于下。

学部的性质是：按学科分工对中国科学院所属的各研究机构进行学术领导，并协助推动全国有关学科的发展。关于学部的任务，对中国科学院内所属研究机构的职责是：指示制定计划和规划，组织重大综合性的研究；检查研究工作；审评重大科技成果，并提出推广的建议；领导培养研究生和一般科技人员的工作，提出有关科学家的学术评价、任命职称以及科学奖励的意见；领导各项有关的编辑出版事宜等。面向全国的任务有：了解各门科学技术的情况和发展趋势，解决开展科研工作上的学术问题；协助院外有关单位发展研究工作，促进院内外有关单位研究计划的配合与协调；对院外有关单位的研究与生产工作提出意见；举办学术会议。

1957 年 5 月 29 日，院务常务会议通过了修改的学部规程（以下简称《修改规程》）。《修改规程》对学部性质和多数任务的规定与《学部规程》大致相同，只是任务从9条变成10条，对部分内容作了较为重要的修改。例如，删掉对院外有关单位的生产工作提出意见的内容；领导各项编辑出版事宜改为组织并监督重要著作、刊物与会议文献的出版等。

学部性质和任务的第一次重要变更，发生在1981年召开的第四次学部委员大会期间。主要变化是学部除对所属研究机构进行学术领导外，还承担一定的科研管理任务。在《院章》和1981年7月24日院务会议通过的《中国科学院学部工作简则》（以下简称《学部简则》）中，对学部的性质和任务作了如下的表述。《学部简则》规定：

> 学部是中国科学院的学术领导机构，也是国家科学技术事业发展的学术咨询机构。
>
> 学部的主要任务是：
>
> （一）对本学部范围内的院属研究机构实行学术领导和相应的科研组织管理：审议各研究机构的方向、任务和科研计划；评议研究所工作；组织评审、协调重要的科研项目；评议或鉴定重要科研成果；组织评定研究员和相当于研究员的重要高级技术人员的职称；对重点项目的人、财、物的分配和使用情况进行审议、检查和提出建议；
>
> （二）分析国内外科学技术发展趋势，对学科发展的方针、政策和规划提出意见和建议；评议申请资助的基础性研究项目，推动有关学科的发展，促进人才的成长；
>
> （三）对我国社会主义现代化建设中的重大科学技术问题，进行调查研究和学术论证，提出报告与建议；
>
> （四）组织一些重要的全国性的和国际性的学术活动。
>
> 第二次重大变化出现在1984年的第五次学部委员大会期间。从会上指出的学部委员的任务看，学部实际上成为咨询性质的机构。

学部的主要工作和作用

学部成立后的35年期间，学部工作可以大致划分为以下五个阶段：

第一阶段，从学部成立到学部委员会第二次会议结束（1955年6月～1957年5月）。

这个阶段学部工作开展得比较正常。在短短两年时间里，就办了三件大事：一是以自然科学各学部为基础，参与《1956～1967年科学技术发展远景规划》的制定，哲学社会科学部则具体组织制定了哲学社会科学的12年远景规划；二是评审中国科学院科学奖金（自然科学部分）；三是组织召开了一些全国性的学术会议和工作会议。

制定12年科技远景规划对发展全国科技事业，特别是对创建发展原子能、无线电、自动化、半导体和计算机等新技术学科起到了重要作用，这已为人们所熟知。第一次全国性自然科学奖的评审，虽然存在一些缺点，但它的颁发对于调动科学工作者的积极性和创造性，鼓舞人民特别是青年学生从事科研工作的热情，起到了积极的作用。至于组织召开的一些全国性会议，一般都有力地推动了各领域的工作。例如，1956年8月中国科学院和高等教育部联合召开的青岛遗传学座谈会，不仅纠正了解放初期我国发生在遗传学领域的偏差，对遗传学科研和教育事业产生了深远影响，而且在全国学术界贯彻“百家争鸣”方针方面起到了先导和示范作用。与有关部门联合或单独召开的具有重要影响的会议，还有抗生素、力学、第四纪、地理学、考古等学术会议或工作会议。

第二阶段，从学部委员会第二次会议后到“文化大革命”前（1957年6月~1966年5月）。

这一阶段学部工作处于基本上不正常的状态。虽然在学部主任、副主任领导下学部办事机构做了许多工作，但学部委员群体甚至常务委员会只片断地参加了一些活动，集体作用没有得到很好的发挥。学部工作主要有：

（一）为庆祝国庆10周年，主持《十年来的中国科学》丛书各有关学科分册的编写。这项成果作为史料具有一定参考价值。

（二）制定1960年编制的《自然科学理论研究的三年规划纲要和八年设想（草案）》，与教育部共同主持制定《1963年至1972年全国基础科学和技术科学发展规划（草案）》。这两个规划对推动有关学科特别是理论研究具有积极的影响，但因执行的时间很短，都没有收到预期的效果。

（三）与有关部门联合或单独召开了一系列会议，包括运筹学、固体物理、声学、催化、物质结构、生物化学、胚胎学、植物园、地质学、地层学、冶金、电加工等，对推动这些方面的工作一般都有比较显著的作用。

第三阶段，从“文化大革命”开始到第四次学部委员大会前（1966年6月~1981年4月）。

“文化大革命”开始不久，学部即被宣布为“砸烂”单位，活动被迫完全停顿。从1979年1月中共中央批准学部恢复活动至1981年4月，主要是为学部重新开展工作进行准备。

1979年中国科学院成立了统一的学部办公室，并于1980年春在北京召开学部委员全体会议，讨论了学部性质、任务、章程、机构和增补学部委员等有关问题。此后，学部委员和办公室为重建学部、增补学部委员和筹备召开第四次学部委员大会做了大量工作。1981年3月23日，国务院批准了新增补的学部委员283

人（全部属于自然科学方面）。

第四阶段，从第四次学部委员大会召开到第五次学部委员大会前（1981 年 5 月 ~ 1983 年 12 月）。

这两年多是学部成立以来工作最活跃的时期。

在对院内工作实行学术领导和科研管理方面，开展的活动有：参与制定全院的 1986 ~ 2000 年科技发展规划，制定学部的“六・五”科技计划或有关学科的发展政策和方向，评议研究所，组织攻关项目，审定院重点课题，评审和鉴定重要科技成果，评定研究员级科技人员的职称，评审学位授予单位和审批授予博士学位以及组织国际合作和交流等。此外，几个学部还对大型工程项目建设组织了评审和论证。关于面向全国的工作，主要是审定自然科学基金项目，复审全国第二次自然科学奖获奖项目，召开一些国际性和全国性的学术会议。总体而言，这个时期的学部活动无论对中国科学院还是对全国的科技事业都起了不同程度的促进作用。

第五阶段，从第五次学部委员大会召开到 1990 年（1984 年 1 月 ~ 1990 年 3 月）。

由于学部委员和学部常委会任务的变更以及院部事权下放等原因，这个阶段学部的活动逐步减少，主要是组织学部委员从事一些评议和咨询工作。

自 1984 年 1 月至 1987 年初，学部除继续前一阶段的部分工作外，新开展的活动有论证、评议中国科学院内的国家和院办的开放研究实验室，讨论提出中国科学院各学科发展战略的意见等。个别学部还着手组织了若干开展咨询活动的项目。一些学部委员提出的组织我国高科技研究的建议，经采纳对发展我国的高科技事业发挥了重要作用。

1987 年春，宣布撤销学部办事机构，由新成立的几个专业局兼行学部办事机构的职能。此后学部主要是开展了一些咨询活动。例如，技术科学部就原定的项目组织有关学部委员进行调查研究，提出了计算机发展、集成电路产业、通信合理结构等 6 个项目的建议报告；地学部提出黄河整治与流域开发、海洋资源开发、水资源合理利用等几项建议。这些建议大都得到国家领导和有关部门的重视，有些已被采纳实施。

学部委员会会议和学部委员大会

按照制定的章程，学部成立后的 35 年内，学部委员大会应举行 33 次，而实际上只开过 5 次。

为节省篇幅，这 5 次会议的共同性内容仅作统一介绍，特有的重要内容则分别叙述。

共同性的内容是：致开幕词；听取和讨论中国科学院工作报告；听取和讨论各学部的工作报告；宣读论文（有些会议还作一些重要学科发展情况的综述报告）；作会议总结或闭幕讲话。

每次会议特有的重要内容如下。

（1）中国科学院学部成立大会，1955 年 6 月 1 ~ 10 日在北京举行。参加这次会议，学部委员们都为能被选任这个重要职责而感到自豪，心情振奋，纷纷表示愿为发展我国的科技和建设事业积极贡献自己的力量。开幕式上，院长郭沫若宣布中国科学院物理学数学化学部、生物学地学部、技术科学部、哲学社会科学部四个学部正式成立。会议讨论了中国科学院的方针任务，讨论并基本同意中国科学院第一个五年计划纲要草案，选举出各学部的常务委员会，通过了总决议。会上还对迅速制定全国科学事业的长远规划、实行院士制度等问题提出建议。

总理周恩来、副总理陈毅、中共中央宣传部部长陆定一到会作了重要讲话。

6 月 11 日召开学部委员会第一次会议，研究了学部如何建立和开展工作的问题。

（2）学部委员会第二次会议，于 1959 年 5 月 23 ~ 30 日在北京召开。这次会议的一个突出特点是为贯彻“百家争鸣”方针而设立了学术论坛，让学部委员对中国科学院以至全国的科技工作提出批评和建议。委员们对中国科学院应不应该和能不能领导全国科学工作，全国科技体制，学部大会、学部和学部委员的职能等重要问题展开了热烈的争鸣；一些委员对中国科学院领导和某些职能部门的工作和作风提出了尖锐的批评；对于院、所主要领导实行选举制，精简行政机构，下放权力，保证研究时间，添置图书资料、仪器设备等也提出许多意见和建议。会议还审议了中国科学院自然科学的第二个五年计划和讨论了如何实现哲学社会科学发展规划的问题，增补了 21 位学部委员，举行了 1956 年度中国科学院科学奖金（自然科学部分）的授奖仪式。

（3）学部委员会第三次全体会议是 1960 年 4 月 19 ~ 26 日在上海举行的。副总理兼国家科学技术委员会主任聂荣臻在会上发表重要讲话。会议除动员科技工作要继续跃进外，中心内容是讨论并初步拟订了全国自然科学理论研究的三年规划纲要和八年设想，建议进一步修改后颁行实施。

哲学社会科学部的学部委员没有参加这次会议，此后也不再参加中国科学院学部的各种活动。

（4）与上次会议相隔 21 年，中国科学院第四次学部委员大会于 1981 年 5 月 11 ~ 20 日在北京召开。这是重建学部后举行的第一次大会。原来的学部委员和新增补的一大批学部委员相聚一堂，共叙友情。他们为“文化大革命”期间的不幸遭遇和一些老友的故世而感叹唏嘘，又共同对这次盛会的召开而感到欢欣鼓舞。大会的一项突出内容是中国科学院领导体制的改革。会议讨论通过了《院章》，明确规定了学部委员大会和主席团的职能，规定科学院主要领导干部实行选举制和任期制，重新规定了学部的性质和任务等。会议还通过成立管理科学组，选举产生了各学部新的常委会。会上一部分委员对设立国家科学基金等问题提出了建议。5 月 19 日，新产生的中国科学院主席团举行第一次会议，选举出执行主席、院长、副院长等。

会议期间，中共中央书记处邀请全体学部委员举行座谈会，胡耀邦、宋任穷、姚依林在会上发表重要讲话。

（5）中国科学院第五次学部委员大会于 1984 年 1 月 5 ~ 12 日在北京举行。国务委员方毅在开幕式上讲话，正式向全体学部委员宣布“学部委员是我国最高的学术荣誉称号”。会议改变了上次大会关于中国科学院领导体制的一些决定（已在上面作过介绍）；明确中国科学院实行院长负责制；初步讨论了修改《院章》的问题。会上，对国家和中国科学院的科技长远规划、国家科技体制改革等问题也提出许多有益的意见和建议。

会议期间，主席团举行会议对执行主席的人选作了部分变动。

除上述大会外，各学部还各自召开过数次本学部的学部委员会议。

学部组织机构和学部委员的变迁

学部刚建立时设 4 个学部：物理学数学化学部、生物学地学部、技术科学部和哲学社会科学部。经过数度变迁，现共有 6 个学部，即数学物理学部、化学部、生物学部、地学部、第一技术科学部和第二技术科学部。变动的具体时间和情况见表 1。

表 1　中国科学院学部名称变化表

<table>
<tr><th>成立和变动时间</th><th>1955 年 6 月 1 日</th><th>1956 年 7 月 28 日</th><th>1957 年 5 月 15 日</th><th>1975 年 8 月 31 日</th><th>1980 年 8 月 1 日</th><th>1983 年春（1984 年 1 月正式宣布）迄今</th></tr>
<tr><td rowspan="7">学部名称</td><td rowspan="2">物理学数学化学部</td><td rowspan="2">数学物理学化学部</td><td rowspan="2">同左</td><td rowspan="6">停止活动（1967 年 1 月 ~ 1978 年 12 月）</td><td>数学物理学部</td><td>同左</td></tr>
<tr><td>化学部</td><td>同左</td></tr>
<tr><td rowspan="2">生物学地学学部</td><td rowspan="2">同左</td><td>生物学部</td><td>生物学部</td><td>同左</td></tr>
<tr><td>地学部</td><td>地学部</td><td>同左</td></tr>
<tr><td rowspan="2">技术科学部</td><td rowspan="2">同左</td><td rowspan="2">同左</td><td rowspan="2">技术科学部</td><td>第一技术科学部</td></tr>
<tr><td>第二技术科学部</td></tr>
<tr><td>哲学社会科学部</td><td>同左</td><td>同左</td><td>正式独立</td><td>—</td><td>—</td></tr>
<tr><td>合计</td><td>4</td><td>4</td><td>5</td><td></td><td>5</td><td>6</td></tr>
</table>

各学部内部设常务委员会、学术秘书和办事机构。常委会由本学部的学部委员会议选举产生，由学部主任、副主任和常务委员组成，负责处理学部的经常工作。从1956年起多数学部相继设立不是学部委员的专职副主任，1981年学部重建后各学部普遍设立，职责是协助学部主任进行领导工作。自学部成立即设有学术秘书、副学术秘书，多数学部只有其中一职，职责是协助学部主任进行工作，并领导学部的办事机构。学部重建后只设学术秘书，是学部主任进行学术领导的助手。学部的办事机构原来设办公室，重建后设办公室和若干专业处。1987年起撤销专设的办事机构。

1967年学部被宣布“砸烂”后，各学部的办公室也停止工作。1979年学部恢复活动时，为重建学部设置了全院统一的学部办公室，1981年撤销。1985年中国科学院建立学术秘书室，作为主席团的办事机构。近来已决定成立学部联合办公室，为学部委员更好地开展咨询活动服务。

关于中国科学院的学部委员，1955年6月学部成立时共233位，以后有3次变动：第一次是1957年5月增补了21位学部委员；第二次是1975年8月哲学社会科学部独立，此后科学院的学部委员就都是自然科学方面的了；第三次是1981年再次增补了283位学部委员，连同当时健在的学部委员共达400人。具体情况见表2。

表2　中国科学院各学部委员统计表•

时间 / 学部名称 / 学部委员人数	1955年5月31日					1955年6月～1957年5月					1957年6月～1981年2月					1981年3月				
	物理学数学化学部	生物学地学部		技术科学部	哲学社会科学部	数学物理学化学部	生物学部	地学部	技术科学部	哲学社会科学部	数学物理学部	化学部	生物学部	地学部	技术科学部	数学物理学部	化学部	生物学部	地学部	技术科学部
		生物学部	地学部																	
原有	48	60	24	40	61	48	60	24	40	61	36	19	63	27	43	29*	16*	36	11	25*
增补						7	5	3	3	3						51	51	53	64	64
逝世							2			1	8	6	27	16	14					
合计	172				61	188				63	28	13	36	11	29	80	67	89	75	89
	233					251					117					400				

• 学部机构和名称的变动时间见表1。

* 技术科学部学部委员转到数学物理学部1人，转到化学部3人。

通过1981年较大幅度地增补学部委员，与原有的学部委员相比情况有了以下比较明显的变化：①专业领域更为广泛，自然科学的各主要学科和新兴领域几乎都有学部委员。②增补后院外学部委员达290人，占全部委员的72.5%，来自许多高等学校、部委和地区；中国科学院的学部委员110人，占27.5%。③平均年龄降低较多，从原来的73.3岁降为62.8岁。④新增补了14位女学部委员，而原来只有1位。

从这次增补到1990年又过了9年。这9年间，已有学部委员78人先后逝世，开除1人，现有学部委员321人，其中，数学物理学部68人，化学部54人，生物学部63人，地学部61人，技术科学部75人；平均年龄不仅比大批增补后显著上升，而且比增补前还高，达74.3岁。

综观学部成立35年来的历程，不论过去和现在，由于学部委员的热心和令人钦佩的努力，学部工作对中国科学院和全国的科技发展及其相关的国家建设事业都作出了若干重要的贡献。但是学部活动时起时落，“文化大革命”期间更是大的跌宕，粗略估计35年中正常工作的实际时间不超过10年，学部委员的作用远未得到应有的发挥。斗转星移，目前学部的外部环境和本身情况与以往已有了显著不同。追溯历史不仅是为了解过去，更重要的是从中汲取经验教训，思考现在和未来。如果有心人能在这方面得到某些助益，也就达到了作者的目的。

关于建立中国科学院学部的一些背景情况*

成立学部，是为了顺应当时客观形势的需要。1953 年国家第一个五年计划已经开始，各项建设事业越来越需要科学技术的支持，这就要求加强学术领导，动员和组织全国科技界的力量来为我国的经济和国防建设服务。那么，由谁来担当这个角色呢？受到中央瞩目的很自然的就是中国科学院。因为在建院之初，在中央领导人的讲话中就明确指出中国科学院是全国的最高科学机构。1951 年 3 月，政务院还专门发布了一个指示，提出要由中国科学院计划与指导全国的科学研究事业。为此，规定工业、农业、卫生、教育、国防各部门举行各种专业会议时，应邀请中国科学院派人参加；各部门的科研计划和研究情况报告，要报送中国科学院。

可是当时中国科学院本身的组织状况，却远远不能适应这样的要求。那时院领导部门除院长、副院长外，协助他们在业务上管理所属那么多研究机构的，只有一个人数很少的计划局。这是建院后第二次成立的计划局。第一次成立研究计划局是在 1949 年 12 月左右，局长由竺可桢副院长兼，副局长是钱三强教授。这个机构于 1951 年初撤销，改为调查研究室。1952 年底或 1953 年初又重新恢复了计划局，局长是钱三强，副局长是丁瓒；下边的三位处级干部是汪志华、何成钧和简焯坡，他们在学术上有一定的造诣，但都还不是高级研究人员（何成钧、简焯坡两位调到院里工作前分别是大学的讲师和研究所的助研）。再下边做具体工作的是我们这些刚从大学毕业不久的“小年轻”。当时金属研究所筹备处的负责人李薰曾跟计划局的年轻人开玩笑说，就靠你们这些“白帽子”，要来领导我们的研究所?!“白帽子”的说法在计划局曾流行一时，成了我们这些虽然是大学毕业但没有做什么研究工作的年轻人的代名词。

很显然，就中国科学院当时的领导体制来看，连对本身所属研究机构的学术领导都难以胜任，更谈不上对全国科技事业的计划和指导了。例如，院里每年确定各研究机构的方向和任务，就是靠计划局的人员，包括我们这些年轻人到所里了解情况后提出的，在绝大多数情况下，这些方向任务只是各个单位领导人意见的转述，走走形式而已。再比如 1951 年政务院的指示发布后，各部门对科学院

---

* 本文是作者在院史委员会办公室召开的“学部制的建立与发展”座谈会上的发言摘要，原载《院史资料与研究》1991 年第 6 期（试刊）第 7 ~ 9 页。

都很尊重，召开各种专业会议都邀请中国科学院派人参加指导。这些会议有跟中国科学院的专业对口的，也有不对口的，由于这类会议很多，有些会议院里请研究所的科学家去参加，有的就只好派我们这些人去“滥竽充数”，实际上很难实现政务院的意图。

为了改变这种状况，中国科学院于1953年初派出访苏代表团，在学习苏联经验的基础上，通过院内外科学家的广泛讨论，最后经国务院批准成立了学部。

需要说明的是，在学部成立之前，中国科学院从1950年起就曾陆续聘请一大批院内外的知名科学家担任专门委员，但他们属于顾问性质，也没有明确的组织形式，因此不可能起到学术领导的作用。不过专门委员制度的建立和实行，还是给后来学部委员人选的确定和学部的有些工作，积累了一定的经验，打下了必要的基础。

学部的建立在很大程度上是参照了当时苏联的模式，当然也考虑了我们的国情。例如，苏联科学院的学部权力相当大，对所属研究机构从学术领导到经费分配等科研管理的许多事情，都是由学部定的。而我们的学部就只管学术，不管行政。这在有关文件中都作了明确的说明，当时的中国科学院党组书记张稼夫也一再这样强调。又如苏联科学院实行的是院士制，而我们实行的是学部委员制，学部成员叫学部委员，认为我们当时要实行院士制条件还不成熟，需要有一段过渡的时间。

第二部分　一些重要专题的史料选汇

中共中央、国家领导机构及其主要领导人对中国科学院的指示（摘录）*

（1949～1956年）

编写说明

一、本文主要摘编专送和主送给中国科学院的命令、批示、指示、通知等文电；主要领导人在讨论中国科学院工作或中国科学院会议上的报告、讲话以及对中国科学院领导人的谈话。若不是专对中国科学院的指示或讲话，只选其中提及中国科学院的内容。

二、录自中国科学院档案（以下简称“院档”）的领导人讲话绝大多数系当时整理的记录稿或原始记录，未经本人审阅。其中有个别错漏字，编者作了更正。

三、本文根据内容分立了14个专题。可列入两个以上专题的内容，只编入一个专题之内。

四、一些需要说明的文句，编者在其后加［注］作了解释。

五、文中的……、○、（　）、［　］等符号，如加*者系原文所有；无*者则系编者所加。

六、定稿前承罗伟同志提供重要意见，院档案处为查阅资料提供很大方便，谨致谢忱。

七、编、选等错漏不当之处，敬请补充指正。

一、中国科学院的筹建、成立及院长副院长的任命和增补

早在1949年春，……丁瓒就向我透露了中央有在新中国成立后建立统一的科学院作为全国最高科学机构的意图，并说内定由郭老负责。

召开新政协筹备会时（1949年6月15～19日在北平举行的第一次全体会

---

* 当时在《中国科学院院刊》工作的樊春良同志帮助作者收集、抄录和整理本摘录的部分资料，由作者和樊春良同志共同署名发表在《院史资料与研究》1992年第4期第1～55页。

议），……中央已决定由宣传部部长陆定一负责筹建科学院。协助他工作的是恽子强和丁瓒。因为丁瓒来自南方，对北方的情况不大熟悉，我又是北平研究院的工作人员，所以也被邀参加筹建工作。

资料来源：[17]，第88页。

……不久的将来，我们必须成立为人民所有的科学院，希望大家参加筹划。

资料来源："周副主席①恩来在科代筹备会上讲话摘要"（1949年7月13日），吴迟笔记，《科学通讯》第2期，1949年8月16日

政务院设政治法律委员会、财政经济委员会、文化教育委员会、人民监察委员会和下列各部、会、院、署、行，主持各部门的国家行政事宜：

……

科学院；

……

资料来源：[1]，第4，5页。

政务院第二次会议（1949年10月25日召开）曾研讨科学院的命名问题。各部是称为中央人民政府××部，各委员会是称为中央人民政府政务院××委员会。只有科学院及人民银行例外，只冠以中国二字，故本院全名为中国科学院，西名用 Academia Sinica。

资料来源：[19]。

一、兹颁发中国科学院铜质印信壹颗文曰："中国科学院印"希即具领。

二、希将启用日期并拓具印模一份，报府备查。

主席　毛泽东

资料来源：[20]。

1949年10月19日　中央人民政府委员会第三次会议通过任命郭沫若为本院（中国科学院，下同）院长。

中央人民政府委员会第三次会议通过任命陈伯达、李四光、陶孟和、竺可桢为本院副院长。

……

1950年12月26日　中央人民政府委员会第十次会议通过任命吴有训为本院副院长。

……

1953年1月14日　中央人民政府委员会第二十一次会议通过任命张稼夫为本院副院长。

资料来源：[2]，大事记，第281、284、290页。

---

① 中国人民革命军事委员会副主席——摘录者注。

1956年5月9日　中央批准张劲夫任中国科学院副院长。

资料来源：[21]。

二、中国科学院的性质、地位及其与院外单位的关系

……中国科学院是全国最高的科学机关，……

朱德同志在中国科学院第一次扩大院务会议上的讲话（1950年6月24日）

资料来源：[3]，院档，办永5-11①*。

为了加强科学院对工业、农业、卫生、教育、国防各部门的联系，以便计划与指导全国的科学研究事业，特规定下列办法：

一、各部门所举行的各种专业会议，凡与科学研究有关者，应邀请科学院派专人参加，并将会议主要内容尽早通知科学院，使有时间加以研究并在会上提出意见。会议资料应送科学院一份。

二、各部门所领导的科学研究机构，在制订研究计划时应与科学院取得联系，并定期将研究情况报告副本送致科学院，以便科学院对全国科学研究事业获有全面了解。科学院应尽量给予各部门研究机构业务上、技术上的指导与协助。

三、科学院应注意有系统地宣传中国和外国科学研究的成果，并建议各生产部门和教育部门采择应用，或建议有关部门共同组织对于这些成果的进一步的研究。各部门在采用和推广科学新成就，改正违背科学的旧习惯的问题上，应与科学院积极合作。

四、科学院应注意有系统地调查各生产部门对于科学研究的需要，并力求使自己的和全国科学研究人员的工作计划适应这些需要。为了这个目的，科学院得在必要时召集全国科学研究人员会议，宣布全国科学研究工作的任务，并要求各有关部门的协助。

总理　周恩来

资料来源：[22]。

科学院是全国科学研究的中心，除了应以主要力量组织本院的科学研究工作外，还必须密切联系全国科学工作者，协助各方面的科学研究工作。

资料来源：[4]，第14页。

……用极大的力量来加强中国科学院，使它成为领导全国提高科学水平、培养新生力量的火车头。

资料来源：[5]，第185页。

……加强中国科学院，使科学院能够确实地成为领导全国科学研究的中心。

资料来源：[23]，第62页。

文化教育委员会指导文化部、教育部、卫生部、科学院、新闻总署和出版总

署的工作。

资料来源：[1]，第6页。

中国科学院，今后不再属国务院的组成部分，但其工作仍受国务院指导。

资料来源：[24]，第88页。

……我们的科学院成立在国家成立的同时，而且把它组织在政府的组织成员中。当时看来是需要这样做的，这样做是必要的，因为这便于进行科学工作者的自我改造，……

……现在科学院在组织上有所改变，即从国家机构变成学术机构。从宪法通过后，科学院已不是国家的组成机构，而成为独立的学术研究和领导机构。因为经过五年的改造，已有了这样的基础使科学院成为一个在科学上独立的工作和领导机构。但这不是说与国家机关完全脱离了，在行政上国家机关还是要进行指导的，……。

资料来源：[6]。

为了促进科学研究工作及高等教育和国家建设的密切联系，并使政府各部门在建设工作中得充分听取专家的意见，兹规定专家、教授出席政府各种专业会议的办法如下，希即遵照执行：

一、中央人民政府所属各部门或大行政区人民政府（军政委员会）各部门召开之重要专业会议，应根据需要，邀请中国科学院所属各研究单位或各大学中有关专家、教授出席，……

二、……

三、中央或大行政区政府各部门召开之专业会议，其与科学研究或教育工作有关者，并应邀请中国科学院或中央教育部或大行政区教育部（文教部）派员出席。

资料来源："中央人民政府政务院关于政府各种专业会议邀请专家出席给各部门的指示"（1951年3月2日），同[2]，第37页。

……关系随着建设的开展更需要密切，科学院与大学、经济部门、文教部门的配合联系问题便都来了，……一万多人分散各单位如何联系起来是大工作，目前为合作问题，一面合作一面分工，更注意经验交流。不但科学院的研究计划要找各部门，各部门有些问题也可提到科学院学术委员会研究，各部门请科学家作顾问，……

……

……科学院不能完全当作行政部门，现在全国科联仍在，要与科联联系好，科学院办好又是组织机关又是研究机关，……科学院如何更好地组织全国科学力量与各部门配合使用力量有计划地开展研究工作，是个很重要的问题。

资料来源：[7]*。

……科学院是领导本院还是领导全国？党中央、国务院认为科学院是全国科学领导中心，过去现在都是如此，将来更无问题仍是如此。但同样要把科学院本身的40个研究机构作为基础，把40个研究所的工作做好，争取为全国科学的领导中心，才能更好地领导全国。不是摆出领导的姿态。……科学院研究工作搞好了，比别人高，他们自然不能不承认科学院的领导地位。若是比别人差，如何领导？

注意与高等学校、工农业部门研究所的关系，他们一定支持科学院的领导，他们从事工、农、国防建设需要科学院的理论指导，要给他们帮助。我们要他们的实践经验。……有些大学说你是领导中心，我是学术中心。这个现象不好，使科学力量对销，阻碍科学进步。科学院要采虚心的态度，希望他们超过我们，向他们学习。超过我们对国家有好处。……大学里的资料困难些、设备少些、干部少些，建立实际的科学领导中心是很困难的。……各大学、产业部门的研究所要尊重科学院领导，科学院也要尊重他们，互相学习。……最重要的是学术上要很虚心。要垄断科学，垄断真理，这就是反科学的，科学不能垄断包办。

资料来源：[8]。

国务院科学规划委员会在京举行第三次扩大会议，会议由国务院副总理聂荣臻主持。他对今后的科研工作指示说，科学院、高等学校和产业部门之间要加强协作，协作内容不仅应注意研究任务的分配和研究经验的交流，还要在人员和图书设备等方面充分协作。

资料来源：[9]，(1956年12月29日)，第101页。

在今日举行的政务院文化教育委员会第七次委务会议上，通过了《中国科学院扶助国内各重要专门学会研究会等刊行科学期刊办法》。该办法旨在使各学会不但能保持原有的学术水准，且能提高，并使其能配合当前需要，对经济建设工作有所尽力。

资料来源：[9]（1950年4月27日)，第10页。

三、中国科学院的方向任务

人民政协共同纲领第五章文化教育政策，特别是其中有关科学工作的各条规定，就是今后我国科学工作的总方针。概括说来，就是要发展科学的思想以肃清

---

* 即在1954年1月28日政务院第204次政务会议上通过郭沫若院长所作《关于中国科学院的基本情况和今后工作任务的报告》时的讲话——摘录者注，院档，党永54-8。

落后的和反动的思想，培养健全的科学人才和国家建设人才，力求学术研究与实际需要的密切配合，使科学能够真正服务于国家的工业、农业、国防建设、保健和人民的文化生活。

根据这个总方针，目前科学院的基本任务是：

（一）确定科学研究的方向

1. 确定科学研究为人民服务的观点，力求科学研究与实际密切配合，纠正过去脱离现实、自流散漫的作风。

2. 根据近代科学研究发展的趋势，吸收国际进步科学的经验，从事有计划的理论研究和应用研究，以期赶上国际学术的水平。

3. 强调科学研究的计划性和集体性，建立并加强各学科研究之间的有机联系。

（二）培养与合理地分配科学研究人才

1. 加强研究人员的政治学习，俾能把握马列主义的观点和方法。

2. 与各大学其他专门人才训练机构保持经常的联系，互相协助，统筹专才的训练。

3. 调查全国科学人才，予以有计划地分配和补充。

4. 号召并协助留学国外的科学研究人才返回祖国，为祖国服务。

（三）调整与充实科学研究机构

1. 暂以自然科学为重点，先就原有的基础，把过去彼此独立的性质相同的研究机构合并起来，并逐步加以充实。

2. 广泛征求财经工作部门的意见，并与其建立密切的联系，以便按照国家当前建设的需要，选定研究重点，建立地方工作站，集中力量，解决实际问题。

3. 有计划有步骤地建立并发展目前尚无基础而为国家建设所急切需要的各学科的研究工作。

资料来源："中央人民政府政务院文化教育委员会郭沫若主任关于中国科学院基本任务的指示"（1950年6月14日），同[2]，第3，4页。

……目前我们的任务是应当不分畛域，通力合作，有重点有计划地配合国家经济建设的需要，进行各种专门研究。同时把过去那种不为人民着想的观念，彻底改变过来，使科学成为服务人民而不是危害人民的知识。

资料来源：[3]。

中国科学院今年才是一个新的开始。目前工作是把全国的科学人才组织起来，在岗位上安心工作。至于全面的发展科学还须要等待几年。……最后我特别提到东北，东北经济的发展是全国工业建设的基础，愿科学院以东北为出发点，有步骤地发挥力量，团结全国科学家，走向新时代新科学的发展的道路。

资料来源：[10]。

……各个方面的科学研究工作应当有适当的分工。大体上，科学院主要是研究基本的科学理论问题和解决对于国民经济具有重要意义的关键性的科学问题。现在在科学院的力量还薄弱的情况下，应该一方面按现有力量做必要的工作，一方面逐渐努力提高工作水平。生产部门的科学研究机构主要是解决生产中的实际技术问题，高等学校则视具体条件研究基础的科学理论或实际生产中的科学问题。国家计划委员会应负责审查科学院、生产部门及高等学校的科学研究的计划，以便解决科学研究和生产实践相结合的问题以及各方面在科学研究工作中分工与配合的问题。

资料来源：[4]，第 14，15 页。

……方针问题：在《关于中国科学院的基本情况和今后工作任务的报告》第三部分中有一段："没有科学技术的不断支援和科学事业的相应发展，要完成国家的社会主义工业化的任务是不可能的；反之，离开了积极支援国家建设的科学实践，要达到发展科学事业的目的也同样是不可能的"。辩证地提出这一问题很对，……科学不与企业结合不去实践就不能发展。……强调实践很对，但这是一方面，另方面要提高理论，要从基础科学学起，理论要提高，要看到明天，……我们今天科学很落后，我们发展科学不是片面的，必须两面结合起来，理论与实践结合，但实践靠理论指导，今天明天也要结合起来，不能只看眼前。我们马克思列宁主义书没读几本，社会科学方面基础也并不大好，自然科学与社会科学两方面都不要忽视了。

资料来源：[7]。

中央人民政府政务院举行第 204 次政务会议。会议听取并批准了中国科学院院长郭沫若所作的《关于中国科学院的基本情况和今后工作任务的报告》……。郭沫若院长所作的报告共分三个部分，第一部分介绍了新中国成立以来中科院的建立、发展和现状。……报告的第二部分谈了科学院存在的主要问题。第三部分对科学院当时的主要任务和改进工作的方法提出了意见。

资料来源：[11]，(1954 年 1 月 28 日)，第 39 页。

……科学的理论和科学的实践要结合起来。具体说，科学的部门，研究的部门，加上学部委员会，应与政府各工作部门一直到下面的学校、厂矿、农村的实践密切结合起来。我站在政府方面来说，要求政府各部门向科学工作者开门，尊重你们，向你们请教，给你们实践的机会，并向你们报告消息。另一方面，以科学院来讲，也应当主动接触实际，联系实际，推动实际，然后才能提高科学水平。

资料来源：[6]。

毛主席提出组织理论部队这个问题，我今天向科学院提出。科学院应当承担这个任务——解决理论问题的任务。科学院应该成为基本理论研究的机关，而不是制造一般生产产品的工厂。如果要科学院生产，它应当是生产高级的理论产品。科学院工作者必须善于发见新问题从理论上作出结论，用新的理论代替旧的、不适用的理论。

但是科学院研究理论并不排斥联系实际，理论是必须与实际联系的。所谓联系实际，如果只是研究工厂中提出的一些细节问题，简单地做出一个答案，我认为是一个损失。……

……希望科学院承担理论研究的任务，完成基本理论研究的任务。但绝不能理解为可以轻视实际。狭隘经验主义固然不好，脱离实际也很不好，都是唯心主义。

资料来源：[12]。

……我们中国不但经济文化落后，我们的理论也落后，包括社会科学与自然科学而言。

资料来源：[14]。

……对于科学院，要注意各个学科、部门的发展方向和发展计划的确定，研究力量的培养和配备，科学工作的分布。在中国这样大的国家，研究区域如何合理分布？全面了解科学研究情况，及时发现和解决问题。

资料来源：[13]。

四、成立学部和学术领导问题

……所上有学部，学部先搞四个，……

资料来源：[7]。

国务院全体会议第十次会议批准了《中国科学院关于筹组学部的经过及召开学部大会的报告》和中国科学院学部委员名单。

资料来源：[9]，（1955年5月31日），第53页。

周恩来总理签署国务院命令。命令说：“中国科学院学部委员名单共233人，已由1955年5月31日国务院全体会议第十次会议批准，现在予以公布。”

资料来源：[9]，（1955年6月3日），第54页。

今天的会议是科学院四个学部的成立大会。……这是科学界的创举，是一件大事。我们相信通过这次会议把全国优秀的科学家团结起来，使科学工作有计划、有成效地进行，这对国家发展五年经济建设，对科学事业本身的发展都是有重要意义的。

……

这次学部委员会的成立，……主要的目的是加强学术领导。

资料来源：[14]。

……这次会议在中国学术历史上，对国家工业化有深远的影响。它的意义在全国科学的领导中心已经成立起来，虽然各方面还有缺点，还不完备，还是重大的胜利。……在座各位科学家应积极宣传推广这次会议的影响。……任何新的东西建设起来不是容易的，靠我们大家团结、宣传，靠我们的工作，使人相信这次会议的成功。以后还要继续做工作，努力宣传、支持这次会议，扩大它的影响，每一学部更好地工作，研究出成绩，像工厂出货一样要出名厂货，……别的问题可以自由发表意见，对学部成立不要提出意见，而是支持它的工作，使它健全起来。

资料来源：[8]。

我想首先对几点误解和不一致的看法讲一讲。

（一）这次经过几年的筹备，大规模地建立学部委员会。成立四个学部，有200多位学部委员，……这是为了在中国科学院的领导下，在郭院长和各位副院长的领导下，建立一个学术领导机构，组织科学研究，发挥我国科学的长处，克服我国科学的落后性，提高学术水平和科学水平，为总路线服务。凡是列名学部委员的或是未列名学部委员的，是科学家或者不是科学家，都一致拥护这个机构，支持这个机构，并为之宣传；批准这个名单，拥护这个名单，并为这个名单辩护，不要指责缺点。……中国过去受帝国主义、封建主义、满清政府、北洋军阀和蒋介石的压迫，科学不能得到发展。解放后，我们辛辛苦苦搞了这样一个学术机构，凡是热爱祖国、热爱科学的人都要无条件支持这个会议，即使其本身有缺点，我们也应该主要看它好的地方。这是符合于国家利益和科学发展的利益的。……

（二）有人说，今天的学术领导机构不能充当学术领导。这是不对的。不管我们今天有哪些科学研究部门空白，有哪些水平低，有哪些水平高，……* 这些都是具体问题。我们中国人民一定能掌握科学，科学家一定能争气，一定有信心提高学术水平，……今天我们的学术领导机构，一定能承担领导学术研究的任务。……如果我们科学家没有信心，这对事业不利。我相信绝大多数都是有信心的，少数的可能脑子里没有想过这件事，因而不自觉地流露这种观点，这要给予同志式的批评。我们今天不懂的，几年后会懂；我们今天还幼稚，但几年后不会再幼稚。……怎么能说我们的自然科学会永远处于落后、空白呢！……

（三）有人说问题不在上两个问题上，只是人选有问题。我认为人选基本上是正确的，但也不是说百分之百正确。国务院和中共中央批准这个名单是有准备的，根据现在我们熟悉科学家和科学家熟悉我们的程度，根据我们相互间的了解和友谊，我们提出这个名单。在1949年、1950年或是1951年、1952年，我们不能提出这个名单，到1954年，经过一年的协商，提出了这个名单，这个名单是正确的，要求大家批准。但名单可能有遗漏，可能埋没真才，这也许是他的原因，也许是我们的原因，因此我们有个保留。这次的学部委员名单明后天就要公布了，所以今年不补了，但应当补的大家可以提出，在明年第二次学部大会时，可以考虑补。共产党任何时候都准备了人家的拥护，任何时候也准备承认错误。我今天尽量为名单辩护，但也承认可能有遗漏。另一方面，是否明年会拉下几个人来呢？这也有可能。……

……名单可能有遗漏，我们就作个保留。身体不行的，水平不够的，或是不愿搞科学研究工作的，明年可以不放上去，“真才”可以补上去。我们共产党绝没有宗派主义，绝不会说是拉这个派，打那个派，把学生捧起来，把先生压下去。共产党决不会这样。如果有错误，那是因为不够熟悉。大家可以相信，在新中国，人才短期埋没是可能的，但决不可能长期埋没；同样的，短期蒙混是可能的，但长期蒙混决不可能。……

……

我们要庆祝这个名单，批准这个名单，支持学部委员会，……只要我们学习苏联，谦虚、团结，那么今榜无名，下榜就会有名。我们一年推选一次，使不致长期有遗漏。……

……我们的学部也包括统战，有人说这是科学界的政协，我想这提法也没有什么不可以。我们的国家是协商的，为什么科学界就不能协商呢！

资料来源：[13]。

……这次经过大家民主评议同意的学部委员，其条件已公布过：首先要有学术，有著作，因为作为一个科学家首先要有这个条件；第二，对学术上有贡献；第三是政治条件，要立场清楚。我们五年来经过政治改造到思想改造，可以有条件提出这个名单。但不是除233位以外就没有人合乎条件了，不是的，还有人是遗漏了，有的条件虽够，但在做行政工作或其他建设工作，就不必都列入学部委员了。也还有些人学术研究条件够，但政治条件差一些，就等一等吧，政治条件也是具可变性的，现在政治立场模糊，以后清楚了，我们还是欢迎的。现在的233位委员是不是这三个条件都具备了，已是十全十美的呢？也不是。这样看法要背包袱，要会停滞不进，比起进步的就是落后了，落后了就要退伍，我们不应有此现象。整个世界是发展的，我们自己也应当日新月异地前进。

资料来源：[6]。

……郭院长报告中提到科学院院务会议领导学部权。有些朋友有怀疑，认为院务常务委员会中包括人事局局长、办公厅主任，……*，许多人不是科学家，外行来领导内行。意见是很好的，院务常务委员会不要见怪，要虚心，是有这个问题。……由233位学部委员组成的学部大会应成为全院的最高的领导机构，我们科学家也有这个意见。这个问题要澄清一下。院长掌握方针、政策。几位副院长，还有秘书长、副秘书长、办公厅主任、局长作为院长助手，处理日常领导和日常工作。他们成为领导中心符不符合众望，能不能担任全国领导？党中央、国务院考虑认为是可以的。严格科学地说，有时外行反而能领导内行。郭院长和几位副院长在某几个学术部门上是可以领导的，密切与国务院联系，从发展科学出发，领导大家来做。……要想找一位院长，几位副院长七十二行行行都精通，是不可能的，只有找上帝，上帝又不在人间。院长副院长等组成院务常务委员会可以成立领导中心，但是是不够的，得要依靠很大一批力量，就是靠学部的233位。不能决定的问题请教学部常委，再不能解决就请233位都来。集体领导就能成圣人，还可以请苏联专家来帮助。这就可以解决主要问题，决定方针政策计划制度。至于具体的学术问题，专门的研究，就可以不发表意见，依靠专家，……不是学术上进行干涉，而是起培养帮助作用，……领导和被领导的关系问题，具体问题向人家学习，征求意见。……院长、副院长、院务常务委员会首先向科学家学习，学部委员拥护常务委员会，包括有批评的权利。新的领导概念是领导与被领导结合，领导才能完全贯彻。……一方面服从领导，一方面听从专家意见发扬民主。……行政领导很重要，大家要支持，支持院长副院长。

资料来源：[8]。

五、院士制、学位制、科学奖励制度

关于院士制度问题，我完全支持柯夫达同志和郭院长的意见，这个问题不能怪科学院党组，我以前也主张暂缓实行，这次会议上你们把我说服了，还是早一点实行好，现在我可以完全站在你们这一边向中央建议。以后对这个问题再作详细研究。

资料来源：[15]。

现在是个过渡，过一个时期后，经过学部委员制走向院士制度，这又是一个组织上的过渡，这样逐步提高。……但是不是慢了呢？我们说是健全的，同时是缓慢的，我们承认有这个缺点，但宁可慢些，要好些。

资料来源：[6]。

我们的院士制度所以不忙于宣布就是这个缘故，因为对学部名单就有人伤感，院士制搞早了更不利。院士制作三、五年的准备。这很好。我们要稳重，一般从严，院士制更要严。但我们要有让贤的风度，替国家发现人才，有时也要作“毛遂自荐”。

资料来源：[13]。

……将来成立院士、副院士，院士大会是最高权力机构，选举院长副院长，但是在院士大会散会后，还是要支持院长、副院长。我们的革命是从下面先来的，先搞地方，1949 年才成立中央人民政府。我们科学院现在也是先搞学部，再过渡到院士制度，选举院长。从由下而上，再由上而下。也有一个办法是先搞一批院士，选举院长，再搞学部，由上而下。这样最不得人心。

资料来源：[8]。

为开展科学研究工作，学位制和对科学研究的奖励制度是必要的。中央责成科学院和高等教育部提出逐步建立这种制度的办法。

资料来源：[4]，第 15 页。

中国科学院科学奖金暂行条例和中国科学院研究生暂行条例，已由 1955 年 8 月 5 日国务院全体会议第十七次会议通过，现在予以发布施行。

总理　周恩来

资料来源：[25]。

六、赶上和接近世界先进水平，制定 12 年科学远景规划

中国本来是有优良科学传统的国家，数千年科学上积累了很丰富的知识。到近百年来我们大大地落后了，……1949 年中华人民共和国成立，在中国共产党和人民政府的领导和支持下，情况有了根本的改变，科学研究机构逐步整理，逐步增强，科学研究人员在逐年增加，……但是我们不能否认，中国科学的基础是薄弱的，中国科学的现状是有缺陷的，我们各项科学的水平是极不一致的，发展是不平衡的，若干方面是达到或接近国际水平，若干方面是中等的，但有若干方面是无可讳言是落后的，甚至若干方面是空白点、缺门的。怎样对这种不平衡的现象加以弥补，把空白补起来，加以提高。……

我们要看到我们科学工作中的成就，我们的科学是有前途的，我们应该要有信心。……我们要加紧工作，急起直追，即孙中山先生的口号："急起直追，迎头赶上。"

资料来源：[14]。

为了保证我国科学事业的高速度发展，使科学研究工作能满足工农业生产和国防建设地（的）迫切需要，我认为必须对科学研究的规划采取根本性的措施，这个规划必须是向科学和技术大进军的规划，必须是"迎头赶上"世界先进科学技术水平的规划。……因此，必须采取有效措施，争取在最短期内（例如三五年左右）掌握苏联和新民主主义国家的最新的科学技术成就，并在此基础上，争取在第三个五年计划左右接近和赶上世界的科学技术水平。……各部党组必须对这个规划工作加强领导，应充分与各部苏联专家和我国专家共同商量……。各部门规划的内容，应包括下述四项：

（一）项目：根据各部门12年生产技术发展远景，拟采取的技术政策和世界科学技术发展的新趋势，提出要建立的重要科学和重要专题的科学研究项目。这是整个规划的“灵魂”。

（二）人才：①现有高级科学技术人才的名单。……②科学人才的需要计划（水平、专长、人数）。

（三）国际合作计划。按第一项所提各项目，提出：要向哪一国学习？哪些项目要派人出国学习？哪些项目需要请专家来讲授？什么时候开始行动？等等。

（四）其他重要措施。如加强各部门科学研究的领导的办法，要建立哪些机构？要些什么设备、图书资料和试验材料？需要多少经费？等等。

各部门在考虑科学规划时，应各有重点。科学院主要作重要学科的发展计划；各产业部门则对重要学科和重要专题规划，都应考虑；高教部则主要应考虑培养科学干部的计划（包括派遣留学生的计划），同时对科学和专题也应尽可能提出意见。

资料来源：[26]。

国务院现在已经委托国家计划委员会负责，会同各有关部门，在3个月内制定从1956年到1967年科学发展的远景计划。在制定这个远景计划的时候，必须按照可能和需要，把世界科学的最先进的成就尽可能迅速地介绍到我国的科学部门、国防部门、生产部门和教育部门中来，使我国科学界所最短缺而又是国家建设所最急需的门类尽可能迅速地补足起来，使12年后，我国这些门类的科学和技术水平可以接近苏联和其他世界大国。

什么是最迅速最有效地达到这个目的的道路呢？

这样的道路就是：第一，按照我们所最急需的门类，最迅速地派遣若干组专家、优秀的科学工作人员和优秀的大学毕业生到苏联和其他国家去做一年到两年的实习，或者当研究生，回国以后立即在科学院和政府各部分别建立发展这些科学和技术的基础，并且大量培养新的干部。同时，按照需要，每年陆续派人去实习和研究。第二，对于一部分学科，向苏联和其他有关的国家聘请若干组专家，请他们负责在最短期内帮助我们在科学院和有关各部门建立科学研究机构，培养干部，或者同我国科学界进行全面的合作。第三，……第四，集中最优秀的科学力量和最优秀的大学毕业生到科学研究方面。用极大的力量来加强中国科学院，……第五，……第六，政府各部，特别是地质、工业、农业、水利、运输、国防、卫生各部门，应该迅速地建立和加强必要的研究机构，同科学院进行合理的分工和合作，共同扩大科学界的队伍，并且负责把世界科学的最新成就，有计划地、有系统地介绍到实际应用中去，以便尽可能迅速地用世界最新的技术把我们国家的各方面装备起来。

资料来源：[5]，第184，185页。

经过充分讨论，最后确定了按任务带学科作为这次规划的基本原则。但这样就引起一部分科学家的思想波动，以为我们轻视理论了，后来经周恩来同志指示，加了一章“现代自然科学中若干基本理论问题的研究”，对基础学科的研究工作作了比较恰当的安排，并且把它列为重点之一，这才使这场争论平静下来。

资料来源：[27]。

国务院科学规划委员会在北京举行第三次扩大会议。……范长江委员传达了已经国务院和中共中央批准的规划委员会第二次扩大会议的结论，即根据“重点发展、迎头赶上”的方针，从57项重大科学技术任务归纳出12个重点是适当的。这12个重点是：原子能的和平利用；无线电电子学中的新技术（超高频技术、半导体，电子计算机、电子仪器等）；喷气技术；生产过程自动化和精密仪器；石油及其他特别缺乏的资源勘探；矿物原料基地的探寻和确定；结合我国资源情况建立冶金系统并寻求新的冶金过程；综合利用燃料和发展重有机合成；新型动力机械和大型机械；黄河、长江综合开发的重大科学技术问题；农业化学化、机械化、电气化的重大科学问题；危害我国人民健康最大的几种主要疾病的防治和消灭；自然科学中若干重要的基本理论问题。

资料来源：[11]，(1956年12月29日)，第73页。

七、学习苏联和外国的先进科学技术和经验

……在科学研究工作中必须继续贯彻学习苏联的方针。

资料来源：[4]，第15页。

……苏联是榜样，我们应当向它学习，学习它的社会制度、马克思主义思想，以及在此制度下的科学水平和先进经验。苏联的经验是系统的、成套的。它是建立在这样的思想指导下和这样的制度基础上发展的，而不是在资本主义思想指导下，资产阶级制度上个人主义地发展的，社会科学是如此，自然科学也是如此。……

……在科学领域内，应以中国科学的实践为基础来学习苏联。中国是落后的，但不是什么都不行。我们根据自己的历史条件、社会条件，依靠人民的智慧、勤劳，依靠土地资源，是可以建设起社会主义来的。……

……

……学习世界各国的先进科学技术。不论哪个国家，只要在科学技术上有成就，就要向它们学习。不论它是社会主义、资本主义、或是殖民地半殖民地，凡是有先进经验的都要学。……我们在先进制度基础上，有先进思想指导着，如果一旦把技术学过来，就能更大发展。……

不仅可向工业国家学，农业国家在农业生产上也有长处，也要学。像缅甸，

有种水稻淹了水还能往上长，能长得很高，这种优良种子就可以传到中国来。……

不仅国与国之间的长处可学，就是敌人的长处也可学，毛主席说：敌人有敌人的长处。……在自然科学领域内与自然现象作斗争，更是任何国家的长处都可学，本事大起来有何不好呢？

资料来源：[6]。

……我们从西方学来了马列主义的普遍真理，把中国革命的道路找对了，西方的文化对于我们是有帮助的。我们不可以自高自大，但也不可以盲从外国。

资料来源：[10]。

……我们要向苏联先进的科学学习，不能够固步自封，要向一切国家的先进、进步的科学学习，这对我们是有益的，只要是有益的，进步的，都不要拒绝接受。

资料来源：[14]。

中央人民政府政务院举行第204次政务会议。会议听取并批准了……中国科学院访苏代表团团长钱三强所作的“关于中国科学院访苏代表团工作的报告”。

资料来源：[11]，(1954年1月28日)，第39页。

八、提倡学术争论，追求科学真理

……提倡有不同意见应当争论，只有争论才能进步，但不要因此而形成小集团，形成小集团就一定会犯主观主义、宗派主义的错误。

资料来源：[6]。

……如果有那样的想法，把学习马克思列宁主义与学术的自由讨论对立起来，这是完全错误的。马克思列宁主义是最先进的科学，它是用最全面的真理来说服人的，……它主张充分展开讨论辨明正确与错误，获得真理，作为实践的依据。……不是说不提倡学术讨论，正相反，更要组织学术讨论，不是不欢迎发表相反的意见，正相反，是欢迎各种不同的意见。

……但是我们在科学院，根据与许多科学界人士交谈，发现这样一个问题：科学界人士不大好讲话，不大愿意讲话，这恐怕是一种误解，是我们的工作、共产党工作的缺点，今天要把这种幕布去掉，这是人为的障碍。……我希望这次大会开个风气，为了我们社会主义建设的最高利益，我们展开热烈的学术讨论，把这种风气传播到全国以及今后的工作中去，保证我们科学水平的逐步提高，……

资料来源：[14]。

……对权威人士也可以提意见，他是权威，我们就和权威捣蛋。学术问题上过分相信权威，就有走上迷信的危险，就会阻碍进步。我们对普通人的意见，对不重要的意见也要注意。我们要注意台上的，也要注意台下的；要注意占显著地位的，也要注意不占显著地位的；要注意大人物的，也要注意小人物的。……

……作为真理，就没有院长、委员之分，也没有什么权威，都能批评。可能权威也有见不到之处，而小人物却倒有独到之处。

……我们要求有不同意见，即使不正确的意见只要用意是好的也应当欢迎。学术讨论就是要有自由空气，真理是愈辩愈明的。

资料来源：[13]。

大家在会上称首长，首长只是军队里有，在科学上是没有首长的。譬如巴甫洛夫的学说正确，我们就同意他，但不能说他是首长。……

……科学是不怕讨论和考验的，与真理靠近的我们就支持。马克思主义是不断发展、创造的，马克思主义的结论也有一些已经过时了，但是马克思主义的原则和方法是好的，它从实际出发，不固定，不自满，真理是无止境的，要不断地发掘、创造。

资料来源：[16]。

九、中国科学院的成绩和科学工作者的进步

……科学院四年来有进步，非简单进步。我们不能与苏联比，苏联在内战中知识分子有怀疑，一直搞了十多年，列宁的指示很晚才得实现。我们的情形不同，一方面有苏联作榜样，另方面中国资本主义未发展，科学不发达。中国知识分子要找一条光明的道路，一开始态度就不同，因而无论从主观条件与客观条件来看与苏联都不相同。

科学院思想改造工作是有成绩的，虽有一些偏差都及时纠正了，基本上是成功的。当然还不够深，要一步一步深入。……四年来科学院虽然人数增长不快，但基础已有了一些，虽然力量仍很弱，但这是可依靠的力量，我们有了可依靠的基础便可前进。

资料来源：[7]。

科学院的工作五年来的成就是很大的，在国防、经济、工农业建设等各方面都作出了各种不同的贡献。

资料来源：[12]。

科学院五年来的工作是有成绩的，1952 年以前进行了机构调整和思想改造等工作，1953 年以后开始有计划地进行科学研究工作，并做了很多科学组织工作，现在大多数科学家都靠拢我们，科学院在国内还是有威望的，这是正确地执行中央的政策的结果，郭沫若院长、稼夫同志及其他党组成员都有成绩。但要把科学工作真正组织起来，还需再加努力。

资料来源：[15]。

……吴副院长说，在科学院一些单位中“青年急躁，老年苦恼”，这正表现了大家有热情，青年不能满足便急躁，老年摸不着门路便苦恼，这种热情说明在科学院领导下无论老年科学家、青年科学（家）工作者对国家建设都愿积极参加，对新中国表现了热爱，想贡献出自己的力量。

……大家愿意学习新的知识、新学术，愿意学习苏联先进经验，大家想前进，……大家的热情是很好的，要鼓舞大家前进，……

资料来源：[7]。

……绝大多数的科学家在思想上、政治上有很大的进步，他们科学本身的研究工作做了很多，有的已经有很大的成果，替国家创造了财富。中国科学家的面貌正在改变，绝大部分的科学家都热爱祖国、热爱科学事业。五年来，对各项爱国运动、社会改革，科学家是支持中国共产党和人民政府的。我代表共产党和人民政府感谢科学家给我们的支持。

资料来源：[14]。

十、关心和重视科学工作

科学工作对国家建设具有重要的意义。要把我国建设成为生产高度发达、文化高度繁荣的社会主义国家，一定要有自然科学和社会科学的发展。在国家有计划的经济建设已经开始的时候，必须大力发展自然科学，以促进生产技术的不断发展，并帮助全面了解和更有效地利用自然资源。我国科学基础薄弱，而科学研究干部的生长和科学研究经验的积累，都需要相当长的时期，必须发奋努力，急起直追，否则就会由于科学落后而阻碍国家建设事业的发展。党必须关心科学研究工作，从各个方面为科学研究工作的开展创立有利的条件。

资料来源：[4]，第12页。

……在总路线的照耀下，我国计划的建设已进入第二年，应该将科学事业提到重要地位。

资料来源：[7]。

不可否认，目前在许多人中还存在着轻视科学研究的思想，对科学研究没有给予足够的支持和帮助，因而有些科学工作者还有不安心的现象，如大学毕业生分配到科学院的数目还比较少，研究经费、人员、设备的补充等也没有得到更多的帮助和支持。

毛主席、刘少奇、周恩来等党和国家的负责同志都很关心和重视科学研究工作。我本人在国务院分工中分配到这方面的工作，我能为科学工作服务，是很高兴的，……我想我能起的只是转达作用和宣传作用，把科学院的意见向政府转达。同时做一个宣传员，到处为科学宣传，讲科学研究的重要。

资料来源：[12]。

……我们愿意为你们服务，给你们支持，在干部和经费等方面给研究工作创造条件，……大家对我们好感，我们很感谢，我们要善于应用领导地位为科学研究工作、为国家建设服务，才能答复大家的期待。

资料来源：[16]。

科学工作者大都是脑力劳动的（也有体力劳动），要费很大精力，政府重视这部分的劳动，因此给以一定的待遇，并从各方面来支持。我们过去对科学工作者改造的道路是对的，但过去对你们关心注意是不够的。现在科学院成立学部委员会，政府应作更多的帮助。现在政府决定由陈毅副总理来过问科学院工作，我想是能弥补过去的缺点的。

资料来源：[6]。

科学研究是一件大事，应注意。厂矿、企业、高等学校、科学院要结合起来，科学研究是重要环节。

资料来源：[28]。

……大学生分配主要放在工业部门可以，……给科学院的也应该选择好的适当配备，加以深造，……

资料来源：[7]。

十一、对科学家的政策

中央政治局特别注意对科学家的政策，……邓小平说第六条，教育与团结科学家，提法是否有问题。主要是团结科学家做好研究工作，把他们的知识能力用在研究工作上，别的方面不应计较。人有敌我之分，只要不是反革命和敌人，即不要在思想意识上要求过高，即使反革命，也要用，不过××（注：两字看不清）主要岗位上调开。苏联曾利用德国科学家做了好多工作，……。我们要发挥其积极性创造性，使之为生产服务，传授下一代。少奇同志说，主要是要求他做工作，生活上不要计较，也不必要计较，要给以充分的生活条件和工作条件，使之工作上不感困难，全心全意做研究工作，这就是党的政策，必须肯定下来。……对科学家的生活问题，把全国科学家排个队，具体提出名单，都提高一下。提高生活待遇，要和学术联系，不要使之内部有意见。彭德怀同志说，军委讨论过，对科学家的要求是没有反革命行动要用，生活上照顾，工作上给以充分时间。马上要求结果不对，有时即没有结果。

资料来源：[29]。

……新老科学家，对老年要团结，……1725 人中高级者只 347 人……（注：

院党组给中央的报告中提到全院共有科研人员1725人，其中副研究员以上的高级研究人员347人）数目不多但很可贵，……

……要靠这些老师，因为我们只有这么一点，应团结。老科学家中一部分思想未改造好，思想上的隔阂要进行教育，使大家好好做工作，也会有个别坏的，在改造中个别淘汰，但绝大多数要团结。有的思想上守旧保守者如×××为历史学家，但他是爱国的，……我们等待他，看他四年、八年、十年他会变的，苏联科学家十年之久才转变的很多。这样的人科学院为极少数，大多数热爱祖国，是爱国主义分子，学习苏联很赞成，因而更应团结，思想方法上有问题慢慢教育帮助。

……

停步不进不许可，急躁冒进也不许可，这样还是前进还是不断改造：①* 我们要团结一切爱国分子；②* 兢兢业业做研究工作的我们欢迎。他们会前进的，只不过快一些慢一些而已，这不只对347甚至1725也如此。……

对347人的待遇要仔细研究一下，不要以政府人员等级框之，如研究条件有困难、生活上有困难的，要解决之。中国科学家一般讲是较朴素勤劳的，但不能损害身体，不要与青年一样看，对有重要贡献者、老年者的待遇应考虑，……对体质坏有创造应优厚待遇，行政副所长多是年轻人，……与从事研究工作30年、40年者相比，不能一样待遇。如×××全家18口人，每月要500万（旧币），他提出要求便满足他，不然不要请他来，提到我这地方来便批准，不能太规格化了，要将老科学家好好保留下来，×××的研究所应派好的行政副所长。

……不能同总理、部长比，科学人员可以不同些，×××拿500万比毛主席高没关系，梅兰芳评特级几次下面都通不过。

资料来源：[7]。

团结科学家是党在科学工作中的重要政策。科学家是国家和社会的宝贵财富，必须重视和尊敬他们，必须争取和团结一切科学家为人民服务。对于少数历史上有过反革命活动的科学家，也应当争取并适当地加以使用，对于个别潜藏的现行反革命犯则必须提高警惕。经过解放后四年多的教育，我国科学家绝大多数都愿意接受党的领导，在科学工作上做出一番成绩，贡献给国家。在这样的前提下，首要的任务便在于发挥科学家在科学研究上的积极性，关心与帮助他们的研究工作，为他们的研究工作安排顺利的条件。为此，必须合理地使用他们以发挥其专长，必须使他们有可能集中精力和时间于科学研究工作；应当解决他们在科学研究工作中缺乏必要的设备、经费和助手的困难和其他困难；要让他们在科学研究工作中培养出学生来，把他们的专长传授给下一代。为了让他们能够安心于科学研究工作，还必须关心他们的生活，免除他们对家庭生活困难的顾虑。在科学上确有贡献的科学家应当得到较高的薪金和适当的荣誉。至于有不少科学家在思想作风上仍然不免带有较浓厚的旧社会的影响，只要不是做反革命活动，就不要对他们求全责备。不能像要求一般政治工作干部一样要求科学家，更不应因此而鄙弃和歧视他们。固然我们对于科学家也应该进行必要的思想教育，但这种思想教育必须是长期地耐心地来进行的，必须是在尊重他们的科学工作，发扬他们的科学研究的积极性的前提下，而不是以损伤他们的自尊心的方式来进行的。科学家在政治上受到歧视，在工作上和生活上得不到保证的状况，现在在某些地方，在某种程度上仍然存在着，这种状况是不能允许的，必须坚决予以改变。科学院、高等学校、大医院，以及各种企业机关凡有科学家工作的地方都应该注意此点。

资料来源：[4]，第12，13页。

……我们中共中央、国务院在自然科学上不懂，社会科学上有些部门也无发言权。我们要把中国从黑暗愚昧领上正路，我们依靠全国的科学家，你有一技之长，我们就支持你帮助你，只要有成绩，我们就赞扬。……一年没有结果可以等你几年、十年、三十年，等你拿出成绩来。科学是要等待的，原子能的开始研究到应用就是几十年。……对于学术的专门问题的研究，我们支持，给你生活保证、物质保证，不干涉你。

资料来源：[8]。

科学院各研究所进行思想改造学习的方针，和高等学校相同。但方法上应有区别，由于科学院党的力量较弱，不如高等学校有学生群众，故应采取更加慎重的方式。北京科学院各研究所的思想改造运动，已决定一般不用群众斗争的“过关”*方式。对大多数研究员只用检讨会形式，由检讨者在副研究员以上人员组成的小组会议上做检讨报告，由别人对他提意见。做到认真严肃，本人接受批评即可，只有十分恶劣顽强抗拒者才需反复检讨，最后在全院性研究人员代表会或大会上检讨，经低头后仍让他们做工作。上海各研究所亦可采取同样方式。其次，检讨批判政治思想时，要注意结合到检讨批判学术思想上的资产阶级影响，防止把思想问题简单化的倾向，如反对脱离实际结果变成轻视理论和理论科学；反对单纯技术观点变成轻视技术。这种倾向会产生反效果。在科学院思想改造学习运动中，应强调政治与科学技术的联系，理论与实际的联系，但以政治为主。

资料来源：[30]。

……在科学院也不应该提“反对单纯技术观点”的口号，因为科学家就是要搞科学。对一个科学家不能首先要求他成为一个马列主义者，应首先要他搞好他那一门科学，把科学搞起来后，再慢慢用逐步渗入的办法，让他接受马列主义。……慢慢地把道理给他们说通，不要到研究所中去干涉他们的科学业务。对于科学家，除现行反革命分子外，一般的不要管他，即便是现行犯，逮捕后也不要杀他，让他做科学研究工作。科学院就是要搞科学，……要知道科学家不搞科学，就不是真正的科学家。我们中国需要有大批的科学家，需要有成千上万的科学家，没有科学要建设社会主义的国家是不行的。

资料来源：[15]。

科学界绝大部分是好的。但是是否还有百分之几的人挂着科学家的招牌，干着损害祖国的事。这要考虑，这样想有好处。但结论不能乱下，我们不要随便冤枉好人。

资料来源：[13]。

……对于历史上有过反革命活动的人，今天他不做反革命了，我们可以容忍，譬如×××*为什么我们容纳他？因为他是公开的，他已不愿再反对我们，……

……对于科学研究人员，采取鼓励他们进行研究工作的政策，有现行反革命活动的，劝他们不要搞了，给他们条件做研究工作，也不要怕他，有问题的是少数，多数没有问题，历史问题不要搞，让他们自己交代，这次不交代我们可以等他以后交代。

……人总是有缺点的，只要不是现行犯，都可以用。就是彻头彻尾的唯心论者，也可以指定专题请他研究，著作可以印发传观，不对的可以批判，我们正好缺对手。

资料来源：[16]。

关于科学院设立学部委员会的工作，……矛盾最尖锐的是研究隋唐五代史的历史学家陈寅恪，他是这个学科的权威人士，不选进学部委员不行，他下边一班人也会有意见。若选他进学部委员会，他却又一再申明他不信仰马克思主义。我们只好请示毛主席，毛主席批示："要选上。"

资料来源：[31]，第130，131页。

十二、对科学工作者的希望和要求

……中国科学工作者是经过自我改造的道路团结起来的。……这项工作在过去五年中是有成绩的。……回顾一下我们的工作方法，是从政治改造到思想改造的过程。

……我们是从政治改造入手，划清敌我界限。……在座的科学工作者绝大多数或多或少地参加过这种民主改革的运动，这就给了我们一个机会，把政治界限分清了，敌我分清了。有了这个基础，进一步进行思想改造就更深入了。当然，思想改造还进行得不久，而思想改造必须联系实际，联系到过去所存留的各种各式的封建主义和资本主义思想，如何剔除出去，如何建立无产阶级共产主义的思想，这不是容易的事。……

……

从政治改造到思想改造的过程，现在是处在重点放在思想改造上，但是政治改造并未结束，而是同时进行的。……我们的改造过程是由个人主义走向集体主义，……只有集体主义才有利于整个人民，在我们的科学研究中也是这样。思想改造中，在生活上、作风上也要强调，在政治上要划清敌我界限，热爱祖国。“祖国”还是抽象的，真正的祖国是建立在人民的基础上，老老实实为人民服务，这才有基础。只是抽象的、感情的爱，是不巩固的，要把自己放进去，热爱建立在工人阶级领导的以工农联盟为基础的人民民主政权。科学家应当安身立命，在祖国可爱的基础上，老老实实为人民服务。在这里可以找到立场，找到自己的岗位。只有这样，自己才能心安理得，对后代子孙也才能心安。

……

这一切改造工作都是为了团结中国科学家。今天科学工作者不是团结得够了，而是还应继续在现有团结的基础上努力，不断改造自己，更加团结起来。

资料来源：[6]。

……现在只就通力合作与团结问题谈一谈。

在这次人民政协第一届全国委员会第二次会议上舒舍予先生说：“过去的时代，文人相轻，现在的时代，文人相爱。”这句话很切实，很合乎我们的要求。……过去的学术界，因为受了西方的影响，造成了门户之见的现象，这个现象在医学界是表现得很明显的。这种现象阻碍了自己的进步，妨碍了团结合作。

……

人生不能脱离两种关系，一种是自然关系，另一种是社会关系。社会关系中第一就是要善于与别人相处。个人如此团体也如此。能从分析别人的长处，检讨自己的缺点开始，互相尊重，互相学习，就能够达到团结与通力合作的目的。

资料来源：[10]。

……我们强调思想改造，强调学习马列主义，同时我们也强调科学家要拿一定的时间来学习中国共产党与中央人民政府的许多政策，这些政策和科学工作不一定有直接的关系，但科学家要关心人民，关心国家的命运，在基本思想方法上要有不断的检讨，要互相学习，……

……

……团结就是力量，全国的科学工作者要明确树立全心全意为人民服务的、为社会主义建设服务的思想，紧密团结起来，……在科学家中间的自由主义，个人主义，宗派成见，门户之见，五年来已大大减少，但这个任务还没有完全完成，还要继续来克服。这样，才能达到互相批评，互相帮助，共同前进。我们科学家为数很少，我们科学力量有限，我们如果互相抵消的话，对我们国家的损失是很可怕的；不互相抵消，互相团结，这个力量就会加倍，一个人可以干几个人的事情。

资料来源：[14]。

中国的知识分子。我完全了解，就是有那一股士大夫的臭味，“礼貌衰、则去之”，弄得不好就拂袖而去。当面文质彬彬，背后什么话都骂得出来，这就不好。受了批评要能不动气，自己也能批评别人，这样才能团结得好。

资料来源：[13]。

……中国猿人的发见和古生物学家所进行的研究是有力的支持了历史唯物主义的理论。科学工作者应该成为辩证唯物主义的宣传者，应该以辩证唯物主义作为科学研究工作的武器，并以科学研究工作来支持辩证唯物主义。

指导思想只能是辩证唯物论，而不能是其他。不过问题是在于资产阶级唯心主义思想的侵蚀在目前并不是采取公开的方式，如果是公开的那倒容易辨别；而是采取隐蔽的、合流的、和平共处的方式。我们从前面把它赶走了，它会从后面又跑进来。知识分子对此应该提高嗅觉，随时警惕。

……

中国的知识分子是一个不可忽视的伟大力量，……但这几百万知识分子严格地说绝大多数是资产阶级的知识分子，……特别是针对着三五十年来受资产阶级教育培养出来的知识分子，如何对他们进行思想改造，如何让他们学习马克思列宁主义，接受辩证唯物主义，放弃唯心论、机械唯物论，这是一件重要和艰巨的工作。五年来做了很多思想改造工作，但只是个开端，要更好地开展还需要决心做下去。

……今天对知识分子进行思想改造就是要团结他们，使他们提高成为劳动人民的知识分子，发挥他们的能力，为社会主义建设事业服务。

资料来源：[12]。

不可否认，目前许多社会活动，在一定程度上影响了科学研究工作，这一点已引起各方面的注意。我计划把各方面的社会活动调整一下，使一般性的联系、会议、应酬尽量减少。但科学家如果完全拒绝参加社会活动也是不对的。有些重要的会议必须到的，要到；有些会可到可不到的，不到，他总不能押着你去；不需要到的，坚决不到。

资料来源：[12]。

第二个意见，是关于开展批评自我批评的问题。

我们可以：①对党和政府如何领导科学工作提出意见。不要颂扬，而要告诉党和政府如何来领导科学工作。……②对科学院的工作提出意见。……③对学部的建设提出意见。……④对学术论文提出意见。

资料来源：[13]。

……对科学院的工作，包括我们这个中国共产党和政府的许多政策问题，科学事业，大家还有什么不满意的地方，大家都可以讲。科学事业，科学家不发表意见，内行不发表意见，……科学事业的发展就没有希望，科学家对科学事业的意见发表完了，问题就达到解决，或接近于解决了。

资料来源：[14]。

十三、大力培养新生力量

大力培养新生的科学研究力量，扩大科学研究工作的队伍，是发展我国科学研究事业的重要环节。科学院和高等学校应认真进行培养青年科学研究人员的工作，并建立制度加以保证。应每年选拔一定数量的最优秀的大学毕业生（包括基础科学、技术科学和社会科学）去做科学研究工作。在高等学校招生和选派留学生时，除应有大量学生学习技术科学外，还应保证相当数量的优秀毕业生去学习基础科学和社会科学。中央责成高等教育部、人事部、科学院在1954年4月以前商定具体的方案。应当在青年科学工作人员中加强党、团的工作，加强马克思、列宁主义的思想教育，把他们培养成工人阶级的新的科学家。对于青年科学工作人员的政治待遇与物质待遇应视其工作成绩而定，使其得到鼓励，能够较迅速地进步。不应机械地以参加工作的资历来决定其所受待遇。应当在青年科学工作人员中积极而慎重地发展党员，……以逐渐改变在科学工作中党组织力量薄弱的状况。

资料来源：[4]，第13，14页。

……要重视新生力量。我们搞科学，如不重视新生力量，那么就只是233人，而以中国的人口来说，不要说233人，就是23万人也不够，要成百万千万来计算，这样半个世纪才能赶上最强大的资本主义国家。……我们依靠什么呢？就是要依靠新生力量，……以青年来代替老年，否则岂不绝种了。自觉的科学家希望广大劳动者和青年掌握现代科学技术水准。……我们不能像封建社会一样，师傅教徒弟还要留一手。要相互尊重，青年和工人应当尊重工程师和科学家，科学家和工程师也应当爱护劳动者和青年。我们应当唯恐教不会，唯恐教少了。孔夫子有七十二门弟子，三千学生，他的道理所以传得那样广是有原因的。今天搞社会主义，人人都要做孔夫子，应当往外传，不应当有小圈子，不应当看不起新生力量。

233位学部委员中有不少是50岁以上的，50岁以上就向下坡了，这是自然规律。但是我们自己下坡总要多带几个人上来，由他们代替我们，这才是社会主义的集体主义的思想。这不是悲观，是乐观主义，是看清了社会会发展，有无限的希望，自己下坡，几个人上坡，这样可以下坡得更慢、更高兴，不致摔跤。

资料来源：[6]。

……第二方面的团结问题就是新老科学家的团结问题，我们老一辈的科学家应该爱护和培养新的科学家，青年的科学工作者要尊重老一辈的科学家。人类社会总是把他们的希望寄托在新生的一代，任何一个人、一个集团在一定的历史时期走上历史舞台，完成历史任务，然后，退出历史舞台。人类社会生命的绵延，是依靠新生的一代的。

资料来源：[14]。

科学家除了提高自己的理论研究外还要承担培养科学的新生力量的任务，……我们反对崇拜“权威”，崇拜“大人物”，忽视“小人物”，对新生力量压抑。年轻人讲的是真理也反对，“权威”人物讲的不是真理也拥护，这样是很庸俗的。但是这并不等于不重视老科学家，否认他们过去几十年的成就，相反的培养新生力量一定要依靠老科学家。

资料来源：[12]。

对于可以造就的青年人，要十分爱惜，培养和关心他们。……

……解决干部问题的出路是要大胆用青年人，……对青年人要很耐心很热情，不要怕将来出问题麻烦，只要不是有意识的，没有关系，……不要因为肃反就缩手缩脚，而要发现天才。……各方面去发现寻找，依靠科学家的积极性。领导和社会制度都是适合培养科学之花的，……

资料来源：[16]。

十四、党领导科学问题和对党政干部的要求

……科学一定要由党来领导，问题是以什么样的思想来领导？是以马列主义来领导？还是以主观主义来领导？不要设想只要有几个科学家就可以领导科学，两个物理学家就常常不能在一起商量问题，在一起就会吵的一塌糊涂，必须要有共产党员去帮助他们。……我们自己不懂，就要尊重和听取人家的意见，就要“取人之长，补我之短”，如果自己不懂，又要去包办，工作必然搞不好。我们在科学院为什么不可以领导科学呢？只要采取这种办法，就可以解决领导问题。……

党组在领导方式上确实有缺点，……党组内缺乏思想领导，没有抓住重大的问题，行政事务管得太多了。……如不从行政事务中摆脱出来，没有办法团结好科学家，也没有办法把工作做好。……

……今后，一定要健全集体领导分工负责制，否则，没有充分的民主讨论，不能集中大家的集体智慧，工作也不会搞好。党组内一定要分工，……分工之后，稼夫同志就可以集中精力组织科学研究工作，就可以多接近院长、副院长和老年

科学家，最好到研究所中去就地解决工作问题；同时，也可以抽出时间来做研究工作。……科学院的机构如此分散，你们不下去，下边的情况又反映不上来，上下不通气，确实是一个很大的漏洞。

……

机关支部肯定不是科学院的领导机构，它不能代表党领导科学，也不能决定政策方针性的问题，只能组织党员和青年团员贯彻和执行中央的方针、政策、指示和决定。党的总支和支部要教育党员和青年团员尊重老科学家，要在科学工作中服从老科学家的领导，要很好地执行自己的工作任务，不能摆党员的架子，使人家望而生畏，更不能和科学家闹对立。党的总支和支部都要围绕科学业务进行工作，要通过业务去体现政治，不能以政治代替业务。行政工作要支援科学业务，不要以行政工作方式去领导人家，不要动辄给人家戴落后帽子。业余活动的时间要减少会议，不要让科学家们参加不必要参加的会议。和科学家谈话，要找有点水平的人去谈，要使之不知不觉地接受马列主义，一点一滴地渗入，不要性急，并要避免采用作大报告的形式。此外，支部在进行争取科学家的时候，还应该注意：要反面进行，不要正面进行；要先当学生，后当先生；要承认他是老前辈，向他学习，不要不承认人家的长处。

资料来源：[15]。

……过去有过这种事情，对学术研究也是开口政委决定，这是不对的。例如朱洗先生的研究就受过干涉阻碍，这是不对的，陆定一部长已道过歉了。有这样的事，有位研究麦种专家辛辛苦苦几十年搜集的麦种，让我们一个干部认为没有意思给混搅在一起，专家伤心得哭了。……这要逐步改变。……国务院派我参加科学院工作，我就本着这个态度，尊重专家意见。

资料来源：[8]。

……在科学院工作，不能搬用行政工作方法，不能搬用部队工作方法，也不能搬用党的工作方法。这三个工作方法都要否定，要吸取各种工作的经验，结合科学院的具体情况，创造科学机关的工作方法。

资料来源：[15]。

……首先是我们希望科学机关的行政工作人员，希望这些同志们深切关怀科学家的工作和生活，保证科学家必要的工作条件和时间，解决他们在科学研究中的困难。我们国家需要有一大批很能干、很有能力、很负责任的科学机关的行政干部，这是一件大事，不是一件小事，由于这个条件，科学家的研究工作可以开展，没有这个条件，拖泥带水，逼迫许多科学家离开他们本行，来搞行政工作，这无论如何是个损失，在几方面都是损失。这是科学的嫩芽，需要培养，就像一个好花园，需要大批园丁，这些园丁是需要有知识的、很负责任的，否则是很困难的。现在我们从军队、从地方政府转到科学工作岗位上来的，不安心，这是不对的，因为他本身不是科学家，感觉对科学研究工作没有信心，他觉得改行学习科学来不及，要他一天到晚搞穿衣、吃饭，搞房子、汽车，搞招待不大安心，我们应该说服他们。我们国家需要一大批很负责、很有能力的干部来搞这些工作，来做这些科学组织工作。

资料来源：[14]。

在科学院工作，就是要很好地为科学家服务。

资料来源：[32]。

参考文献

[1] 中央人民政府法制委员会编．中华人民共和国中央人民政府组织法（1949年9月27日中国人民政治协商会议第一届全体会议通过）．载：中央人民政府法令汇编1949—1950. 北京：人民出版社，1952

[2] 中国科学院办公厅编．中国科学院资料汇编1949—1954. 1955

[3] 朱德同志在中国科学院第一次扩大院务会议上的讲话（1950年6月24日）. 院档，办永50-11*

[4] 中共中央宣传部办公室．中央对科学院党组报告的批示（1954年3月）. 载：科学工作文件集．1955（10）

[5] 周恩来．关于知识分子问题的报告（1956年1月14日）．载：周恩来选集（下卷）. 北京：人民出版社，1984

[6] 周恩来总理在学部成立大会上的报告（1955年6月7日）. 院档，办永55-25

[7] 周总理讲话记录（1954年1月28日）. 院档，党永54-8

[8] 陈毅副总理于1955年6月11日在学部联席会上的讲话．院档，党永55-23

[9] 张应吾．中华人民共和国科学技术大事记（1949—1988）. 北京：科学技术文献出版社，1989

[10] 周恩来总理在中国科学院第一次扩大院务会议上的讲话提纲（1950年6月24日）. 院档，办永50-11*

[11] 郭建荣．中国科学技术纪事（1949—1989）. 北京：人民出版社，1990

[12] 陈毅副总理在中国猿人第一个头盖骨发现二十五周年纪念会上的报告（1954年12月27日）. 院档，党永55-15

[13] 陈毅副总理在科学院学部成立大会上的报告记录（1955年6月3日）. 办永55-24

[14] 陈毅副总理在中国科学院学部成立大会上的讲话（1955年6月1日）. 院档，办永55-24

[15] 陈毅同志在科学院党组第一次扩大会议上的总结（1955年3月19日）. 院档，党永55-22

[16] 陈毅副总理在第四十次院务常务会议上的讲话（1955年9月17日）. 院档，办永55-10

[17] 钱三强．筹建科学院前后我参与的一些事情．中国科学院院刊，1992，7（1）：88

[18] 周副主席恩来在科代筹备会上讲话摘要（1949年7月13日）. 吴迟笔记科学通讯，1949，(2)

[19] 郭沫若先生对科学院同人的讲话（1949 年 11 月 14 日）. 科学通讯，1950，(7)
[20] 给郭沫若院长颁发中国科学院印信．中央人民政府（令）*（1949 年 10 月 31 日）. 院档，办永 50-1
[21] 中国科学院 1949 年 10 月至 1966 年 6 月中央管理干部任免名册．院档，干永 66-16
[22] 中央人民政府政务院为加强科学院对工业、农业、卫生、教育、国防各部门的联系给各部门的指示（1951 年 3 月 5 日）. 科学通报，1951，2（4）：337
[23] 中国科学院党组办公室．中央关于知识分子问题的指示（1956 年 2 月 24 日中央政治局会议通过）. 干部学习文件（一）. 1961：62
[24] 国务院发出"关于设立、调整中央和地方国家行政机关及其有关事项的通知"（1954 年 11 月 10 日）. 转引自：吴家睿．新中国主要科技政策纪事 1949—1989. 中国科技史料，1989，10（3）：88
[25] 中华人民共和国国务院命令（1955 年 8 月 31 日）. 科学通报，1955，9：5
[26] 李富春同志给张稼夫的信（1956 年 1 月 5 日）. 院档，党永 56-6
[27] 聂荣臻．聂荣臻回忆录（下）. 北京：解放军出版社，1984：771，772
[28] 院秘书处副秘书长武衡传达毛主席的讲话．秘书处第 25 次处务会议（1955 年 11 月 29 日）记录．院档，办永 55-6
[29] 张稼夫在 1953 年 12 月 30 日院党组会议上传达中央政治局讨论院党组给中央报告的指示精神．院档，党永 54-9*
[30] 中央关于在中国科学院进行思想改造运动的方针问题给华东局宣传部的复示（1952 年 6 月）. 载：干部学习文件（一）. 中国科学院院党组办公室翻印，1952：6
[31] 张稼夫．庚申忆逝．太原：山西人民出版社，1984：130，131
[32] 邓小平同志在刚调张劲夫到科学院时对他的谈话．转引自：张劲夫．难忘的十年．中国科学院院刊，1989，4（3）：240

中国科学院直属机构成立和变动记略*

（1949～1989年）

编写说明

一、只收入中国科学院所属的分院（或办事处）、研究机构、大学、图书馆、出版社、工厂等。院本部的机构、院属公司、疗养院、“五·七学校”以及分院、综合考察委员会和研究机构下属的单位等均不收入。从“文化大革命”开始，哲学社会科学部实际上已脱离中国科学院，1975年8月正式独立，因此1966年7月起该学部的直属机构变动不再收入。

二、按年、月、日时间顺序编排。年份居中单列一行，日期不详者只列月份，月份不详者只列年份，列在同月或同年的末尾。同一条目中年份与前句相同者只列月日，同月者只列日期。

数次或多次出现的名称用简称（见略语表）。

三、新机构成立条目编排的顺序是：年、月、日，成立的机构名称，前身或建立的基础，所在地址，领导，隶属关系。

四、机构成立、变动或撤销的时间有以下几种情况：

（一）院领导集体开会通过的时间。院领导集体会议的名称，1950年2月～1951年1月称院务汇报，1951年2月～1952年11月称院长会议，1952年12月～1966年6月称院务常务会议，1977～1979年和1981～1983年称院务会议，1980年和1984～1989年称院长办公会议。凡属上述会议通过的，一律简称［通过］。

（二）领导机构批准的时间。批准机构，1949年10月～1954年9月系政务院，1954年10月～1957年5月系国务院，1957年6月～1958年10月系国务院科学规划委员会，1958年11月～1966年6月系国家科学技术委员会，1977～1980年系国务院，1981～1989年系国家科学技术委员会。凡属上述机构批准的，一律简称［批准］。

（三）院发出通知的时间，一律简称［通知］。

---

* 本文系应院科技政策与管理科学研究所院史研究室的邀约而编写的，得到中国科学院政策局1990年软课题项目基金的资助。原载《院史资料与研究》1991年第3期（试刊）第1～101页。

（四）该机构本身采取开会、向各有关单位发函（简称宣布成立）或向院呈报成立的时间，文中按实际情况说明。

以上情况在同一条目中出现时，均按时间先后次第排列，首先出现的在句后加“[ ]”号说明。例如，1951 年 12 月 22 日植物生理研究所成立［通过］，1953 年 1 月 23 日通知，5 月 11 日批准。即指成立该所是 1951 年 12 月 22 日经院长会议讨论通过的，1953 年 1 月 23 日院发出通知，1953 年 5 月 11 日经政务院批准。

有些机构虽有成立、变动或撤销的时间，但属于上述哪一种情况不详者，在文中加“▲”号表示。机构变动情况比较特殊的，在文中直接说明。

五、一些机构在正式成立前先设筹备机构，如数学研究所筹务处、化学研究所筹务委员会等。这类情况一般在建立筹备机构的条目中就接着介绍该机构正式成立的时间及其他情况，并略去筹备机构撤销的表述。有些分院、北京天文台等因情况略为特殊，其筹备机构成立和机构的正式成立，则按其各自成立的时间分别介绍。

六、成立机构的前身或建立的基础，只限于其直接前身，不追溯更远。未写前身者则系新设机构。

七、所在地址，除少数标示省份外，一般只写市名。

八、领导，只写该机构成立和变动时的第一任正职或代理正职，如所长、代理所长、台长等，任命时间略。较长时间无正职者则写明“缺”，并说明何年起何人任正职。筹备机构的领导一般不列，副职、负责人一律不列，党的主要负责人如党组书记、党委书记等不列，“文化大革命”期间的“革命委员会”主任不列，与院外部门或与地方行政共同领导，而以院外一方为主的机构亦不列。

九、隶属关系，院与院外部门、地方行政共同领导的机构才写，未写者均系院独自领导的机构。

十、有些需要说明的情况，或记于文中，或加“*”号列于脚注。

十一、由于种种原因，本记错讹疏漏之处一定不少，欢迎批评指正。

十二、编写本记承蒙樊洪业同志提供宝贵意见，院档案处特别是袁慧、潘亚男、王立新同志以及陆绶观、潘钏、梁芬、方行达、黄宗甄、刘翔声、沈海璋、过兴先、王维章、周福璋等许多同志给予大力支持和帮助，谨致深切的谢意。

[附件]

略字表

（按出现先后顺序排列）

简称	详称	简称	详称
院	中国科学院	综考会	综合考察委员会
××所	××研究所	××省、市人委	××省、市人民委员会
国家科委	中华人民共和国国家科学技术委员会	中宣部	中国共产党中央委员会宣传部
北研	北平研究院	院党组	中国共产党中国科学院党组
中研	中央研究院	国防科委	中央军事委员会国防科学技术委员会
东北科研所	东北人民政府工业部东北科学研究所	军管会	军事管制委员会
文委	政务院文化教育委员会	革委会	革命委员会
×机部	第×机械工业部	军委	中央军事委员会
国家建委	中华人民共和国国家建设委员会	国家计委	中华人民共和国国家计划委员会
国家经委	中华人民共和国国家经济委员会	院联席会议	中国科学院院长、副院长、党组成员联席会议

1949年

11月1日　中国科学院成立。北京。院长郭沫若，副院长陈伯达、李四光、陶孟和、竺可桢、吴有训。①

11月16日　接收北研原子学研究所、物理学研究所、化学研究所、植物学研究所、动物学研究所、史学研究所（均在北京）。

接收中研历史语言研究所图书史料整理处（北京）。

12月9日　静生生物调查所整理委员会成立［批准］。北京。主任委员钱崇澍。16日，接收静生生物所（北京）。

12月21日　接收西北科学考察团（组织散漫，无固定团址）。

1950年

3月10日　华东办事处成立［批准］，21日办事处宣布成立。上海。主任李亚农。

---

① 院长、副院长的任命不与院成立同时。郭沫若、陈伯达、李四光、陶孟和、竺可桢于1949年10月19日被任命，吴有训于1950年12月26日被任命。

3月21日　接收中研驻沪办事处、化学研究所、药学研究所筹备处、植物研究所、动物研究所、医学研究所筹备处、工学研究所（均在上海）。

接收北研物理学研究所结晶学实验室、药物研究所、生理学研究所（均在上海）。

4月6日　接收中研宁区办事处、天文研究所、物理研究所、地质研究所、气象研究所、社会研究所（均在南京）。

接收教育部中国地理研究所（南京）。

5月19日　下列机构成立［政务院任命台长、所长或馆长］，5月31日通知，6月20日副院长竺可桢在第一次扩大院务会议上宣布：

紫金山天文台。前身是中研天文所。南京。台长张钰哲。

近代物理研究所。以北研原子学所和中研物理所原子核物理部分为基础组建。北京。所长吴有训，1951年起所长钱三强。

应用物理研究所。以北研物理学所和中研物理所金属学、磁学部分为基础组建。北京。所长严济慈。

有机化学研究所。8月成立▲。以北研化学所、药物所和中研药学所筹备处、化学所有机化学部分为基础组建。上海。所长庄长恭。

物理化学研究所。以中研化学所物理化学、无机化学、工业化学部分为基础组建。上海（1952年迁长春）。所长吴学周。

植物分类研究所。以北研植物学所、静生生物所植物学部和中研植物所高等植物学、森林学部分为基础组建。北京。所长钱崇澍。（1950年11月18日该所华东工作站在南京开始办公，以中研植物所高等植物学分类部分人员为基础组建。）

实验生物研究所。8月1日成立［所呈报］。以北研生理学所、动物学所昆虫学部分和中研植物所植物生理学、细胞遗传学、形态学部分，动物所昆虫学部分为基础组建。上海。所长贝时璋。

水生生物研究所。以中研动物所水生生物部分、植物所藻类学部分，北研动物学所软体动物、甲壳动物部分为基础组建。上海（1954年迁武汉）。所长王家楫。

生理生化研究所。以中研医学所筹备处为基础组建。上海。所长冯德培。

地球物理研究所。以中研气象所和北研物理学所地球物理学部分为基础组建。南京（1954年迁北京）。所长赵九章。

工学实验馆。以中研工学所为基础组建。上海。馆长周仁。

近代史研究所。前身是华北大学研究部历史研究室。北京。所长范文澜。

社会研究所。前身是中研社会科学所。南京（1952年迁北京）。所长陶孟和

（兼）。

语言研究所。以北研史学所和中研历史语言所语言组为基础组建。北京。所长罗常培。

考古研究所。8 月 1 日成立▲。以北研史学所和中研历史语言所历史组、考古组为基础组建。所长郑振铎。

6 月 7 日　下列机构成立［呈文委备案］，20 日副院长竺可桢在第一次扩大院务会议上宣布：

数学研究所筹备处。1952 年 7 月 1 日所成立［呈文委备案］。北京。所长华罗庚。

心理研究所筹备处。1951 年 12 月 7 日所成立▲［院呈报］。北京。所长曹日昌。

地理研究所筹备处。1951 年 12 月 22 日所成立［通过］，1953 年 1 月 23 日通知，5 月 11 日批准。前身是教育部中国地理所。南京（1958 年迁北京）。1952 年代所长周立三，1954 年起代所长黄秉维，1960 年起任所长。

7 月 26 日　动物标本整理委员会成立［通过］，10 月 10 日院计划局开会宣布。北京。主任委员陈桢。

8 月 24 日下列机构成立［通过］，1951 年 5 月 7 日通知：

地质研究所。以中研地质所、南京地质调查所有关部门和北研第四纪研究室为基础组建。南京（1954 年迁北京）。代所长侯德封，1953 年起任所长。

古生物研究所。以中研地质所古生物室、南京地质调查所古生物室和北平地质调查研究所新生代研究室为基础组建。南京。所长李四光（兼），1951 年起所长斯行健。

（1950 年 11 月政务院指示该两所划归中央地质工作指导委员会领导，后隶属地质部、1955 年划归院。）

9 月 1 日　接收隶属于静生生物所的农林植物研究所和北研植物学所云南工作站（均在昆明），合并改为植物分类所昆明工作站。

10 月 18 日　静生生物所整理委员会撤销［院行政工作会议通过］，25 日文委批准。

10 月　接收静生生物所和江西省农业厅合办的庐山植物园，改为植物分类所庐山工作站［所汇报］，12 月 16 日政务院批准。

接收北研和西北农学院合办的中国西北植物调查所（陕西武功），改为植物分类所西北工作站［院呈报］。

12 月 12 日　院与气象局共同接收徐家汇观象台、佘山观象台（均在上海）。院接管天文报时、地磁、地震部分，确定该两台均隶属紫金山天文台；气象局接管气象部分。

1951 年

2 月 3 日　仪器馆筹备处成立［通过］。1952 年 5 月 26 日馆成立［通过］，1953 年 1 月 23 日通知，5 月 11 日批准。由东北人民政府工业部东北科学研究所仪器工厂、物理研究室光学仪器部分、东北工学院教具厂、私营钟东仪器厂和应用物理所光学工厂相继合并组建。筹备处在北京，1952 年迁长春。代馆长王大珩。

图书馆成立［通过］。前身是院办公厅图书管理处。北京。馆长陶孟和（兼）。

南京办事处成立［通过］，17 日通知。前身是华东办事处南京分处。南京。主任李亚农（兼）。

华东办事处改为上海办事处［通过］，17 日通知。

2 月 6 日　接收国史馆（南京），改为近代史所南京史料整理处。

2 月 13 日　接收厦门大学中国海洋生物研究所（厦门），改为水生生物所厦门海洋生物研究室。1953 年 1 月 29 日撤销。

4 月 7 日　动物标本整理委员会改为动物标本工作委员会［通过］，5 月 1 日通知。北京。主任委员陈桢。

4 月 28 日　菌种保藏委员会筹备委员会成立［通过］。10 月 28 日委员会成立①。北京。主任汤飞凡（兼）。

6 月 9 日　东北分院筹备处成立［通过］，8 月 14 日批准，10 月 13 日筹备处宣布成立。1952 年 8 月 28 日分院成立②。沈阳。院长严济慈。由院与东北人民政府共同领导。

6 月 13 日　遗传选种实验馆成立［批准］。以北京农业大学农业生物学研究室为基础组建。北京。馆长乐天宇。

12 月 22 日　下列机构成立或改名：

植物生理研究所成立［通过］，1953 年 1 月 23 日通知，5 月 11 日批准。前身是实验生物所植物生理研究室。上海。所长罗宗洛。

昆虫研究所成立［通过］，1953 年 1 月 23 日通知，5 月 11 日批准。前身是实验生物所昆虫研究室。北京。所长陈世骧。

药物研究所筹备处成立［通过］，1953 年 1 月 23 日所成立［通知］，5 月 11

---

① 《中国科学院资料汇编（1949—1954）》，院办公厅编，第 289 页。

② 同上。

日批准。前身是有机化学所药物化学研究室。上海。所长赵承嘏。

金属研究所筹备处成立［通过］。1953 年 1 月 23 日所成立［通知］，5 月 11 日批准。由筹备处和东北科研所机械、矿冶方面的人员合并组建。筹备处在北京，所成立迁沈阳。所长李薰。

工学实验馆改名冶金陶瓷研究所［通过］。

1952 年

1 月 26 日　土壤研究所筹备处成立［通过］。11 月 15 日所成立［通过］，1953 年 1 月 23 日通知，5 月 11 日批准。前身是地质所土壤研究室。南京。所长马溶之。

4 月 5 日　下列机构成立［通过］，1953 年 1 月 23 日通知，5 月 11 日批准：

长春综合研究所，1952 年 10 月 1 日所宣布成立。由东北科研所长春本部改组组建。长春。所长武衡。

工业化学研究所。以东北科研所大连分所和煤炭室为基础组建。大连。所长张大煜。

土木建筑研究所筹备处。1954 年 10 月 9 日所成立［通过］，10 月 15 日通知。以东北科研所土木建筑研究室为基础组建。哈尔滨。所长刘恢先。

林业研究所筹备处。1954 年 6 月 3 日改名东北林业研究所筹备处［通知］；同日，东北土壤研究所筹备处成立［通知］。10 月 9 日，林业土壤研究所成立［通过］，15 日通知。由上述两所筹备处和应用化学所农化研究室微生物部分合并组建。沈阳。所长朱济凡。

工业检验研究所筹备处［通过］。1952 年 11 月 29 日撤销［通过］。

7 月 25 日　动物研究室成立［院长会议上竺可桢报告已商得北京大学同意］，1953 年 1 月 23 日通知，5 月 11 日批准。由动物标本工作委员会扩建。北京。主任陈桢。由院与北京大学共同领导。

8 月 18 日　古脊椎动物研究室划归院，从 1953 年 1 月 1 日起实行［通过］，1953 年 1 月 23 日通知，5 月 11 日批准。原隶中央地质工作指导委员会。北京。主任杨钟健。

9 月 27 日　电子学研究所筹建处成立［通过］，1953 年 1 月 23 日通知，5 月 11 日批准。10 月 3 日撤销，并入物理所（原近代物理所）［通过］。

10 月 10 日　遗传选种实验馆撤销［文委指示］，改为植物分类所遗传栽培研究室。

11 月 15 日　植物分类研究所改名植物研究所［通过］，1953 年 1 月 23 日通知，5 月 11 日批准。

社会研究所改名经济研究所［通过］，1953 年 1 月 23 日通知，5 月 11 日批准。代所长巫宝三；1954 年代所长狄超白；1955 年起缺；1957 年起代所长孙冶方，1962 年起任所长。

12 月 29 日　黄海化学工业社发酵化学室划归院［政务院财政经济委员会批准］，1953 年 2 月 9 日接收，12 日通知。隶菌种保藏委员会领导。

1953 年

1 月 23 日　心理研究所改为心理研究室［通知］，5 月 11 日批准。北京。主任曹日昌。

机械电机研究所筹备处成立［通知］，5 月 11 日批准。1954 年 10 月 9 日所成立［通过］，15 日通知。以长春综合所机械、电机部分为基础组建。长春。所长缺。

3 月 10 日　遗传栽培研究室成立▲。前身是植物所遗传栽培研究室。北京。主任缺。

10 月 3 日　下列机构成立或改名［通过］，1954 年 6 月 22 日通知：

历史研究所第一所（古代史）成立。北京。所长郭沫若（兼）。

历史研究所第二所（中古史）成立。北京。所长陈垣。

近代史研究所改名历史研究所第三所。

近代物理研究所改名物理研究所［通过］，10 月 8 日通知。

11 月 14 日　西北分院开始筹建［通过］，1954 年 6 月 3 日西北分院筹备委员会成立［通知］，7 月 16 日分院筹委会开会宣布成立。西安，1956 年迁兰州。主任委员张德生。

仪器馆改由一机部与院双重领导［通过］，1954 年 8 月起实行。

12 月 3 日　化学研究所筹建委员会成立［通过］。1957 年 11 月 26 日所成立［通过］，12 月 18 日通知。以有机化学所物理化学组、分析化学组、高分子化合物组和长春综合所部分人员为基础筹建。北京。代所长柳大纲。

华南植物研究所成立［通过］，1954 年 6 月 3 日通知。由接收的中山大学植物研究所、广西大学经济植物研究所合并组建，经济植物所改为该所广西分所。广州。所长陈焕镛。

华东办事处成立［通过］，1954 年 1 月 26 日文委批准，2 月 1 日通知，3 月 15 日办事处呈报成立。由上海办事处和南京办事处合并组建。上海，在南京设分处。主任李亚农。

1954年

1月1日　海洋生物研究室成立［通知］，16日通过。前身是水生生物所青岛海洋生物研究室。青岛。主任童第周。

6月3日　应用化学研究所成立［通知］。由长春综合所和物理化学所合并组建。长春。所长吴学周。

工业化学研究所改名石油研究所［通知］。

6月24日　东北分院撤销［通过］，8月10日通知，自15日起实行。

7月26日　西北农业生物研究所成立［通过］。以植物所西北工作站和土壤所黄土工作站为基础组建。陕西武功。所长虞宏正。

8月1日　科学出版社成立［7月29日举行大会宣布］。以上海龙门书局和院编译局出版业务部门为基础组建。北京。社长周太玄。由院与文化部共同领导。

10月9日　煤炭研究室成立［通过］，15日通知。前身是石油所煤炭研究室。大连。主任张大煜（兼）。

12月18日　哲学研究所筹备委员会成立［通过］。1955年9月22日所成立［通过］，29日通知。北京。所长潘梓年。

1955年

2月5日　华东办事处改名上海办事处，华东办事处南京分处改名上海办事处南京分处［通知］。

9月15日　水利工程研究室成立［通过］。由院与清华大学共同组建。北京。主任张光斗（兼）。

10月6日　微生物研究所筹备委员会成立［通过］。后因情况变化停止活动。

10月14日　兰州兽医研究室开始筹建［通过］。1956年室成立▲。由院与西北畜牧兽医学院共同组建。兰州。主任盛彤笙。

10月20日　文学研究所划归院，自1956年1月1日起实行［批准］。原隶属北京大学。北京。所长郑振铎（兼）。

10月　仪器馆研究部分归院领导，附属两个工厂划归一机部。①

---

①《东北区科学技术发展史资料（2. 科研管理卷）》，中国学术出版社，第14页。

11月3日　化工冶金研究所筹备处成立［通过］。1958年9月26日所成立［通过］，同日通知，10月1日所宣布成立。北京。所长叶渚沛。

12月　遗传栽培研究室撤销［院宣布］。遗传部分改为植物所遗传研究室，栽培部分并入西北农业生物所。

1956年

1月1日　综合考察工作委员会成立［1955年12月28日通知］。北京。主任竺可桢（兼）。（1957年改名综合考察委员会）

科学出版社改由院单独领导。

1月5日　力学研究所成立［通过］。1月16日陈毅副总理批示同意。以数学所力学研究室为基础与北京大学、清华大学合作组建。北京。所长钱学森。

1月24日　土木建筑所改由院与国家建委共同领导。

3月1日　院与有关高等学校合作筹建以下机构［院与高等教育部联合通知］：

上海数学研究室（与复旦大学合作）；

北京植物生理研究室（与北京大学、北京农业大学合作）；

武汉微生物研究室（与武汉大学、华中农学院合作）；

昆明生物研究所（与云南大学合作，后未成立）；

重庆土壤研究室（与西南农学院合作）；

心理研究所（与南京大学合作）；

长春地质研究室（与东北地质学院合作）；

动力研究室（与清华大学合作）。

3月20日　心理研究所成立［通过］，8月18日批准，12月22日所举行成立会。由心理室与南京大学心理学部分合并组建。北京。所长潘菽。

3月27日　少数民族语言研究所筹备处成立［通过］，4月26日筹备处宣布成立。11月29日所成立［批准］，12月7日通过，29日通知。以语言所少数民族语言研究组和中央民族学院语言系为基础组建。北京。所长包尔汉。由院与民族事务委员会共同领导。

6月5日　武汉微生物研究室筹备委员会成立［通过］，12月5日通知。1957年12月17日室成立［通过］，1958年3月21日通知。武汉。主任高尚荫。

7月28日　下列机构的筹备委员会成立［通过］，8月25日陈毅副总理批示同意，12月5日通知。

计算技术研究所筹备委员会。1959年6月17日所成立［通过］，8月21日通知。北京。所长阎沛霖。

自动化及远距离操纵研究所筹备委员会。1959 年 12 月 17 日所成立，改名自动化研究所［通过］，1960 年 2 月 16 日批准，同日通知。北京。代所长武汝扬。

电子学研究所筹备委员会。1960 年 6 月 30 日所成立［通过］，7 月 11 日通知。北京。所长顾德欢。

8 月 7 日　动力研究室成立［通过］，8 月 5 日陈毅副总理批示同意，12 月 5 日通知。北京。主任吴仲华。

8 月 17 日　北京植物生理研究室成立［通过］，11 月聂荣臻副总理批示同意，12 月 5 日通知。北京。主任汤佩松。

重庆土壤研究室成立［通过］，12 月 5 日通知。重庆。主任侯光炯。

8 月　上海经济研究所筹备处成立［上海市委征得院同意］。1957 年 4 月 29 日所成立［通过］。上海。所长沈志远。

上海历史研究所筹备处成立［上海市委征得院同意］，1957 年 4 月 29 日所筹备委员会成立［通过］。上海。主任委员李亚农。

9 月 25 日　下列机构成立［通过］，1957 年 7 月 24 日批准，30 日通知：

武汉分院筹备委员会。1958 年 1 月 19 日分院筹委会宣布成立。武汉。主任委员李达。

广州分院筹备委员会。广州。主任委员陶铸。

新疆分院筹备委员会。乌鲁木齐。主任委员包尔汉。

下列机构成立［通过］：

长春地质研究室，12 月 5 日通知。长春。主任喻德渊。

南京办事处，12 月 24 日通知。前身是上海办事处南京分处。南京。主任周赞衡。

10 月 9 日　科学情报研究所成立［通过］，15 日所宣布成立，经中共中央批准，12 月 5 日通知。北京。所长缺。

10 月 10 日　国际关系研究所成立［批准］，11 月 24 日院与外交部联合通知。北京。所长孟用潜。

10 月 23 日　应用真菌研究所成立［通过］，11 月聂荣臻副总理批示同意，12 月 5 日通知。前身是植物所真菌植物病理研究室。北京。所长戴芳澜。

北京实验生物研究所成立［通过，未定名，1957 年 6 月 8 日通过定现名］，1957 年 9 月 23 日批准，27 日通知。以实验生物所北京工作组为基础扩建。北京。所长贝时璋。

11 月 6 日　中国自然科学史研究室成立［通过］，1957 年 6 月 28 日批准，7 月 9 日通知。前身是历史二所科学史组。北京。主任李俨。

1956年　上海数学研究室成立▲。上海。主任苏步青。

1957年

2月8日　仪器馆改名光学精密机械仪器研究所［通过］，3月17日批准，4月29日通知。所长王大珩。

4月3日　测量制图研究室成立［通过］，7月30日通知。前身是地理所测量制图研究室。南京。主任方俊。

武汉哲学社会科学研究所筹备委员会成立［通过］。1958年6月上旬所成立［通知］。武汉。所长李达。

4月29日　民族研究所筹备委员会成立［通过］，5月8日通知，7月批准。1958年6月21日所成立［通过］，23日所举行成立大会，8月7日批准，14日通知。以中央民族学院部分人员为基础组建。北京。所长刘春。

广州哲学社会科学综合研究所筹备委员会成立［通过］，5月8日通知。1958年9月28日所成立，名为广州哲学社会科学研究所［分院筹委会呈报成立］，12月29日通知。广州。所长杜国庠。

5月7日　下列机构成立［通过］，8月20日通知：

动物研究所。由动物室扩建。北京。所长陈桢，1959年起所长童第周(兼)。

海洋生物研究所。由海洋生物室扩建。青岛。所长童第周。

古脊椎动物研究所。由古脊椎动物室扩建。北京。所长杨钟健。

北京微生物研究室。以菌种保藏委员会为基础组建，委员会仍保留。北京。主任缺。

6月18日　西北农业生物研究所改为西北生物土壤研究所［通过］，经批准，1958年5月19日通知。该所园艺、畜牧、水土保持规划三部分划归中国农业科学院西北农业科学研究所。陕西武功。所长虞宏正。

兰州兽医研究室划归中国农业科学院［通过］。

10月29日　生理研究所、生物化学研究所成立［通过］，1958年1月31日批准，2月5日通知（所呈报定12月1日为共同所庆日）。由生理生化所分建。上海。生理所所长冯德培，生物化学所所长王应睐。

11月26日　北京天文台筹备处成立［通过］，1958年2月22日批准，3月27日通知。北京。主任程茂兰。

12月17日　法学研究所筹备处成立［通过］，1958年5月10日批准。9月26日所成立［通过］，同日通知，30日所举行成立大会。北京。所长张友渔。

12 月 25 日　水利科学研究院成立，名为中国科学院、水利电力部水利科学研究院［院、水电部协议］。由水工研究室与水电部北京水利科学研究院合并组建。北京。临时院务工作委员会主任委员缺。由水电部与院共同领导。

1957 年　昆明办事处成立［办事处宣布］，1958 年 3 月 18 日通过，经国务院批准，28 日通知。昆明。主任刘希玲。

1958 年

1 月　581 组成立。以地球物理所有关部分为基础组建，承担研制人造卫星任务。北京。组长缺。

3 月　中共中央召开的成都会议决定，在各省（市）、自治区建立科学分院。此后至 1959 年 12 月，除北京、西藏、新疆（分院筹委会已成立）外，我国内地 25 个省（直辖市）、自治区都建立了中国科学院的分院。据不完全统计，属于各地分院的研究机构共 211 个［1959 年 12 月 28 日院给国家科委的报告］。

成立的分院如下：

4 月 19 日　安徽分院▲。合肥。院长桂林西。

4 月 30 日　陕西分院［通过］，经批准，5 月 19 日通知。前身是西北分院西安办事处。西安。院长赵守一。

6 月 15 日　浙江分院▲。杭州。院长周建人。

7 月 1 日　江西分院▲。南昌。院长邵式平。

7 月 8 日　武汉分院［通知］，1959 年 6 月 1 日分院宣布成立。前身是武汉分院筹委会。武汉。院长李达。

吉林分院［分院呈报成立］。长春。院长富振声。

7 月 11 日　江苏分院［通过］，22 日通知。前身是南京办事处。南京。院长许家屯。

7 月 29 日　兰州分院［通过］，8 月 15 日通知，1959 年 2 月 2 日分院宣布成立。前身是西北分院筹委会。兰州。院长霍维德。

8 月 17 日　云南分院［分院呈报成立，经国务院批准］，25 日通知。前身是昆明办事处。昆明。院长马继孔。

9 月 19 日　河北分院▲。天津。院长杨石先。

9 月 28 日　广州分院［分院呈报成立］，12 月 29 日通知。前身是广州分院筹委会。广州。院长杜国庠。

山东分院▲。济南。院长裘孟飞。

11 月 5 日　四川分院▲。成都。院长马识途。

11月25日　上海分院▲，1959年3月7日市人委呈报国务院，3月3日国务院批准。前身是上海办事处。上海。院长刘述周。

12月5日　黑龙江分院［11月26日分院呈报成立］。哈尔滨。院长王一伦。

12月18日　内蒙古分院［分院呈报成立］。呼和浩特。院长缺。

1959年[①]1月15日　青海分院［省人委通知］，2月2日院通知。西宁。院长袁任远。

2月16日　湖南分院［省人委呈报国务院］，3月3日国务院批准。长沙。院长周惠。

5月1日　山西分院［分院呈报成立］。太原。院长王大任。

9月9日　广西分院［国务院批准］。南宁。院长覃应机。

1959年　辽宁分院▲。沈阳。院长程序。

河南分院▲。郑州。院长嵇文甫。

宁夏分院▲。银川。院长吴生秀。

贵州分院▲。贵阳。院长罗登义。

福建分院▲，1960年3月2日分院举行成立大会。福州。院长缺。

1958年4月5日　矿冶研究所成立［通过］，6月7日批准。前身是冶金陶瓷所长沙分所。长沙。所长周行健。

4月30日　电工研究所筹备委员会成立［通过］，7月26日批准，8月2日通知。1962年12月22日所成立［通过］，经批准，1963年1月29日通知，4月所宣布成立。以机械电机所电力研究室的主要部分和机械方面的一部分为基础组建。北京。代所长林心贤，1966年起任所长。

机械电机研究所改为机械研究所［通过］，7月26日批准，8月2日通知。长春。所长高原。

6月2日　水利科学研究院与水利电力部水电科学研究院合并，名为水利电力部、中国科学院水利科学研究院▲，1959年5月21日研究院宣布成立。北京。院长张子林。由水电部与院双重领导。

6月21日　中国科学技术大学成立［通过］，9月20日举行成立大会。北京。校长郭沫若（兼）。

物理研究所改为原子能研究所［通过］，7月10日所宣布成立。北京。由二机部与院双重领导，以部为主。

7月11日　兰州化学研究室开始筹建［通过］，8月20日批准，28日通知。由西北分院筹委会与兰州大学合作筹建。兰州。主任缺。

① 为了与1958年各省（市）、自治区成立的分院罗列在一起，此处把1959年成立的分院提前列入。

应用物理研究所改名物理研究所［通过］，9 月 30 日通知。

7 月 29 日　北京实验生物研究所改为生物物理研究所［通过］，9 月 26 日批准，30 日通知。北京。所长贝时璋。

7 月　综合运输研究所筹备处成立▲。1959 年 3 月 3 日所成立［通过］。北京。所长张国坚（兼）。由院与国家经委双重领导。

9 月 26 日　微生物研究所成立［通过］，11 月 27 日批准，12 月 3 日通知。由应用真菌所和北京微生物室合并组建。北京。所长戴芳澜。

冶金陶瓷研究所改为冶金研究所［通过］，1959 年 1 月 12 日批准，2 月 2 日通知。上海。所长周仁。

硅酸盐化学及工学研究所成立［通过］，1959 年 1 月 12 日批准，2 月 2 日通知。由冶金陶瓷所硅酸盐研究室、金属所耐火材料研究室和土木建筑所水泥组合并组建。上海。所长周仁（兼）。

10 月 28 日　国际关系研究所划归外交部［通过］，11 月 14 日国务院批准，12 月 16 日通知。

10 月　上海经济研究所、上海历史研究所筹委会划归上海市▲。

11 月 11 日　下列机构成立或变动［通过］：

海洋生物研究所改为海洋研究所，1959 年 1 月 7 日批准，2 月 2 日通知。青岛。所长童第周。

南海海洋研究所筹备处成立。1959 年 1 月 7 日所成立［通过］，2 月 2 日通知。以海洋所部分人员为基础组建。广州。所长张玺。

武汉测量制图研究所成立，1959 年 1 月 7 日批准，2 月 2 日通知。由测量制图室扩建。从南京迁武汉。所长方俊。

武汉原子能研究所成立。武汉。所长缺。

武汉化学研究所成立。武汉。所长缺。

武汉植物园成立。原隶属武汉分院筹委会。武汉。主任陈封怀。

武汉高空大气物理研究所成立。武汉。所长缺。

武汉电子学研究所成立。武汉。所长缺。

12 月 9 日　南京中山植物园成立［通过］，1959 年 2 月 3 日批准，6 日通知。前身是由中国科学院植物所华东工作站改称的中国科学院植物所南京中山植物园，改为直属院领导。南京。主任裴鉴。

长春地质研究所成立［通过］，1959 年 1 月 7 日批准，2 月 2 日通知。由长春地质室扩建。长春。所长喻德渊。

科学情报研究所改为中国科学技术情报研究所［通过］，22 日通知。北京。所长缺。由国家科委与院共同领导，后划归国家科委。

1958 年①科学仪器厂成立▲。前身是院器材局北京仪器试制厂。北京。厂长田巨生。

1959 年

1 月 29 日　院函国家科委并聂荣臻副总理“呈报关于省（市）、自治区分院任务和机构体制若干问题的意见”。意见中提出：“各省（市）、自治区分院，由中国科学院和省（市）、自治区实行双重领导。中国科学院直属的担负全国性任务的机构，以中国科学院的领导为主，地方设置的研究机构，以地方领导为主。……各省（市）、自治区建立分院，由各省（市）、自治区根据需要和各地情况确定，确定后报中国科学院备案。”

1 月 30 日　下列机构成立［通过］，4 月 23 日批准，29 日通知：

昆明数学物理研究所。与昆明大学合作组建。昆明。所长杨黎原（兼）。

昆明植物研究所。前身是植物所昆明工作站。昆明。所长吴征镒。

昆明动物研究所。以昆虫所紫胶工作站为基础组建。昆明。所长刘崇乐（兼）。

昆明地质研究所。与昆明工学院合作组建。昆明。所长赵凤歧（兼）。

昆明冶金陶瓷研究所。前身是冶金陶瓷所昆明工作站。（1962 年划归冶金部，称昆明贵金属研究所。）昆明。所长胡泮生（兼）。

武汉数学计算技术研究所。由武汉分院武汉数学研究室扩建。武汉。所长李国平。

广州地理研究所。由广州分院地理组与中山大学合作组建。广州。所长缺。

南京地理研究所成立［通过］，6 月 20 日批准，7 月 6 日通知。以地理所部分人员为基础组建。南京。所长任美锷（兼）。

3 月 3 日　古生物研究所改为地质古生物研究所［通过］。南京。所长斯行健。

5 月 5 日　中国自然科学史研究室划归院编译出版委员会领导［通过］。

---

① 据记载，本年度已经成立，尚待院务常务会议及领导机构批准的有下列机构：南京地理研究所、武汉数学计算技术研究所、武汉力学研究所，武汉动力机械研究所、广西植物研究所、广州原子能研究所、广州地理研究所、广州半导体研究所、广州计算技术研究所、广州无线电电子学研究所、广州自动化研究所、昆明数学物理研究所、昆明植物研究所、昆明动物研究所、昆明地质研究所、西安原子能研究所、西安化学研究所、西安计算技术研究所、西安半导体研究所、西安电子学研究所、西安自动化研究所、兰州应用化学研究所、兰州罗布麻研究所、兰州生物土壤研究所、兰州土木建筑研究所、兰州动力研究所、高能燃料研究所、航空动力研究所、特种金属材料研究所。(《中国科学院年报（1958)》，院办公厅编，第 373 页。)

［编者注：此后这些机构或隶属于分院，或撤销，或改为直属所的分所，下文仅列入经院务常务会议通过、领导机构批准的直属机构。］

6月17日　遗传研究所成立［通过］，9月22日批准，25日通知。由植物所遗传研究室和动物所遗传研究组合并组建。北京。所长缺。

7月11日　北京科学技术学校成立［通过］。由电子学所筹委会科技学校和力学所技术学校合并组建。北京。校长罗有生。

12月17日　土壤及水土保持研究所成立［通过］，1960年2月9日批准，10日通知。前身是综考会土壤队。所址原定北京，未得科委同意①。所长缺。

兰州地质研究所成立［通过］，1960年2月6日批准，8日通知。前身是地质所兰州地质研究室。兰州。所长缺。

治沙研究所筹备委员会成立［通过］，1960年2月8日批准，10日通知。以综考会治沙队为基础组建。在呼和浩特、北京两地筹建。主任刘慎谔。

1959年　581组撤销，并入地球物理所。

1960年

1月12日 新疆分院成立［通过］，4月1日批准，7日通知。前身是新疆分院筹委会。乌鲁木齐。院长包尔汉。

兰州技术物理研究所成立［通过］，2月20日批准，同日通知。由兰州分院的兰州电子学研究所和兰州动力研究室合并组建。兰州。所长缺。

冰川积雪冻土研究所筹备委员会成立［通过］，2月8日批准，10日通知。由综考会高山冰雪利用研究队、兰州分院兰州地理研究所和地理所冰川工作人员合并组建。兰州。主任缺。

历史研究所成立［通过］，2月26日中宣部函告已经中共中央批准，5月24日通知。由历史一所和历史二所合并组建。北京。所长郭沫若（兼）。

历史研究所第三所改名近代史研究所［通过］，2月26日中宣部函告已经中共中央批准，5月24日通知。

2月12日　海南天文台筹备委员会成立［通过］，4月1日批准，7日通知。海南三亚。主任委员林树兰（兼）。

4月9日　古脊椎动物研究所改名古脊椎动物与古人类研究所［通过］，11日通知。

5月24日　南京中山植物园改为南京植物研究所［通过］，6月16日批准，22日通知。南京。所长裴鉴。

上海微生物研究所成立［通过］，6月16日批准，22日通知。以植物生理所

---

① 实际所址仍在综考会土壤队旧址（北京），直到1962年撤销。

微生物研究室为基础组建。上海。所长缺。

6月30日　长春地质研究所改为海洋地质研究所［通过］，7月11日通知，26日批准。拟迁广州。所长缺。

7月7日　上海机电设计院成立［通知］。原隶属力学所。1958年从北京迁上海。院长缺。

8月18日　半导体研究所成立［通过］，9月6日批准，8日通知。前身是物理所半导体研究室。北京。所长宋之春。

11月5日　院务常务会议通过副秘书长郁文关于院精简机构、人员的汇报：根据中共中央调整、巩固、充实、提高的八字方针和精简机构、干部下放支援农业第一线的精神，院提出的精简机构和人员的方案已获中央为此成立的五人小组原则同意。精简机构的原则是：下放一批，合并一批，原来由地方成立的机构原物奉还。①

12月25日　中南分院成立［分院宣布］，经中共中央批准。由广州分院和武汉分院合并组建。广州，在武汉设办事处。院长李尔重。

1960年　武汉微生物研究所成立。由武汉微生物研究室扩建。武汉。所长高尚荫。

1961年

2月3日　光学精密机械研究所成立［通过］，8日通知。由光学精密机械仪器所和机械所合并组建。长春。所长王大珩。

动力研究室撤销，并入力学所［通过］。

7月11日　副院长张劲夫在院务常务会议上传达聂荣臻和国家科委的指示：本着精简精神，考虑大区成立分院，不必各省都有分院。

8月3日　下列机构成立或变动［通过］，12月28日通知：

兰州化学研究所成立。由兰州技术物理所和石油所兰州分所合并组建。兰州。所长缺。

煤炭化学研究所成立。由煤炭室扩建。从大连迁太原。所长张大煜（兼）。

石油研究所改名化学物理研究所，从1962年1月1日起实行［通知］。

北京植物生理研究室和植物研究所合并，仍名植物研究所［通过］。北京。所长钱崇澍。

10月13日　下列机构成立或变动［通过］：

---

① 编者注：仅摘录其要点。

亚洲非洲研究所成立，19 日通知。北京。所长缺。

拉丁美洲研究所成立，19 日通知。北京。所长缺。

少数民族语言研究所和民族研究所合并，名为民族研究所，17 日通知，1962 年 1 月 2 日所宣布成立。北京。所长包尔汉。

1961 年　测量与地球物理研究所成立▲。由武汉测量制图所、武汉分院高空大气研究室和湖北省的湖北机械研究所合并组建。武汉。所长方俊。

1962 年

1 月 27 日　院务常务会议根据精简机构和集中力量、突出重点的精神，原则通过对自然科学方面直属研究机构保留、调整合并和下放的方案。

保留作为直属机构的是：

北京：数学所、北京天文台筹备处、力学所、原子能所、物理所、半导体所、化学所、微生物所、遗传所、生物物理所、心理所、地理所、地质所、地球物理所、古脊椎动物与古人类所、电子学所、计算技术所、自动化所、化工冶金所、水利科学研究院、综合运输所、电工所筹委会、科学仪器厂。

上海：有机化学所、药物所、生理所、生物化学所、实验生物所、植物生理所、冶金所、硅酸盐化学与工学所、上海机电设计院。

南京：紫金山天文台、土壤所、地质古生物所。

青岛：海洋所。

太原：煤炭化学所。

长沙：矿冶所。

兰州：兰州物理所（原隶属兰州分院，一部分已划归二机部。所长缺）、兰州化学物理所［由兰州化学所改名，该所技术物理部分 1961 年并入兰州物理所。所长张大煜（兼）］。

辽宁：化学物理所、林业土壤所、金属所。

长春：应用化学所、光学精密机械所。

呼和浩特：治沙所筹委会（北京部分迁去）。

调整合并的机构是：

北京：植物所和北京植物生理室合并（见前）；昆虫所和动物所合并，仍名动物所，所长陈世骧；土壤及水土保持所撤销（土壤部分并入土壤所，水土保持部分并入西北生物土壤所）；动力室并入力学所（见前）；中国自然科学史室划归哲学社会科学部领导。

上海：上海微生物所并入植物生理所。

昆明：昆明植物所改为植物所昆明分所。

西安：陕西分院的原子能所、应用光学所、机械所和自动化所合并，改为光学精密机械所西安分所。

长春：海洋地质所并入海洋所。

哈尔滨：土木建筑所并入力学所，改为力学所哈尔滨分所。

此外，其余在各地的直属机构均改隶分院。水生生物所、测量与地球物理所、武汉力学所（改名武汉岩土力学所）、华南植物所亦改隶分院，但保留全国性研究所的性质。

11 月 23 日　院务常务会议通过成立大区分院（或办事处）。除新疆分院外，其他各省、市、自治区的分院一律撤销。大区分院（或办事处）由院与各中央局双重领导，以院为主。

情况如下：

中南分院（已成立，见前）。

西南分院（1962 年 4 月 24 日分院宣布成立，经中共西南局批准）。由四川分院、云南分院、贵州分院合并组建。成都。在昆明设办事处。院长李斌。

华东分院（1962 年 7 月 6 日分院呈报成立，经中共华东局和院同意）。上海。院长刘述周。

东北分院（1962 年 10 月 15 日中共东北局批准，11 月 10 日分院宣布成立）。沈阳。院长缺。

华北办事处（1962 年 11 月 21 日中共华北局通知于 12 月 3 日成立）。天津。主任缺。

西北分院（1963 年成立）。西安，在兰州设办事处。院长时逸之。

下列机构变动［通过］：

煤炭化学所划归华北办事处领导，保留全国性研究所的性质。

林业土壤所划归东北分院领导，保留全国性研究所的性质。

冰川冻土积雪所（筹委会成立见前，改隶分院后所成立）改为地理所冰川冻土研究室。

昆明地质所（已改隶分院）改为地质所昆明工作站。

11 月 23 日　南海海洋所（已改隶分院）改为海洋所南海分所［通过］，1963 年 8 月 14 日通知。迁广东湛江。后又改为中南分院南海海洋所，迁回广州。

1963 年

1 月　中关村气体厂成立▲。前身是院附属的低温站、气体站。北京。厂长赵亚伦。

3 月 20 日　治沙所筹委会撤销，改为地理所治沙研究室［通过］。从呼和浩特迁北京。

3 月 29 日　工程力学研究所成立［通过］。前身是土木建筑所，1962 年 1 月 27 日已通过并入力学所，后因情况变化未并入。哈尔滨。所长刘恢先。

1964 年

1 月 11 日　光学精密机械研究所上海分所成立，作为直属所［批准］，5 月 7 日通过。由光机所受激光发射部分和电子学所量子电子学部分合并组建。上海。所长王大珩（兼）。

2 月 22 日　声学研究所成立［通过］，经批准，7 月所宣布成立。以电子学所的几个有关研究室、站为基础组建。北京。所长汪德昭。

世界经济研究所成立［通过］。前身是经济所世界经济研究室。北京。所长姜君辰（兼）。

5 月 14 日　沈阳科学实验装备厂成立［通知］。前身是东北分院东北工业自动化研究所 512 厂。沈阳。厂长不详。

5 月 16 日　北京生物学实验中心成立［通过］，经批准，29 日通知。以生物物理所部分人员为基础组建。北京。主任缺。

上海生物学实验中心成立［通过］，经批准，29 日通知。上海。主任缺。

6 月 24 日　西北分院西北生物土壤所改为西北水土保持生物土壤研究所［院党组通知］，7 月 9 日中共中央、国务院批准，8 月 1 日所宣布成立。陕西武功。所长虞宏正。由院与黄河中游水土保持委员会共同领导。

7 月 31 日　工程热物理研究所成立［通过］。以力学所一、三、五研究室和华东分院华东力学研究所合并组建。北京。所长吴仲华。

1964 年①　一〇九厂成立。前身是半导体所工厂。北京。厂长周振恒。

1965 年

1 月 27 日　盐湖研究所筹备委员会成立［通过］。1966 年 7 月所成立▲。由

---

① 该年度哲学社会科学部分党组呈报院党组成立的机构有：外国文学研究所、世界历史研究所、国际问题文献研究所、世界宗教研究所（院务常务会议讨论过外国文学所所长冯至、副所长和世界历史所副所长的任命，机构成立和其他情况不详）、西亚非洲研究所、东南亚研究所、苏联东欧研究所（院党组于 11 月 16 日复函表示同意成立这三个机构，并请其补报所长、副所长名单，提请院务常务会议讨论，此后情况不详）。

所筹委会（以西北分院西北化学研究所为基础，并集中化学所、西北分院地质研究所、西北高原生物研究所有关盐湖研究力量组成）和化学工业部化工综合利用研究所合并组建。西宁。所长柳大纲（兼）。

5月5日　324工程处成立［经院党组同意，西北分院呈报］，1966年1月工程处宣布成立。该处系由计算技术所抓总，半导体所、物理所共同负责组建的固体组件和微型计算机生产工厂。陕西临潼。主任江文。

8月2日　冰川冻土沙漠研究所成立［所宣布］，9月19日通过。以地理所冰川冻土研究室、沙漠研究室为基础组建。兰州。所长缺。

9月　156工程处成立▲。由计算技术所抓总，半导体所、物理所共同负责组建，研制微型数字计算机。北京。主任缺。

1965年　煤炭化学研究所改名燃料化学研究所▲。

合肥董铺工程（6516工程）筹建委员会成立▲。前身是三机部的一个研究所。合肥。主任缺。

五〇七厂、五〇八厂▲成立。由沈阳科学实验装备厂分为两个厂。五〇七厂厂址沈阳，五〇八厂厂址山西太谷。两厂厂长不详。

1966年

1月1日　南京天文仪器厂成立。2月10日通知。前身是紫金山天文台南京天文仪器厂。南京。代厂长钱荣。由院与江苏省双重领导，以院为主。

1月　651设计院（卫星设计院）成立▲。由力学所、地球物理所负责组建。北京。院长赵九章。

年初　地球化学研究所成立▲。由地质所一部分科技人员和西南分院贵阳化学研究所合作组建。贵阳。所长缺。由院与贵州省双重领导。

5月　701工程处成立▲。由电子学所负责组建，研制人造卫星地面观测系统。北京。主任缺。

7月　大气物理研究所成立▲。由地球物理所气象研究室扩建。北京。所长缺。

应用地球物理研究所成立▲。由地球物理所二部扩建。北京（1967年迁西安）。所长缺。

1967年

3月20日　毛泽东批准聂荣臻3月11日向中共中央、毛泽东呈送的《关于军事接管和调整改组国防科委的请示报告》（3 月 18 日周恩来总理批示同意）。报告中提出把中国科学院为国防服务的科研机构由国防科委接管，其调整方案与工作范围将另行报告。

10 月 25 日　毛泽东批准《国防科研体制调整方案》。

1967 年、1968 年两年，院直属和分院下属主要为国防服务的 47 个机构陆续由国防部门接管（绝大多数归国防科委，少数归其他部门者在文中注明）。

1967 年　下列直属机构由国防科委接管：力学所、化学所、应用化学所（年末接管），硅酸盐化学与工学所（11 月接管），应用地球物理所、电子学所（5 月接管），金属所、中国科学技术大学（1969 年迁合肥），北京科技学校（后停办），科仪厂、中关村气体厂（5 月接管）。

1968 年

8 月　北京天文台成立。前身是台筹备处。北京。台长缺，1973 年起台长程茂兰。

1968 年　科学仪器厂重新筹建。北京。厂长缺。

下列直属机构由国防部门接管：

声学所由六机部接管、原子能所划归二机部。另有以下单位划归国防科委：物理所、兰州物理所、有机化学所、化学物理所、兰州化学物理所、生物物理所（6 月接管），大气物理所、计算技术所（3 月 14 日接管），半导体所（3 月 14 日接管），自动化所、电工所、651 设计院、上海机电设计院、冶金所、光学精密机械所（4 月 22 日接管），一〇九厂（3 月接管），五〇七厂、五〇八厂、156 工程处、701 工程处。

1969 年

6 月　心理所撤销［院革委会宣布］。

7 月　光学精密机械所西安分所划归院。1968 年国防科委接管后改名，归院后名为西安光学精密机械研究所。西安。所长缺。

1969 年　华东技术物理所划归院。原隶属华东分院，1968 年国防科委接管后改名，归院后名为上海技术物理研究所。上海。所长缺。

1970 年

1 月　综考会撤销［院革委会常委会通过］，7 月院宣布。

2 月　自动化研究所重新筹建。北京。所长缺。

6 月 1 日　国家科委军管会、院革委会向国务院业务组并总理、陈伯达呈报《关于国家科委、中国科学院现有科研单位体制调整的请示报告》，获批准。报告中提出对院直属和分院所属的机构分五类进行调整，即下放地方；由产业部门归口；由院归口，实行以地方为主的双重领导；仍留院，与北京市全面协作；撤销。同日，国家科委军管会、院革委会向国务院业务组、军委办事处并总理、陈伯达呈报《关于落实〈国务院、中央军委批转国防科委关于体制调整意见的报告〉的情况报告》，获批准。报告中提出对国防科委拟交回院的单位分四类进行调整，即完全交地方；交冶金部；由院归口，实行以地方为主的双重领导；仍留院并与北京市全面合作。调整后的机构情况如下：

仍留院的机构

原有的：数学所、北京天文台、植物所、动物所、微生物所、遗传所[①]、地理所、古脊椎动物与古人类所、化工冶金所、科仪厂（筹备处）、自动化所（筹备处）。

由国防科委划归的：力学所、物理所、化学所、生物物理所、大气物理所[②]、电工所。

由地方与院双重领导，以地方为主的机构

上海市：

上海天文台（1962 年由徐家汇观象台和佘山观象台合并成立，归华东分院领导）。

有机化学所（由国防科委划归），后改名上海有机化学所。

硅酸盐化学与工学所（由国防科委划归），后改名上海硅酸盐化学与工学所。

生物化学所，后改名上海生物化学所。

光学精密机械所上海分所（由国防科委划归），后改名上海光学精密机械所。

冶金所（由国防科委划归），后改名上海冶金所。

上海技术物理所（已由国防科委划归）。

江苏省：

紫金山天文台。

南京天文仪器厂。

地质古生物所，1971 年 3 月改名南京地质古生物所。

安徽省：

合肥董铺工程筹建委员会，即 6516 工程（由国防科委划归），以此为基础，

① 从所成立起所长长期缺，1977 年起胡含任所长。

② 从所成立起所长长期缺，1980 年起叶笃正任所长。

开始筹建安徽光学精密机械所。

山西省：

五〇八厂（由国防科委划归）。

湖北省：

武汉岩土力学所，1962 年起改隶属中南分院，后改名湖北岩土力学所（武汉）。

中南物理所，1962 年由在广州的中南物理所和在武汉的中南电子所合并组建，隶属中南分院（武汉），1968 年由国防科委接管。划归后改名湖北物理所。

6631 工程。由上海硅酸盐化学与工学所负责筹建。湖北谷城。

6641 工程。由应用化学所负责筹建。湖北谷城。

贵州省：

地球化学所，后改名贵阳地球化学所。

陕西省：

326 工程处。原系西北分院在 1966 年筹建的短波授时台。陕西临潼。

西安光学精密机械所（已由国防科委划归）。

甘肃省：

兰州化学物理所（由国防科委划归），后改名甘肃省化学物理所。

冰川冻土沙漠所，后改名甘肃冰川冻土沙漠所。

青海省：

盐湖所，后改名青海盐湖所。

辽宁省：

化学物理所（由国防科委划归），后改名大连化学物理所。

五〇七厂（由国防科委划归），后改名沈阳科学实验仪器厂。

东北计算中心，1962 年由吉林数学计算所和沈阳计算所合并组建，隶属东北分院（沈阳），1968 年由国防科委接管，划归后改名沈阳计算技术所。

东北工业自动化所，1962 年起由辽宁自动化所改名，隶属东北分院（沈阳），1968 年由国防科委接管，划归后改名沈阳自动化所。

吉林省：

东北物理所，1962 年以吉林固体物理所为基础，将沈阳、哈尔滨、吉林、兰州等有关部分并入，隶属东北分院（长春），1967 年由国防科委接管，划归后改名吉林物理所。

应用化学所（由国防科委划归），后改名吉林应用化学所。

下列机构下放归地方领导

北京市：

中关村气体厂（国防科委划归），下放后改名北京气体厂。

上海市：

药物所，下放后改名上海药物所。

生理所，下放后改名上海生理所。

实验生物所，下放后改名上海实验生物所。

植物生理所，下放后改名上海植物生理所。

上海生物学实验中心（“文化大革命”初期已撤销）。

江苏省：

土壤所，下放后改名江苏省土壤所。

山东省：

海洋所。

湖北省：

水生生物所，下放后改名湖北省水生生物所。

广东省：

华南植物所，1968年已被省接收改为广东省农林水科技服务站经济作物队，1972年又改为广东省植物所。

（中南分院南海海洋所，下放后改名广东省海洋所。）

陕西省：

西北水土保持生物土壤所。

辽宁省：

林业土壤所，下放后改名辽宁省林业土壤所。

各大区分院、办事处的下属机构除已由国防科委接管或又划归者外，亦均下放地方。

划归产业部门或地震部门的机构：

综合运输所，划归交通部。

燃料化学所，划归燃料化学工业部。

金属所、矿冶所，划归冶金工业部。

地球物理所、地质所，由院地震局代管，后划归国家地震局。

测量与地球物理所，下放后改建为武汉地震大队。

工程力学所，下放后并入地震部门。

撤销的机构：

华东分院、中南分院、西南分院、西北分院、新疆分院、东北分院、华北办事处，综考会（见前）、心理所（见前）、北京生物学实验中心。

1971 年

11 月　乌鲁木齐人造卫星观测站改由新疆维吾尔自治区与院双重领导，以自治区为主。原隶属新疆分院，由分院物理所代管。乌鲁木齐。

长春人造卫星观测站改由吉林省与院双重领导，以省为主。原隶属紫金山天文台。长春。

1972 年

2 月　云南天文台成立。前身是紫金山天文台云南工作站。昆明。由云南省与院双重领导，以省为主。

7 月 1 日　下列机构改由北京市与院双重领导，并改名。

力学所，改名北京力学所。

植物所，改名北京植物所。

动物所，改名北京动物所。

自动化所筹备处，改为北京自动化所。

电工所，改名北京电工所。

化工冶金所，改名北京化工冶金所。

科学仪器厂筹备处，改为北京科学仪器厂。

11 月　心理研究所恢复组建［院办公会议通过］。

1972 年　陕西天文台成立。由 326 工程（短波台）和本年度筹建的 3262 工程（长波台）合并组建。陕西临潼。由陕西省和院双重领导，以省为主。

兰州图书馆改由甘肃省与院双重领导，以省为主。原系西北分院图书馆，1970 年下放甘肃省。兰州。

1973 年①

1 月 29 日　下列机构改变隶属关系［院办公会议通过］：

江苏省土壤研究所改由江苏省与院双重领导，以省为主，3 月 15 日起实行。改名南京土壤研究所。南京。

① “文化大革命”期间，1973 年、1974 年任命或重新任命过下列台长、所长：北京天文台台长程茂兰、高能物理所所长张文裕、物理所所长施汝为、化学所所长柳大纲、生物物理所所长贝时璋、地质所所长侯德封、古脊椎与古人类所所长杨钟健。

海洋研究所改由山东省与院双重领导，以省为主，3 月起实行。青岛。

广东省海洋研究所改由广东省与院双重领导，以省为主，9 月起实行。1970 年南海海洋所下放广东省改现名。广州。

七七〇一研究所改由福建省与院双重领导，以省为主，改名福建物质结构研究所。原系由华东分院与福建省科委双重领导的物质结构所，1970 年下放隶属福建省国防工业办公室后改名七七〇一所。福建三明（后迁福州）。

兰州地球物理研究所改由甘肃省与院双重领导，以省为主，改名兰州高原大气物理研究所。原隶属西北分院，1970 年下放并入兰州地震大队。兰州。

1 月　高能物理研究所成立。由二机部原子能所一部扩建。北京。所长张文裕。

3 月 10 日　中国科学技术大学改由安徽省与院双重领导，以省为主［院党的核心小组通过］。1969 年国防科委接管后，1971 年 9 月又改由三机部与安徽省双重领导。合肥。

3 月 16 日　合肥受控热核反应研究实验站开始筹建［院党的核心小组通过］。合肥。

3 月 18 日　兰州物理研究所改由甘肃省与院双重领导，以省为主，改名兰州近代物理研究所▲。由国防科委划归。兰州。

3 月 19 日　6631 工程、6641 工程停止建设［院党的核心小组通过］。1974 年 3 月 25 日国家计委批准移交武汉军区。

6 月 1 日　科学技术学校开始筹建［院党的核心小组通过］，11 月 16 日院办公会议通过。北京。校长缺。后停办。

11 月 6 日　感光化学研究所开始筹建［国家计委批准］，1974 年 1 月 7 日通知。1975 年 1 月 1 日所成立▲。以化学所三、六研究室为基础组建。北京。所长缺。1986 年起所长曹怡。

1973 年　甘肃省化学物理研究所改名兰州化学物理研究所。

1974 年

12 月 14 日　自然资源综合考察组成立［院党的核心小组通过］，1975 年 2 月 13 日通知。以综考会并入地理所、遗传所的部分人员为基础组建。北京。组长缺。

12 月 15 日　电子学研究所划归院［国务院、中央军委批准］，1975 年 4 月起实行。国防科委接管后曾两度改变隶属关系。北京。所长缺，1979 年起代所长吕保维，1980 年起任所长。

1974 年　合肥受控热核反应实验站附设于安徽光学精密机械研究所。

1975 年

1 月 6 日　环境化学研究所成立［国务院批准］，3 月 18 日院通知。以化学所二部为基础组建。所长缺，1979 年起吴学周（兼）。

6 月 20 日　下列机构由国防科委划归或改隶院［国务院、中央军委批准］：

1013 所（原计算技术所），12 月起实行；1420 所（原半导体所）；1018 所（原光学精密机械所），1976 年起实行；一〇九厂，12 月起实行；1019 所（原 6569 工程指挥部），原隶属国防科委。

7 月　广州人造卫星观测站改由广东省与院双重领导，以省为主。原隶属中南分院，几次改隶后委托南海海洋所代管。广州。

9 月 15 日　计算站筹备处成立［院行政办公会议通过］。北京。主任缺。

10 月 6 日　1019 所（6569 工程指挥部）改名四川光学精密机械研究所［院行政办公会议通过］。12 月 10 日又改名光电技术研究所，对外用 6569 工程代号［院复函同意］。四川大邑，1988 年迁成都。所长缺，1980 年起所长高福晖。

11 月 20 日　黑龙江省地球物理研究室改由黑龙江省与院双重领导，以省为主。原系东北分院东北地球物理研究室，1970 年下放黑龙江省改现名。哈尔滨。

12 月 10 日　稀土化学研究所开始筹建［院行政办公会议通过］。由吉林应用化学所分为两个所，一个所搞有机化学，一个所搞稀土化学。长春。所长缺。

12 月 11 日　下列机构定名［院通知］：

1013 所恢复原名计算技术研究所。北京。所长缺，1983 年起所长曾茂朝。

1420 所恢复原名半导体研究所。北京。所长缺，1977 年起所长黄昆。

一〇九厂原名不变。北京。厂长缺，1977 年起厂长李德仲，1980 年起厂长王守武。

1018 所改名长春光学精密机械研究所。长春。所长缺，1979 年起所长王大珩。

1976 年

9 月 8 日　应用数学研究推广办公室成立［院办公会议通过］，1977 年 1 月中旬批准，3 月 4 日通知。前身是数学所推广应用统筹法、优选法小分队。北京。主任缺。

1977 年

1 月 20 日　计算中心成立［院呈报］①，2 月上旬批准，23 日通知，计算站筹备处停止活动。由数学所计算站、工厂和计算技术所计算数学研究室（不包括辅助设计人员）合并组建。北京。主任缺，1980 年起主任冯康。

3 月 21 日　下列机构重新组建［通过］，11 月 25 日院党组通过，1978 年 6 月 10 日批准，7 月 1 日通知：

地球物理研究所。以国家地震局地球物理所四、五、八、九室为基础组建。北京。所长缺，1983 年起所长陈宗基。

地质研究所。以国家地震局地质所五、七、八室全部和一、三、四、九室部分人员为基础组建。北京。所长侯德封。

4 月 11 日　心理研究所成立［通过］，6 月上旬批准，1978 年 1 月 1 日通知。北京。所长潘菽。

5 月 4 日　七一三厂（新乡半导体器件厂）成立［通过］，10 月批准，1978 年 1 月 3 日通知。前身是一〇九厂新乡分厂。河南新乡。厂长余德文。由院与河南省双重领导，以院为主。

6 月　上海光学精密机械研究所改由院与上海市双重领导，以院为主▲。上海。所长干福熹。

9 月 24 日　下列机构由北京市与院双重领导或市领导改由院领导［院呈报同意 1975 年 7 月 17 日市呈报］，10 月 31 日批准，12 月 12 日院与市联合通知，自 1978 年 1 月 1 日起实行：

北京力学研究所，恢复原名力学研究所。所长吴仲华。

北京植物研究所，恢复原名植物研究所。所长汤佩松。

北京动物研究所，恢复原名动物研究所。所长陈世骧。

北京自动化研究所，恢复原名自动化研究所。所长缺，1983 年起所长胡启恒。

北京化工冶金研究所，恢复原名化工冶金研究所。1979 年代所长郭慕孙，1980 年起任所长。

北京电工研究所，恢复原名电工研究所。所长赵志萱。

北京科学仪器厂，恢复原名科学仪器厂。厂长苏尚骥。

北京气体厂，改名气体厂。厂长缺，1980 年起厂长王建勋。

---

① 院呈报系院向国务院呈送请示报告的简称。以下省、市或自治区呈报系该省、市或自治区革命委员会向国务院呈送请示报告的简称。

9月27日　中国科学技术大学改由院与安徽省双重领导［通过］，9月批准。合肥。校长郭沫若，1979年起校长严济慈。

中国科学技术大学研究生院成立［通过］，9月10日研究生院宣布成立，1978年3月1日批准，12月26日通知。在北京各有关单位支持协作下组建。北京。院长严济慈。

10月17日①　下列机构改由院与上海市双重领导，以院为主［市呈报］，10月31日批准，11月14日通知，自1978年1月1日起实行：

上海原子核研究所，原系上海分院上海理化研究所，两度改变隶属关系和学科内容后于1973年隶上海市并改为现名。所长缺，1982年1月起所长张家骅。

上海药物研究所。所长高怡生。

上海生理研究所。所长冯德培。

上海实验生物研究所。所长庄孝僡。

上海植物生理研究所。所长罗宗洛，1979年起所长殷宏章。

上海昆虫研究所，原系华东分院华东昆虫研究所，1972年下放上海市并改为现名。所长杨平澜。

上海科技图书馆，原系华东分院图书馆，1969年下放上海市后改现名。馆长沈昭文。

10月27日　自然科学史研究所划归院［院与中国社会科学院联合呈报］，11月上旬批准，1978年1月12日联合通知，自1978年1月1日起实行。原系隶属编译出版委员会的中国自然科学史研究室，1962年9月改隶哲学社会科学部，1975年扩建为所并定现名。北京。所长仓孝和。

11月8日　广州地质新技术研究所开始筹建［通过］，经国家计委批准，1978年10月所筹建处宣布成立。1979年1月17日所成立［通知］。广州。所长缺。

11月24日　下列机构成立或改变隶属关系，均由院与新疆维吾尔自治区双重领导。以院为主［院呈报同意1977年10月31日中共新疆区党委给院党组函］，11月下旬批准，1978年8月31日通知：

---

① 编者注：在“文化大革命”期间改由上海市与院双重领导、以市为主的上海天文台（台长李珩）、上海有机化学研究所（所长汪猷）、上海硅酸盐化学与工学研究所（所长严东生）、上海生物化学研究所（所长王应睐）、上海冶金研究所（所长邹元爔）以及由所在省与院双重领导、以省为主的海洋研究所（青岛、所长曾呈奎）、福建物质结构研究所（所长卢嘉锡）、贵阳地球化学研究所（后改名地球化学研究所、所长涂光炽）、兰州近代物理研究所（所长杨澄中）、兰州化学物理研究所（所长申松昌）、兰州高原大气物理研究所（所长高由禧）、兰州图书馆（1982年起馆长罗泽浦）、青海盐湖研究所（1984年起所长张彭）等，此后各方面的工作也是与这些双重领导，以院为主的机构一样对待的，但没有查出改变“以院为主”的依据。

括弧中的台长等都是“文化大革命”后任命或重新任命的。

新疆分院，1978 年 3 月分院宣布成立。乌鲁木齐。院长哈琳。

新疆物理研究所，1978 年 4 月所宣布成立。原隶属分院，1970 年下放自治区。乌鲁木齐。所长缺，1987 年起所长陈一询。

新疆化学研究所。原隶属分院，1970 年下放自治区。乌鲁木齐。所长伯塔依。

新疆生物土壤沙漠研究所。原系分院新疆生物土壤研究所，1970 年下放自治区。乌鲁木齐。所长缺，1984 年起所长夏训诚。

新疆地理研究所，1978 年 3 月所宣布成立，改隶后定现名。原系分院新疆地质地理所，1970 年改为新疆地震大队。乌鲁木齐。所长缺，1980 年起所长岳镇。

新疆人造卫星观测站。站长缺，1984 年起站长黄桢。

12 月 9 日　下列机构成立或改变隶属关系，均由院与四川省双重领导，以院为主［院呈报同意省呈报］，12 月批准，1978 年 1 月 19 日通知，自 1978 年 1 月 1 日起实行：

成都分院。成都。院长刘允中。

四川省化学研究所。原系西南分院西南有机化学研究所，1970 年下放四川省。成都。所长李广年。

四川省生物研究所。原系西南分院西南生物研究所，1970 年下放四川省。成都。所长伍义泽。

四川省地理研究所。原系地理所西南分所，1970 年下放四川省。成都。所长丁锡祉。

四川省计算站。原系西南分院西南电子研究所计算站，1968 年研究所由国防科委接管，计算站数次改变隶属关系后划归四川省并改为现名。成都。站长缺。

四川省科学仪器厂。原系西南分院金工厂，1970 年下放四川省，1974 年改为现名。成都。厂长都俊卿。

四川省科技情报所图书室。原系西南分院图书馆，1970 年下放四川省。成都。主任缺。后改名成都图书馆，1980 年起馆长尹静。

1977 年　上海分院成立▲，1978 年 4 月 19 日分院宣布成立。上海。院长王应睐。由院与上海市双重领导，以院为主。

1978 年

1 月 27 日　金属研究所划归院［冶金部、院联合通知］，经国务院领导同意。国防科委接管后 1970 年转隶冶金部。沈阳。所长李薰。5 月 27 日，该所改为院与辽宁省双重领导，以院为主［通知］。

1月31日　兰州沙漠研究所成立［院呈报］，2月批准，2月28日通知。由甘肃省冰川冻土沙漠所的沙漠部分扩建。兰州。所长缺，1984年起所长朱震达。由院与甘肃省双重领导，以院为主。

甘肃省冰川冻土沙漠研究所改为兰州冰川冻土研究所〔院呈报〕，2月批准，2月28日通知。兰州。所长施雅风。由院与甘肃省双重领导，以院为主。

2月4日　下列机构改由院与云南省双重领导，以院为主〔院呈报同意省呈报〕，2月批准，3月1日通知：

云南省植物研究所。原系植物所昆明分所，1970年下放后改现名。昆明。所长吴征镒。

云南省热带植物研究所。原系植物所昆明分所西双版纳植物园，1970年下放后改现名。西双版纳。所长蔡希陶。

云南省动物研究所。原系西南分院西南动物所，1970年下放后改现名。昆明。所长潘清华。

下列机构由教育部与省双重领导改为由院与省双重领导，以院为主，〔通过〕，3月25日教育部、院联合呈报同意浙江、黑龙江两省呈报，4月批准，8月23日通知：

浙江大学。杭州。校长钱三强。

黑龙江工学院，改名哈尔滨科学技术大学。哈尔滨。校长王大珩。

下列机构成立，由院与所在省双重领导，以院为主〔通过〕，同月批准，4月20日通知：

桃源农业现代化研究所。湖南桃源。所长李庆逵（兼）。

栾城农业现代化研究所。河北栾城。所长郭敬辉（兼）。

海伦农业现代化研究所。黑龙江海伦。所长曾昭顺（兼）。

2月13日　下列机构改由院与广东省双重领导，以院为主〔院呈报同意省呈报〕，同月批准，3月1日通知：

广东省化学研究所。原系中南分院中南化学所，1969年下放后改现名。广州。所长缺，1983年起所长刘铸晋。

广东省植物研究所。原系华南植物所，1970年下放后改现名。广州。所长陈封怀。

广东省七〇一所。1970年广东省成立的综合研究单位。广州。所长缺，所改名后1981年起所长邓乃炯。

广东省地下热能研究室。1973年由广东省成立。广州。主任缺。

下列机构改由院与辽宁省双重领导，以院为主：

辽宁省林业土壤研究所。原系林业土壤所，1970年下放后改现名。沈阳。

所长陶炎。

2月21日　水利水电科学研究院改由水电部与院双重领导，以部为主〔院函复水电部同意〕。原隶属水电部。北京。

4月5日　上海实验生物研究所改名上海细胞生物学研究所〔通知〕。

4月6日　自然资源综合考察委员会成立〔通过〕，同月批准，5月9日通知。由自然资源综合考察组扩建。北京。主任缺，1983年起主任孙鸿烈。

下列机构成立或改变隶属关系，均由院与甘肃省双重领导，以院为主〔院呈报同意同年2月2日省呈报〕，同月批准，29日通知：

兰州分院。兰州。院长董杰。

兰州地质研究所。原系1962年改隶西北分院的兰州地质所，1970年下放并经改组，1975年改名甘肃省石油地质所。兰州。所长缺，1985年起所长罗斌杰。

4月19日　合肥分院成立〔院呈报〕，下旬批准，29日通知。合肥。院长缺，1983年起院长霍裕平。由院与安徽省双重领导，以院为主。

4月22日　上海地区1978年1月1日起改变隶属关系的单位定名为：上海原子核研究所、上海药物研究所、上海生理研究所、上海细胞生物学研究所（已通知）、上海植物生理研究所、上海昆虫研究所、上海图书馆〔通知〕。

理论物理研究所成立〔通过〕，5月批准，6月9日通知。以物理所十三室为基础并适当集中有关力量组建。北京。所长彭桓武（兼）。

5月6日　下列机构成立或改变隶属关系，均由院与所在省双重领导，以院为主〔院呈报同意所在省呈报〕，中旬中共中央批准，23日通知：

广州分院。广州。院长梁嘉。

南海海洋研究所。广州。所长缺，1980年起所长张震。

广州人造卫星观测站。广州。站长缺，1984年起站长徐矛。

广州地区其他机构见前。

沈阳分院。沈阳。院长李薰。

大连化学物理所。大连。所长顾以健。

辽宁省林业土壤研究所（见前）。

金属研究所（见前）。

沈阳计算技术研究所。沈阳。所长缺，1980年起所长蒋士骙。

沈阳自动化研究所。沈阳。所长缺，1980年起所长蒋新松。

沈阳科学实验仪器厂（五〇七厂）。厂长缺，1980年起厂长孙大正。

长春分院。长春。院长王大珩（兼）。

长春人造卫星观测站。长春。站长李玉林。

吉林物理研究所。长春。所长徐叙瑢。

吉林应用化学研究所。长春。所长吴学周。

吉林省地理研究所。原系东北分院东北地理研究所，1970年下放后改现名。长春。所长缺，1983年起所长刘哲明。

长春光学精密机械所。长春。所长王大珩。

空间科学技术中心（代号651）成立〔通过〕，1979年2月23日批准，3月18日中心宣布成立。北京。主任李德仲。

5月26日　下列机构成立或改变隶属关系，均由院与湖北省双重领导，以院为主〔院呈报同意省呈报〕，6月中旬批准，22日通知：

武汉分院。武汉。院长伍献文。

湖北岩土土力学研究所。武汉。所长缺，1984年起所长袁建新。

湖北物理研究所。武汉。所长王天眷。

湖北省水生生物研究所。武汉。所长伍献文（兼）。

湖北省微生物研究所。原系改隶中南分院的武汉微生物所，1970年下放后改现名。武汉。所长高尚荫（兼）。

湖北省植物研究所。原系改隶华南植物所的武汉植物园，1970年下放后改现名。武汉。所长缺，1980年起所长孙祥钟（兼）。

测量与地球物理研究所。1970年下放后被改建为武汉地震大队。武汉。所长方俊。

湖北省科委实验工厂。原系中南分院武汉实验工厂，1971年下放后改现名。武汉。厂长缺，1980年起厂长董文生。

5月26日　七机部五〇五所划归院〔所全体领导给中共中央领导写信请求〕，6月21日国防科委领导同意，下旬中共中央领导批准，10月11日七机部、院签订交接纪要，自11月1日起实行。原系应用地球物理所，1967年国防科委接管后改名五〇五所，1974年改隶七机部。西安（1981年迁北京）。所长缺，1981年起所长方正知。

6月21日　云南宇宙线研究所成立〔院报国家科委、计委〕，7月20日国家科委批准，9月22日通知。前身是高能物理所云南宇宙线分所。昆明。所长缺。由院与云南省双重领导，以院为主。

7月20日　四川地区一些机构改名〔通知〕：

四川省化学研究所改名成都有机化学研究所，四川省生物研究所改名成都生物研究所，四川省地理研究所改名成都地理研究所，四川省计算站改名成都计算站，四川省科学仪器厂改名成都科学仪器厂，四川省科技情报所图书室改名成都图书馆。

开封印刷厂成立〔院呈报，经商河南省同意〕，7月批准，12月13日通知。

前身是河南省开封市印刷厂。开封。厂长缺，1984 年起厂长张梅先。

7 月 21 日　合肥等离子体研究所成立〔分院呈报成立〕，9 月 20 日通知。前身是安徽光学精密机械所受控热核反应研究实验站。合肥。代所长霍裕平，1982 年起任所长。

7 月 22 日　山西煤炭综合利用研究所改为院与山西省双重领导，以院为主，改名山西煤炭化学研究所〔院呈报同意省呈报〕，8 月批准，9 月 25 日省、院联合通知。1970 年燃料化学所划归燃化部后数次改变隶属关系，1978 年隶属省科委并改名山西煤炭综合利用所。太原。所长彭少逸。

7 月 31 日　高能物理实验中心筹建处成立〔通知〕。由高能物理所负责筹建。北京。所长缺，1980 年起所长张文裕（兼）。

吉林省地理研究所改名长春地理研究所〔省革委会、院交接纪要〕，1979 年 10 月 10 日通知。

9 月 8 日　哈尔滨精密机械研究所成立〔通知〕，经国家科委同意，12 月 12 日所宣布成立。在黑龙江省地球物理研究室的基础上改建。哈尔滨。所长缺，1980 年起所长陈光熙（兼）。

9 月 13 日　一〇九厂对外名称改为北京燕山仪器厂，对内名称不变〔通知〕。

沈阳科学实验仪器厂（五〇七厂）改名沈阳科学仪器厂〔通知〕。

9 月 14 日　云南和辽宁地区一些机构改名〔通知〕：

云南省植物研究所改名昆明植物研究所。

云南省热带植物研究所改名云南热带植物研究所。

云南省动物研究所改名昆明动物研究所。

辽宁省林业土壤研究所改名林业土壤研究所。

9 月 21 日　成都工学院改由院与四川省双重领导，以院为主，改名成都科学技术大学〔院呈报同意省呈报〕，下旬批准，10 月 23 日通知。原隶属四川省。成都。校长郑方。

9 月 27 日　广州地区一些机构改名或扩建〔通知〕：

广东省化学研究所改名广州化学研究所。

广东省植物研究所恢复原名华南植物研究所。

广东省七〇一所改为广州电子技术研究所。

广东省地下热能研究室扩建为广州能源研究所。所长缺，1980 年起所长吴文。

10 月 4 日　下列机构成立或改变隶属关系，均由院与所在省双重领导，以院为主〔院呈报同意江苏、陕西、云南三省呈报〕，10 月批准，11 月 21 日通知：

南京分院。南京。院长熊毅。

紫金山天文台。南京。台长张钰哲。

南京天文仪器厂。南京。厂长戴跃。

南京土壤研究所。南京。所长熊毅（兼）。

南京地质古生物研究所。南京。所长赵金科。

西安分院。西安。院长章泽（兼）。

陕西天文台。西安。台长黄俊。

西安光学精密机械研究所。西安。所长龚祖同。

昆明分院。昆明。院长缺，1980 年起院长吴征镒。

云南天文台。昆明。台长缺，1982 年起台长陈彪。

云南地区其他研究机构见前。

10 月 13 日　湖南省大地构造研究所改由院与湖南省双重领导，以院为主，改名长沙大地构造研究所〔院呈报同意省呈报〕，下旬批准，11 月 21 日通知。原系中南分院大地构造研究室，1970 年下放并入广州地震大队，1975 年 11 月湖南省成立大地构造研究所。长沙。所长陈国达。

10 月 27 日　五〇五所改名空间物理研究所〔院函商省革委会〕，11 月 5 日省复函同意。

10 月 30 日　长沙稀土化学与物理研究所成立〔院呈报，经征得吉林、湖南两省同意〕，11 月上旬批准，12 月通知。以吉林应用化学所稀土人员和湖南省稀土研究力量结合组建，原筹建的稀土化学所撤销。长沙。所长缺。由院与湖南省双重领导，以院为主。

12 月 14 日　吉林物理研究所改名长春物理研究所〔通知〕。

吉林应用化学研究所改名长春应用化学研究所〔通知〕。

12 月 18 日　武汉地区下列机构改名：

湖北岩土力学研究所改名武汉岩体土力学研究所。

湖北物理研究所改名武汉物理研究所。

湖北省水生生物研究所改名水生生物研究所。

湖北省微生物研究所改名武汉病毒研究所。

湖北省植物研究所改名武汉植物研究所。

测量与地球物理研究所保留原名。

湖北省科委实验工厂改名武汉科学仪器厂。

1979 年

1 月　声学研究所划归院▲。1968 年六机部接管后两次改变隶属关系和改组后归国家海洋局。北京。所长汪德昭。

2 月 13 日　武汉数学物理研究所成立〔通知，1978 年 6 月国务院已批准，因当时条件未成熟而未通知〕。前身是数学计算技术所。1962 年改隶中南分院，1968 年由国防科委接管，1976 年改隶六机部。武汉。所长李国平。由院与湖北省双重领导，以院为主。

2 月 16 日　原子能研究所改由二机部与院双重领导，以部为主〔批准〕。

3 月　怀柔干部学校成立〔院党组通过〕。北京。校长王萍。

6 月 14 日　合肥金属腐蚀与防护研究所筹建处成立〔通知〕。1982 年 5 月 14 日所成立，名为金属腐蚀与防护研究所〔通过〕，10 月 30 日批准，12 月 1 日通知。以长春应用化学所腐蚀研究室、金属所腐蚀研究室和其他方面 50 人合并组建。原定合肥，改沈阳。所长师昌绪（兼）。

6 月 23 日　下列机构改由院与所在省双重领导，以院为主，并改名〔批准〕：

江苏省地理研究所，改名南京地理研究所。1962 年改隶华东分院，1970 年下放后改名省地理所。南京。所长周立三。

青海省生物研究所，改名西北高原生物研究所。原隶属西北分院。1970 年下放后改名省生物所。西宁。所长夏武平。

西北水土保持生物土壤研究所，改名西北水土保持研究所。1970 年下放陕西省。陕西武功。所长缺，1984 年起所长杨文治。

6 月　桃源农业现代化研究所改名长沙农业现代化研究所。迁长沙。

栾城农业现代化研究所改名石家庄农业现代化研究所。迁石家庄。

7 月 29 日　发育生物学研究所成立〔批准〕，1980 年 3 月 20 日通知。以动物所细胞遗传学研究组为基础组建。北京。所长庄孝僡（兼）。

云南宇宙线研究所暂缓成立〔通过〕。

应用数学研究所成立〔通过〕，10 月 15 日批准，1980 年 1 月 22 日通知。以应用数学研究推广办公室为基础扩建。北京。所长华罗庚。

系统科学研究所成立〔通过〕，10 月 15 日批准，1980 年 1 月 22 日通知。以数学所系统科学有关人员为基础组建。北京。所长关肇直。

9 月　海伦农业现代化研究所改名哈尔滨农业现代化研究所。迁哈尔滨。

10 月 8 日　合肥智能机械研究所成立〔省革委会、院商谈纪要〕，经批准。以安徽省电子所部分人员为基础组建。合肥。所长缺，1987 年起所长方廷健。

11 月 5 日　遥感应用研究所成立〔批准〕。前身是地理所二部。北京。所长缺，1983 年起所长杨世仁。

12 月 18 日　工程热物理研究所成立〔通过〕，1980 年 4 月 5 日批准，5 月 3

日通知。以力学所一、三、五、七室为基础组建。北京。所长吴仲华。

1980年

2月2日　生态学研究中心筹备组成立〔通过〕，3月31日通知。北京。组长马世骏。

3月22日　上海脑研究所成立〔通过〕，6月7日批准，18日通知。以上海生理所脑研究室为基础组建。上海。所长张香桐。由院与上海市双重领导，以院为主。

干部进修学院成立〔通过〕，5月23日通知。以怀柔干部学校为基础组建。北京。院长秦力生（兼）。

8月1日　能源综合研究所开始筹建〔通过〕。1981年5月9日所成立，名为国家能源委员会、中国科学院能源研究所〔国家能源委、院联合发出协商纪要〕。以自然资源综考会能源研究室为基础组建。北京。由国家能源委与院双重领导，以国家能源委为主。

10月11日　浙江大学改由教育部与浙江省双重领导，以部为主〔通过〕，同月国务院批准，11月2日通知。

成都科学技术大学改由教育部与四川省双重领导，以部为主〔通过〕，同月国务院批准，11月2日通知。

哈尔滨科学技术大学改由国家仪器仪表工业总局为主，与院、黑龙江省共同领导〔通过〕，同月国务院批准，11月9日通知。

11月25日　长沙稀土化学与物理研究所停建〔院呈报〕。

12月15日　固体物理研究所筹建组成立〔通过〕，1982年3月19日所成立〔通过〕，4月14日通知。主要以金属所内耗专业研究人员为基础组建。合肥。所长葛庭燧。

1981年

3月31日　高能物理实验中心停建〔国家科委、院根据国家计委决定联合通知〕。

5月5日　武汉图书馆成立〔通知〕。前身是武汉分院图书馆。武汉。馆长周玉莲。

6月19日　成都计算站改为成都计算应用研究所〔批准〕，7月24日通过，8月4日通知。成都。所长魏道政（兼）。

7月24日　遥感应用研究所改名遥感技术应用研究所〔通过〕。

1982年

5月14日　低温技术实验中心成立，气体厂撤销〔通过〕，6月2日通知，1984年3月21日批准，30日再次通知。以气体厂和物理所低温技术研究室为基础组建。北京。主任洪朝生。

11月9日　乌鲁木齐人造卫星观测站对外可暂用乌鲁木齐天文台的名称，原名称不变〔院复新疆分院函〕。

11月19日　自然资源综合考察委员会由院与国家计委双重领导，以院为主，名为中国科学院、国家计划委员会自然资源综合考察委员会〔通过〕，下旬通知。

能源研究所改由国家经委与院双重领导，以国家经委为主，名为国家经济委员会、中国科学院能源研究所〔通过〕。

1983年

3月15日　干部进修学院改为管理干部学院〔院长、副院长、党组成员联席会议通过〕，9月30日通知，11月1日学院宣布成立。北京。院长顾以健(兼)。

4月8日　广州地质新技术所撤销〔院联席会议通过〕。1984年9月27日以该所为主体调整成立广东地质科技开发公司〔院复广州分院函〕。

4月25日　水库渔业研究所成立〔通过〕。1987年4月27日所宣布成立，名为水利电力部、中国科学院水库渔业研究所。以水生生物所水库研究室为基础组建。武汉。由水电部与院双重领导，以部为主。

11月24日　哈尔滨精密机械所划归黑龙江省领导〔院联席会议通过〕。决定自1984年1月1日起实行〔院、省人民政府商谈纪要〕。

1984年

4月4日　软件研究所成立〔批准〕。集中北京地区各有关单位软件力量组建。北京。所长许孔时。

6月　上海生物工程实验基地筹备组成立〔院报批，1983年8月1日复函上海分院同意成立〕，7月14日国家科委批准，并经国家计委批准，8月29日通知。上海。经理王芷涯。

12 月 18 日　上海硅酸盐化学与工学研究所改名上海硅酸盐研究所〔通知〕。

1985 年

2 月 15 日　科技政策与管理科学研究所成立〔院呈报〕，经国务院批准，6 月 18 日通知，25 日所举行成立会议。由院政策研究室、管理科学组、自然辩证法通讯杂志社合并组建。北京。所长罗伟。

3 月 26 日　科学数据库筹备处成立〔通知〕。北京。经理兼主任冯因复。

4 月 23 日　武汉岩体土力学研究所改名武汉岩体力学研究所。

5 月 5 日　生态环境研究中心筹备组成立〔通过〕，10 月 10 日通知。1986 年 8 月 3 日中心成立〔批准〕，10 月 3 日通知。以环境化学所、生态中心筹备组为基础合并组建。北京。主任庄亚辉。

6 月 3 日　微电子中心筹备组成立〔通过〕。8 月 26 日中心成立〔院开会宣布〕，12 月 27 日批准，1986 年 1 月 16 日通知。以一〇九厂为基础，将半导所、计算技术所有关研制大规模集成电路的部分充实到该厂组建。北京。主任沈世纲。

11 月 14 日　图书馆改名文献情报中心，与有关图书馆联系仍保留原名〔通过〕，12 月 11 日通知。

1986 年

3 月 26 日　地理所改由院与国家计委双重领导，以院为主，名中国科学院、国家计划委员会地理研究所〔院、国家计委联合通知〕。

6 月 24 日　下列机构进行调整〔通过〕，1987 年 7 月 27 日批准，8 月 11 日通知：

空间科学与应用研究中心成立。由空间物理所和空间科技中心的大部分合并组建。北京。名誉主任王大珩。1987 年起主任孙传礼。

中国遥感卫星地面站成立。由空间科技中心遥感卫星地面站扩建。北京。站长王新民。

8 月 16 日　中国软件技术中心划归院，改名北京软件实验工厂，对外名北京软件实验室〔通过投标中标〕，1989 年 1 月 19 日通知。原隶属国家科委。北京。厂长缺。

11 月 6 日　昆明生态研究所成立〔通过〕，1987 年 5 月 7 日批准，6 月 3 日通知。由昆明分院生态研究室和云南热带植物所实验群落研究室合并组建。昆明，在西双版纳设热带生态实验站。所长冯耀宗。

云南热带植物研究所撤销。除实验群落室外，其余科研部分并入昆明植物所，该所在西双版纳设植物园。

1987 年

5 月 5 日　科学数据库筹备处划归计算中心〔通过〕，11 日通知。

5 月 27 日　长沙农业现代化研究所改由武汉分院领导〔通知〕。

5 月 29 日　武汉科仪厂并入武汉岩体力学所〔通知〕。

8 月 20 日　上海图书馆改名上海文献情报中心，兰州图书馆改名兰州文献情报中心，与有关图书馆联系仍保留原名称〔通知〕。

9 月 24 日　下列机构改名〔通过〕，10 月 27 日通知：

南京地理研究所改名为南京地理与湖泊研究所。

成都地理研究所改名成都山地灾害与环境研究所。

林业土壤研究所改名沈阳应用生态研究所。

10 月 26 日　乌鲁木齐人造卫星观测站改名乌鲁木齐天文台〔通过〕。

1988 年

3 月 22 ~ 26 日　海南分院筹备组、海南技术经济发展中心成立，两块牌子一套人马〔院领导务虚会通过〕，4 月 15 日通知。海口。组长、中心主任许德高。

3 月 23 日　沈阳自动化研究所改由院与国家机械委员会双重领导，以院为主〔院、国家机械委联合通知〕。

石油工业部、中国科学院渗流流体力学研究所成立〔石油部、院联合协议，1986 年 3 月 25 日院党组和 10 月 9 日院长办公会议分别通过〕。前身是兰州分院渗流力学研究室。从兰州迁河北廊坊。由石油部与院双重领导，以部为主。

12 月 13 日　西北水土保持研究所改由院与水利部双重领导，以院为主，名为中国科学院、水利部西北水土保持研究所〔院、水利部联合通知〕。

1989 年

8 月 14 日　成都山地灾害与环境研究所改由院与水利部双重领导，以院为主，名为中国科学院、水利部成都山地灾害与环境研究所〔院、水利部联合通知〕。

参考文献

[1]《中国科学院资料汇编（1949—1954）》，院办公厅编，内部.

[2]《中国科学院年报（1955)》，院学术秘书处编，内部.
[3]《中国科学院年报》（1956—1958)，院办公厅编，内部.
[4]《中国科学院年报》（1977—1988)，院办公厅编，内部.
[5]《中国科学院独立机构基本情况》，院计划局编，1980 年 10 月.
[6]《中国科学院介绍》，院办公厅编，科学出版社出版，1986 年.
[7]《中国科学院》，院办公厅编，1985 年 2 月，内部.
[8]《中国科学院发展史》，《当代中国丛书·中国科学院卷》第一篇，预印本，第 8 ~ 10 页.
[9]《东北区科学技术发展史料（2，科研管理卷)》，武衡主编，中国学术出版社出版.
[10]“静生生物调查所记事”，《中国科技史料》10 卷（1989）第 1 期，第 32 页.
[11] 植物分类所通讯站：“植物研究机构”（具体题目未录)，《科学通报》1951 年第 8 期，第 89 页.
[12] 院办公厅档案室有关档案.

机构索引

人名索引

中国科学院学部委员、科学家获国外和国际科学机构院士、通讯院士一览表*

（1949～1990年）

姓名	当时所在单位和职务、职称	获得学术称号简况
郭沫若	中国科学院院长（1955年6月学部成立后又任哲学社会科学部委员、主任，1958年6月兼任中国科技大学校长）	1953年6月19日在布达佩斯接受匈牙利科学院授予的名誉院士证书。1953年11月1日在北京接受保加利亚科学院授予的名誉院士证书。1954年12月28日在北京接受波兰科学院授予的院士证书。1957年9月2日在北京接受罗马尼亚科学院授予的名誉院士证书。1958年6月20日当选为苏联科学院院士，1959年6月1日在北京接受苏联科学院授予的院士证书。1960年4月16日当选为捷克斯洛伐克外国院士。1961年5月22日当选为蒙古国科学院院士
丁　颖	中国科学院生物学地学部委员，华南农学院教授、院长，1957年3月起任中国农业科学院研究员、院长	1955年10月17日在柏林接受德意志民主共和国科学院授予的通讯院士证书。此后至50年代末还被授予全苏列宁农业科学院通讯院士和捷克斯洛伐克农业科学院荣誉院士称号
戴芳澜	中国科学院生物学地学部委员，植物研究所研究员	1955年10月17日在柏林接受德意志民主共和国科学院授予的通讯院士证书
钱伟长	中国科学院数学物理学化学部委员，清华大学教授、教务长，中国科学院力学研究所研究员、副所长	1956年6月12日当选为波兰科学院院士
俞大绂	中国科学院生物学地学部委员，北京农业大学教授	1956年当选为全苏列宁农业科学院通讯院士

* 此文原载《中国科学院院刊》1991年4期第356～358页。撰稿过程蒙张香桐教授、吴英熙同志、潘书祥同志提供宝贵资料，谨致谢忱。

续表

姓名	当时所在单位和职务、职称	获得学术称号简况
罗宗洛	中国科学院生物学地学部委员，植物生理研究所研究员、所长	1957年5月4日当选为全苏列宁农业科学院通讯院士
金善宝	中国科学院生物学地学部委员，中国农业科学院研究员、副院长	1957年5月4日当选为全苏列宁农业科学院通讯院士
李四光	中国科学院副院长，地学部委员，地质部部长	1958年6月20日当选为苏联科学院院士。1959年6月1日在北京接受苏联科学院授予的院士证书
黄家驷	中国科学院生物学部委员，中国医学科学院教授、院长，中国医科大学校长	1962年5月25日在北京接受苏联医学科学院授予的国外院士证书
竺可桢	中国科学院副院长，综合考察委员会主任，地学部委员、主任	1966年1月17日在北京接受罗马尼亚科学院授予的名誉院士证书
黄秉维	中国科学院地学部委员，地理研究所研究员、所长	1966年1月17日在北京接受罗马尼亚科学院授予的通讯院士证书
张香桐	中国科学院生物学部委员，生理研究所研究员	1966年2月8日当选为苏联科学院院士（未接受）。1982年5月22日当选为比利时皇家医学科学院国外名誉院士
郭可信	中国科学院金属研究所研究员、副所长	1980年1月21日被聘为瑞典皇家工程科学院国外院士
黄　昆	中国科学院数学物理学部委员，半导体研究所研究员、所长	1980年5月18日被聘为瑞典皇家科学院国外院士。1985年7月7日当选为第三世界科学院院士
张　维	中国科学院技术科学部委员，清华大学教授、副校长	1980年7月24日在北京接受瑞典皇家工程科学院授予的国外院士证书
王应睐	中国科学院生物学部委员，上海分院院长，上海生物化学研究所研究员、所长（1984年起任名誉所长）	1981年当选为比利时皇家科学文学与美术院外籍院士。1986年12月30日获匈牙利科学院名誉院士称号。1988年12月27日当选为捷克斯洛伐克科学院外籍院士
华罗庚	中国科学院数学物理学部委员，应用数学研究所研究员、所长，数学研究所研究员、所长	1982年4月下旬当选为美国国家科学院外籍院士。1984年被聘为第三世界科学院创始院士。1985年2月15日当选为联邦德国巴伐利亚科学院通讯院士

续表

姓名	当时所在单位和职务、职称	获得学术称号简况
茅以升	中国科学院技术科学部委员、副主任，铁道部铁道科学研究院研究员、院长	1982 年当选为美国国家工程科学院外籍院士。1988 年当选为第三世界科学院院士
曹天钦	中国科学院生物学部委员、副主任，上海分院院长，上海生物化学研究所研究员、副所长	1983 年 10 月 22 日在北京接受瑞典皇家工程科学院授予的国外院士证书
陈宗基	中国科学院技术科学部委员，地球物理研究所研究员、所长	1983 年当选为比利时皇家科学文学与美术院外籍院士
谈家桢	中国科学院生物学部委员，复旦大学教授、副校长、遗传研究所所长	1985 年 4 月 27 日当选为美国国家科学院外籍院士。1985 年 7 月 7 日当选为第三世界科学院院士
卢嘉锡	中国科学院院长，化学部委员，福建物质结构研究所研究员、名誉所长	1985 年 7 月 7 日当选为第三世界科学院院士。1987 年 11 月 30 日在布鲁塞尔接受比利时皇家科学文学与美术院授予的外籍院士证书
周光召	中国科学院副院长（1987 年起任院长），数学物理学部委员，理论物理研究所研究员、所长	1985 年 7 月 7 日当选为第三世界科学院院士。1987 年 4 月 28 日当选为美国国家科学院外籍院士。1988 年 11 月 30 日当选为捷克斯洛伐克科学院外籍院士。1988 年 12 月 27 日当选为苏联科学院院士
曾呈奎	中国科学院生物学部委员，海洋研究所研究员、名誉所长	1985 年 7 月 7 日当选为第三世界科学院院士
王大珩	中国科学院技术科学部委员、主任，长春光学精密机械研究所研究员、名誉所长	1985 年 10 月当选为国际宇航科学院院士
吕保维	中国科学院技术科学部委员，电子学研究所研究员	同上
梁守槃	中国科学院技术科学部委员，中国精密机械公司北京研究院教授、副院长	同上
蔡金涛	中国科学院技术科学部委员，第七机械工业部第二研究院研究员、副院长	同上

续表

姓名	当时所在单位和职务、职称	获得学术称号简况
陈芳允	中国科学院技术科学部委员、副主任，洛阳通信与跟踪技术研究所研究员、副所长	1985年当选为国际宇航科学院院士
任新民	中国科学院技术科学部委员，第七机械工业部副部长	同上
杨嘉墀	中国科学院技术科学部委员，中国空间技术研究院研究员、副院长	同上
陆元九	中国科学院技术科学部委员，第七机械工业部控制器件研究所研究员、所长	同上
庄逢甘	中国科学院数学物理学部委员，第七机械工业部第一研究院研究员、副院长兼七〇一研究所所长	同上
丁国瑜	中国科学院地学部委员，国家地震局研究员、副局长	1985年12月当选为第三世界科学院院士
姜伯驹	中国科学院数学物理学部委员，北京大学数学系教授	同上
陈中伟	中国科学院生物学部委员，上海第一医学院中山医院骨科主任	同上
梁栋材	中国科学院生物学部委员，生物物理研究所研究员、所长	同上
朱震达	中国科学院兰州沙漠研究所研究员、所长	同上
冯德培	中国科学院生物学部委员，上海生理研究所研究员、名誉所长	1986年6月当选为美国国家科学院外籍院士。1986年当选为第三世界科学院院士
邹承鲁	中国科学院生物学部委员，生物物理研究所研究员	1986年10月15日获德意志民主共和国科学院国外院士称号

续表

姓名	当时所在单位和职务、职称	获得学术称号简况
孙鸿烈	中国科学院副院长，自然资源综合考察委员会研究员	1987年9月18日当选为第三世界科学院院士
赵忠贤	中国科学院物理研究所研究员	同上
黄汲清	中国科学院地学部委员，地质部中国地质科学院研究员、副院长	1988年12月27日当选为苏联科学院院士
谢希德	中国科学院数学物理学部委员，复旦大学教授、副校长	1988年当选为第三世界科学院院士
周培源	中国科学院数学物理学部委员，北京大学教授	1989年2月当选为世界生产率科学院院士
陆师义	中国科学院微生物研究所研究员	同上
马世骏	中国科学院生物学部委员，动物研究所研究员、副所长，生态环境研究中心研究员、名誉主任	1989年2月当选为欧洲生态科学院通讯院士
孙　枢	中国科学院地质研究所研究员，中国科学院资源环境局局长	1989年当选为第三世界科学院通讯院士
李振声	中国科学院副院长，西北植物研究所研究员	1990年10月18日当选为第三世界科学院院士
陈创天	中国科学院福建物质结构研究所研究员、副所长	同上
曲钦岳	中国科学院数学物理学部委员，南京大学教授、校长	1990年10月18日当选为第三世界科学院通讯院士
于　渌	中国科学院理论物理研究所研究员	同上

第三部分　缅怀科学院发展史上的重要领导人、著名科学家

陈毅与中国科学院*

摘要 欣逢新中国、中国科学院即将迎来建国、建院60周年之际，为了纪念我国杰出领导人陈毅同志（1901～1972年）在兼管中国科学院时所作的重要贡献，本文着重介绍了他在正确贯彻党中央对科学家的政策、“理论联系实际”的方针以及加强中国科学院党的组织建设和学术领导等方面的重要指示和功绩。

关键词 陈毅，中国科学院

对于中国科学院来说，1954年是非同寻常的一年，是建院以来党中央和最高人民政府给予特别重视的一年。可资证明的有以下三件大事：第一件，当年1月28日，政务院（不久后即改称国务院）召开第204次政务会议，讨论批准了郭沫若院长（以下简称郭老）在会上所作的《关于中国科学院的基本情况和今后工作任务的报告》和钱三强团长所作的《关于中国科学院访苏代表团工作的报告》，周恩来总理在会上着重提出应该将科学事业提到重要地位，并就方针、关系、干部和组织领导等问题对中国科学院以至全国的科技工作做了重要指示；第二件，同年3月8日，党中央对《中国科学院党组关于目前中国科学院工作的基本情况和今后工作任务给中央的报告》发布了一个很长的批示，并在党内广泛转发。这个批示，是新中国成立以来党中央第一次对中国科学院的地位、作用、方向任务、党对科学家的政策、大力培养新生力量等问题做出的最为全面、精辟而具体的决定，具有极其重要的历史意义和指导价值；第三件，为了加强党中央和国务院对中国科学院的领导，在这一年10月31日召开的国务院常务委员会上，决定委派国务院常务副总理陈毅同志兼管中国科学院等部门的工作。

现正逢新中国、中国科学院即将迎来建国、建院60周年大庆和陈毅同志诞辰108年之际，本文拟就陈毅在兼管中国科学院工作时所作的贡献作一概述，借以表达对这位卓越领导人的崇敬和怀念。

众所周知，陈毅同志是中外闻名的我国老一辈无产阶级革命家、军事家、政治家、外交家。他既是身经百战、率领千军万马对敌作战屡获战功的统帅；又是具有高度马克思主义素养，并对诗歌词赋、散文、小说等文学艺术有广泛兴趣，

---

* 本文原载《中国科学院院刊》2009年第4卷第2期第122～129页。

不时就亲身感受发表写作、赋诗填词的儒将；他为人耿直豪爽，一身正气，无私无畏，敢说、敢做、敢当；同时他也一贯重视科学的重要性。正因如此，国务院决定由他来兼管中国科学院，受到了中国科学院各级领导、广大科技工作者和干部职工的衷心拥护和热情欢迎。

陈毅同志从 1954 年 10 月被委派兼管中国科学院到 1956 年 11 月党中央决定改派聂荣臻同志接替他领导科技工作，虽然只有短短两年的时间，但正如当时任中国科学院党组书记的张稼夫同志所说：他对科学院的工作“极为重视”。实际上，中国科学院只是他兼管的部门之一，他的主要职责是协助周恩来总理处理国务院的各项国家大事和极为繁重的日常事务，同时他还相继分管着政治、文教、民族事务、卫生等部门，但就在他这种日理万机，工作十分繁忙的情况下，他还经常挤出时间来关心和指导中国科学院的工作。据时任中国科学院学术秘书处副秘书长、党组成员武衡同志回忆：“陈毅同志大约在一个月内，有 10 多次到科学院党组听取汇报，讨论科学院的工作。”[1]此外，他还多次到科学院召开的会议上发表演讲；不时参加院务常务会议，听取和讨论研究所的工作汇报；并就一些专门问题邀请科学家恳谈，倾听他们的意见。由此可以看出他对工作极端负责的精神和为推动科学发展所做的努力。在这段时间里，他全面、正确地贯彻党中央对科学院党组报告的批示精神，特别是抓住若干对中国科学院具有关键性的问题，做了卓有成效的工作，扭转了以往院领导软弱无力、工作涣散的局面，使中国科学院整体工作迈上了一个崭新的阶段。从 1956 ~ 1966 年“文化大革命”前的 10 年，其间虽然也经历了一些挫折，但总体看来，大多数亲历者都盛赞这是中国科学院历史上的“黄金时代”。而为这一时代奠定坚实基础的，正是我们敬爱的陈毅同志。

下面，将就陈毅同志在兼管中国科学院期间着力抓好的几项工作加以介绍。

一、认真果断地贯彻党对科学家的政策

这一时期，陈毅同志最为关心、抓得最多的是党对科学家的政策问题。其主要内容可以粗略归纳为以下四点。

（一）尊重和依靠科学家，对他们的进步和成绩及时给予鼓励和表彰

科学家是国家和社会的宝贵财富，陈毅同志对此有着深刻的理解。他曾多次向中国科学院的党政领导、党员、团员、年轻科技人员和职工提出：要尊重和依靠科学家，努力支持他们的工作，使他们做出成绩。他说：“我们中国需要有大批的科学家，需要有成千上万的科学家，没有科学，要建设社会主义的国家是不

行的。”[2]“我们要把中国从黑暗愚昧领上正路，我们依靠全国的科学家。你有一技之长，我们就支持你帮助你，只要有成绩，我们就赞扬。”[3]他曾对张稼夫同志提出希望，要他“……多接近院长、副院长和老年科学家，最好到研究所中去就近解决问题。”[2]继任张稼夫同志的中国科学院党组书记张劲夫同志是他建议调到中国科学院的。他也对张劲夫同志说：“你当科学院领导，必须你去看所长、看科学家。我自己，就是用这种当小学生、当勤务员的精神来团结改造知识分子，来为科学家服务的。”[4]他还要求中国科学院“党的总支和支部要教育党员和团员尊重老科学家，要在科学工作中服从老科学家的领导，要很好地执行自己的工作任务，不能摆党员的架子，使人家望而生畏，更不能和科学家闹对立。”[2]

陈毅是这么说的，也是这么做的。他兼管中国科学院，首先就要与院长、副院长这些著名科学家打交道。他和郭老都是早年参加革命的老战友，又同是四川老乡，他们之间可以说是真正做到了互相尊重，亲密无间。凡是党中央有什么重要指示，他总是亲自到郭老家中向他传达，中国科学院有什么重要问题需要做出决策，他也总是要跟郭老磋商后再行决定。同样，郭老也十分尊重陈毅同志的指导，凡是陈毅同志到中国科学院的会议上讲话，郭老总是跟各位副院长一起出席凝神倾听。在 1955 年 6 月 1 日中国科学院学部成立大会开幕式上，陈毅同志致辞，郭老在听后曾当场给以“聆君一席语，胜读十年书”的高度评价。对于李四光等其他副院长和一些研究所里的科学家，他也在平时或参加院务常务会议时经常跟他们交流看法并征询意见。竺可桢副院长（以下简称竺老）曾参加由他率领的中德人民友好代表团赴原民主德国参观访问，陈毅同志就专门向竺老打招呼，告诉他可以不参加外交上迎来送往的活动，让竺老可以有更多时间去进行学术访问和自由活动。

新中国成立后，我国绝大多数科学家都积极拥护党和政府，他们在政治思想上不断追求进步，在科研工作中力求做出成绩。在 1955 年学部成立大会上讲话时，陈毅同志对他们的种种爱国表现给予了充分的肯定和表扬。他说：“绝大多数科学家在思想上、政治上有很大的进步，他们科学本身的研究工作做了很多，有的已经有很大的成果，替国家创造了财富。中国科学家的面貌正在改变，绝大部分的科学家都热爱祖国，热爱科学事业。5 年来，对各项爱国运动，社会改革，科学家是支持党和人民政府的。我代表党和人民政府感谢科学家给我们的支持。”[5]

即使是少数在历史上有过这样那样问题的科学家，只要他们有进步的表现，陈毅也都给以热情的欢迎和支持。他对著名植物学家胡先骕诗歌事件的处理就是一个明显的实例。胡先骕先生是我国现代生物学的奠基人之一，对我国的植物学发展作出过重要贡献，但他在北平临解放前曾在报刊上发表过一些反共的文章，新中国成立初期对自己过去的错误也缺乏悔改的表现，因此在当时的一些政治运动中曾遭到严肃批判。1960 年胡先骕写了一首《水杉歌》的诗，抒发新中国成立前他和植物学家、林学家郑万钧先生合作鉴定并从而发现我国特有的世界孑遗植物水杉的创举和感怀，写成后投稿给某诗刊，但未被采用。过后，胡先骕又把诗稿寄给陈毅同志讨教，陈毅同志看后大加赞赏，还专门为此撰写了一篇读后感，连同诗稿一起送给《人民日报》，该报即于 1962 年 2 月 17 日将其刊出。读后感写道："胡老此诗，介绍中国科学上的新发现，说明中国科学一定能够自立且有首创精神，并不需要俯仰随人。诗末结以'东风伫看压西风'，正足以大张吾军。此诗富典实，善歌咏，乃其余事，值得讽诵。"陈毅同志还曾专约胡老做了晤谈。由此，我们可以看出他对像胡老这样曾在历史上犯过错误科学家的尊重和宽宏大度的胸怀。

陈毅同志在离开科技工作领导岗位后，对科技界、知识界的关心和重视依然不减。在 1962 年召开的广州全国科技工作会议上，他挺身而出为知识分子"脱帽加冕"的讲话，在全国引起了很大的轰动，这已为人们所熟知，这里就不再赘述了。

（二）要帮助科学家进行自我思想改造，使他们更好地为社会主义服务

陈毅同志清楚，无论是在旧社会工作、生活过几十年的科学家，还是刚从资本主义国家学习或工作后回国的科学家，都会受到所在社会环境的熏陶和影响，被打上半封建、半殖民地、资本主义甚至封建主义的烙印，不同程度地存在着各种错误的思想。因此，在他的数次谈话中，都批评了科学家中的个人主义、自由主义、门户之见、宗派成见、唯心主义等错误，并劝导他们要自觉地进行思想改造。同时他也说明，"今天对知识分子进行思想改造就是要团结他们，使他们提高成为劳动人民的知识分子，发挥他们的能力，为社会主义建设服务。"[6]

陈毅还提醒党政干部在对科学家进行政治思想工作时，需要特别注意的一些问题。

（1）不要性急，不要苛求。陈毅说："对一个科学家不能首先要求他成为一个马列主义者，应首先要他搞好他那一门科学，把科学搞起来后，再慢慢用逐步渗入的办法，让他接受马列主义。"[2] 他还说："业余活动的时间要减少会议，不要让科学家参加不必要参加的会议。和科学家谈话，要找有点水平的人去谈，要使之不知不觉地接受马列主义，一点一滴地渗入，不要性急，并要避免采用作大报告的形式。"[2]

（2）不要以改造者自居，要以尊重科学家的方式方法进行思想工作。陈毅强调："支部在进行争取科学家的时候，还应该注意，要反面进行，不要正面进

行；要先当学生，后当先生，要承认他是老前辈向他学习，不要不承认人家的长处。"[2]在广州全国科技工作会议讲话时，他特别对那些喜欢教训人的领导者给予严厉的批评："现在还有人依旧以领导者的口吻讲话，知识分子最讨厌就是阿猫阿狗随便上台教训人……我们没有好多知识，不如科学家，没有什么好吹的。马列主义，你有多少？究竟有几斤？八斤、七斤？别狂妄，党没有给你权利教训人。都以胜利者，改造者自居，谁能接受？我是胜利者，你是俘虏，这种做法能团结谁？"[7]

针对中国科学院著名科学家众多的特点，陈毅明确指出："在科学院工作，不能搬用行政工作方法，不能搬用部队工作方法，也不能搬用党的工作方法。这三个工作方法都要否定，要吸取各种工作的经验，结合科学院的具体情况，创造科学机关的工作方法。"[2]

（三）勉励科学家加紧工作，并为他们顺利工作尽可能提供较好条件

1955年，陈毅同志在分析我国科技水平的状况时指出："我国科学的基础是薄弱的，我国科学的状况是有缺陷的，我们各门科学的水平是极不一致的。"[2]他的话表明我国的科技水平与科技先进国家相比还有不小的差距。为此，他引用了孙中山先生"急起直追，迎头赶上"的口号，呼吁科学家要加紧工作，努力追赶世界先进科学水平。

陈毅不止一次地指出："对于科学研究人员，采取鼓励他们进行研究工作的政策。……给他们条件做研究工作。"[8]他还着重说："不可否认，目前在许多人中还存在着轻视科学研究的思想，对科学研究没有给予足够的支持和帮助。因而有些科学工作者还有不安心的现象。如大学毕业生分配到科学院的数目还比较少，研究经费、人员、设备的补充也没有得到更多的帮助和支持。"[6]

当陈毅了解到当时不少有成就的科学家用在非业务的活动时间过多，对研究工作造成影响时，他明确表示："目前许多社会活动，在一定程度上影响了科学研究工作，这一点已引起各方面的注意，我计划把各方面的社会活动调整一下，使一般性的联系、会议、应酬等尽量减少。"[6]过后不久，周恩来总理在1956年1月所作的《关于知识分子问题的报告》中就明确具体规定："中央认为，必须保证他们至少有六分之五的工作日（即每周40小时）用在自己的业务上。"

为了给科学家提供较好的工作和生活条件，陈毅同志亲自在这方面做出表率。建院初期，中国科学院在召开全院性的重要会议时，如扩大院务会议、所长会议等，与会人员都是国内最有声望的科学家和产业部门的领导干部等，但会场只能安排在文津街院部狭小的会议室，食宿条件也较差。在1955年6月召开学部成立大会时，陈毅同志就亲自给当时北京市的领导打电话，要求他们把属于一

流旅馆的北京饭店（当时专门提供给苏联专家住宿）腾出房间给大会使用，使学部成立大会得以在北京饭店举行。他还就此专门在会上说："为什么北京饭店苏联专家可以住，中国专家就不能住。"从此以后，中国科学院便与北京饭店达成协议，凡院里重要会议大都在北京饭店召开。

正是由于陈毅同志的重视，使在科学院工作的科学家研究条件和生活条件得到了逐步的改善。例如，在经费方面，国家1954年拨给中国科学院的经常费用是1265.9万元，陈毅同志兼管后的1955年和1956年，经常费用分别增加到1662.8万元和3096.7万元，分别比1954年增长了31.4%和144.6%，其他如器材费、基本建设费和书刊购置费等也都有了明显的增加。在科技人员方面，1954年中国科学院总数是4745人，1955年就增加到了5817人，1956年更剧增为11 326人，比1954年分别增长了22.6%和138.7%。这期间，国家给科学家的薪金报酬也有了相当幅度的增长。

由于科研条件的改善以及科学家有更多的精力专心于研究，这个时期科技成果的质和量都有了显著的提高。

（四）对有问题的科学家强调要采取宽大政策，只要不是现行犯就让他做研究

早在新中国即将成立的1949年5月，陈毅就曾对著名地质学家谢家荣（字季华）说："共产党对敌党将尽力宽大，适之、孟真、咏霓实无避去之必要。"[9]适之、孟真、咏霓分别是胡适、傅斯年、翁文灏三人的"字"。在旧中国，他们都是对我国科学发展作出重要贡献而享有盛誉的科学家，并曾任国民党政府的高官，新中国成立前却因不了解共产党的政策而避离大陆。陈毅同志的这个讲话，实际上是对有问题的科学家宣示党中央将实行宽大政策的信号，表明像胡适等这样的科学家，政府都会尽量给予宽大，其他科学家更无必要离开大陆。后来的情况也证实了陈毅同志的说法。当翁文灏于1952年从法国返回国内后，不仅受到了欢迎，而且还被陆续选聘为全国人大代表和政协委员。

在1955年肃清反革命运动时，陈毅曾约郭老、张稼夫等多位领导人谈话，连同他在其他场合的讲话，其核心精神也是对科学家（高级科技人员）要尽量宽大。概括起来大致有以下几点。

（1）要分清真假反革命，必须经过调查掌握证据后才能确定，不能因为说几句牢骚话就定为反革命。

（2）历史问题不要搞，让他们自己交代，这次不交代我们可以等他以后交代。以前讲过的就不必再作交代。对历史上有过反革命活动的人，今天他不再反对我们，不做反革命了，我们可以容纳。

（3）有现行反革命活动的人，劝他们不要搞了，给他们条件做研究工作。

要挽救迷途的人，争取使若干人能够过关。如执迷不悟，只可监禁，但非不得已不杀，尽量宽大，最多是无期徒刑。

（4）学术思想可以自由，不能强迫接受马列主义。对一些至今还不接受马列主义的人，要给以帮助，好好争取。就是彻头彻尾的唯心论者，也可以指定专题请他做研究，著作可以印发传观，不对的可以批判。

（5）不要停顿业务，妨碍5年计划。

在陈毅同志的正确指导下，大大消除了科学家的思想顾虑和恐惧心理，使科学院的肃反运动得以健康进行，没有出现什么明显的偏差，科研工作也没有受到过多的影响。

二、结合中国科学院的实际，贯彻“理论联系实际”的方针

建院初期，关于中国科学院的科研工作应该怎样正确贯彻“理论联系实际”的方针，曾经有过多种不同的理解，也不时发生不同意见的争论。在实际工作中，则时而发生只强调解决近期生产问题而忽视理论研究的偏向；或则又过分强调理论研究而不愿去研究生产上急需解决的问题。

陈毅同志兼管中国科学院后，在他的多次谈话中，总是对“理论联系实际”的方针做全面、正确的阐明。他在有关这个问题的几次讲话中，据理解，有这样几个鲜明的特点。

（一）要求中国科学院积极承担解决理论问题的任务

1954年12月，陈毅出席了中国科学院举办的中国猿人第一个头盖骨发现25周年纪念会，这也是他兼管中国科学院后第一次跟部分科技人员和干部职工见面的集会。他在会上的报告中说：“毛主席提出组织理论部队这个问题。我今天向科学院提出，科学院应当承担这个任务——解决理论问题的任务。”同时他也说明：“但是科学院研究理论并不排斥联系实际，理论是必须与实际联系的。……希望科学院承担理论研究的任务，完成基本理论研究的任务。但绝不能理解为可以轻视实际。狭隘经验主义固然不好，脱离实际也很不好，都是唯心主义。”[6]

他还进一步说：“5年来我们和科学家经常讲到这个问题，就是要理论与实际相结合。从各方面钻入实际中去，从实际中获得教益，同时更需要理论的指导，更高的理论的指导以提高科学的水平。……一定要理论与实际完全结合，最丰富的实际才能产生高级的理论，有高级理论才能保证实际继续提高。”[10]

（二）要求中国科学院做出高水平的科研成果

中国科学院是全国最高学术机构，是我国一流科学家最集中的地方。陈毅同

志高瞻远瞩，根据中国科学院的这种实际情况，认为中国科学院应该着重研究那些关键性、创新性的问题，并多出高水平的研究成果。他明确表示："科学院应该成为基本理论的机关，而不是制造一般生产产品的工厂，如果要科学院生产，它应当是生产高级的理论产品。科学工作者必须善于发现新问题从理论上做出结论，用新的理论代替旧的、不适用的理论。……所谓联系实际，如果只是研究工厂中提出的一些细节问题，简单地做出一个答案，我认为是一个损失"。[6]

陈毅也深知科学研究具有探索未知和需要继承积累的特点，不能对其有过急的要求。因此，他在鼓励科学家要抓紧研究的同时也说："一年没有结果可以等你几年、10 年、30 年，等你拿出成绩来。科学是要等待的，原子能的开始研究到应用就是几十年。"[3]

（三）反对不适当地干预科学家的科研工作

陈毅同志认为，科学家都是各相应学科的内行，对各自学科的情况最为熟悉。因此，对于他们选定的项目及进行的研究工作，应该给予尊重，主张不要去干涉他们的科研业务。例如，建院初期，中国科学院实验生物研究所的著名细胞、胚胎学家朱洗先生，其已研究多年的卵球成熟、受精和人工单性生殖问题，却在一次政治运动中被作为"理论脱离实际"的典型加以批判，工作一度被迫中止。当时任上海市市长的陈毅同志了解情况后，随即批判了这种错误，并亲自向朱洗先生赔礼道歉。后来的实践证明，朱洗先生的这项研究极有意义，经他继续研究，在世界上首次创立了两栖类受精"三元论"的学说。又如著名小麦遗传育种专家鲍文奎先生在四川进行小麦多倍体遗传育种的研究，他几十年来辛勤收集的小麦品种，曾被某些人随意搅乱，陈毅同志对这种乱加干涉研究工作的行为，也给予了严肃批评。

在陈毅的指导下，这一时期中国科学院的科研工作相对比较稳定，没出现大的"折腾"，科学家们都能集中精力于自己的研究工作，也获得了一些比较重要的成果。在中国科学院 1956 年第一次颁发全国性的科学奖金时，其中中国科学院的相当一部分成果就是在这个时期做出的。

三、加强中国科学院党的组织建设和学术领导

从中国科学院建院至 1952 年上半年，党的力量非常薄弱，党员数量极少。就北京地区而言，全院只有一个党支部，党员只有十几人，除科学院院部党员稍多外，研究所里的党员一般只有一两人、两三人，有些研究单位和新筹建的机构甚至连一名党员都没有。其他地区如上海、南京等地的情况也大致类似甚至

更差。

在院长和副院长中，郭老当时党的组织关系还没有恢复，陈伯达根本就不到中国科学院里上班，其他副院长虽然都积极拥护党和人民政府，努力为发展我国的科学事业辛劳工作，但他们都是非党员的著名科学家，由于中国科学院刚建立时任党组书记的陈伯达长期不到中国科学院工作，在 1951 年 7 月重新成立的中国科学院党组中，党组书记和副书记都是办公厅的副主任，未能有效地发挥党的领导作用。

从 1952 年下半年起，科学院开始陆续增加少数党的领导干部，也新添了一些普通党员，但数量仍然不多，因缺乏精确统计，估计北京地区的党员总数也只有几十人。总之，在 1954 年上半年前，中国科学院还没有形成党的组织系统，下情不能上达，中央的方针政策和意图也不能顺畅地往下贯彻和落实。1953 年年初中央任命张稼夫同志任党组书记后新成立的院党组，着手组织访苏代表团赴苏联学习发展科学的经验，组织起草院党组向党中央的报告，开始筹建学术秘书处和学部等，工作有所起色；但由于他身体欠佳，精力不足等主客观原因，中国科学院党领导软弱无力，工作涣散的状况仍未得到显著的扭转。

陈毅同志在了解有关情况后，就开始着力加强党的组织建设工作。通过他向党中央和各有关部门呼吁，从地方和部队调来了相当一批司局级和处级领导干部，还从大学毕业生中选拔了一批比较优秀的党员，同时又开始从科学家中发展党员，使党的力量得到了较大的加强。在加强党的建设问题上，陈毅同志所采取的最关键、最得力的一招，是推荐当时任地方工业部党组书记、副部长的张劲夫同志到中国科学院当党组书记、副院长，随即组成了以张劲夫同志为首，连同裴丽生、杜润生同志三人为核心的新的院党组。此后，由于党员领导干部的增加，院党组即陆续调派一批局级甚至少数省级领导干部到院机关、研究所担任主要领导。去研究所的领导干部，大都任所的党核心小组组长兼副所长（也有少数人兼所长）。绝大多数研究所成立了党支部或总支。这样，既健全了从上到下的党的组织系统，同时也把原来研究所的科学家所长、副所长从担负过多繁杂的行政事务中摆脱出来，可以有较多时间从事研究工作和考虑整个所的研究方向、任务等重要问题。

为进一步加强党对中国科学院工作的领导，不久后中国科学院党组又在每年年底或次年年初召开一次中国科学院党组的扩大会议，吸收各分院和研究所的党领导人参加，总结当年或上一年的工作，部署和讨论研究全院和研究所的各项重大事宜，做出结论后就回去传达和贯彻落实，使党组织上下的意见得以顺畅贯通，遇到问题也能及时解决。从此，党组织涣散的局面得到显著改观，显示出党领导的核心作用。

在陈毅同志兼管中国科学院前，院里已着手筹建学部的工作。对于这项创建全国性学术领导机构的大事，陈毅同志十分重视，对整个选聘过程都不时给以关心和指导。从学部委员选聘的条件，委员人选的提名、变更和确定，与各有关部门和地方的协商等方面，都做得相当细致和慎重。光是学部委员的名单，从开始酝酿提出候选人到最后确定，变动的次数就有七八次之多。对个别有争议的候选人，甚至要请示毛泽东后才做出决定。

当学部委员成立大会召开时，陈毅多次亲临北京饭店会场。在他的倡导下，与会的科学家都畅所欲言，敞开发表意见。例如，对学部的地位、性质和主要任务，与高等学校和各有关部门的关系，学部委员的人选等。在听取各方面的意见之后，他对许多好的意见给以肯定，对某些误解进行解释，对一些不同的意见给予澄清，而对于一时难以解决的少数问题则说明留待以后解决。在大约 10 天的会议上，他做了 4 次讲话，这在其他的会议上是罕见的。由于他耐心细致地进行工作，全国性的学术领导机构——学部委员会及其常务委员会得以顺利成立，会议开得圆满成功。

学部成立后，便在编制国家 12 年科技远景规划，评审全国性的中国科学院学术奖金和召开国内外学术会议等方面发挥了积极作用，证明了加强全国学术领导的必要。

党组织不健全致使领导不够有力，以及学术领导薄弱，是当时中国科学院存在的两大弊端。陈毅同志以其敏锐的洞察力，抓住这两个问题作为突破口，通过他坚忍不拔的毅力和魄力给予解决，从而把中国科学院的整盘棋盘活，使全院工作显现出了生机和活力。

此外，陈毅同志还在贯彻“双百”方针、促进老科学家间和新老科学家间的团结以及培养科技新生力量等诸多方面也做了不少努力。通过他卓有成效的工作，科学院的科研工作能够井然有序地进行，为科研服务的各项工作也相继跟了上来，这样，中国科学院的整个工作就逐步呈现出一派蒸蒸日上、欣欣向荣的景象。

陈毅同志兼管中国科学院工作的两年，是中国科学院建院初期工作最为稳定、活跃的两年，是使全院科技工作者和干部职工难以忘怀的两年，陈毅同志对中国科学院工作的一系列指示，他高超的领导艺术以及表率行动，不仅在当时和随后的一个时期，对中国科学院的繁荣和发展产生了显著的影响；即便是现在以至未来，对我们沿着正确方向不断迈进也具有极强的示范和指导意义。

陈毅同志对中国科学院乃至全国科技事业发展的功绩将永远铭记在人们心中。

参考文献

[1] 武衡. 科技战线五十年. 北京：科学技术文献出版社，1992
[2] 1955年3月12日在科学院党组第一次扩大会议上的总结讲话
[3] 1955年6月11日在学部联席会上的讲话
[4]《陈毅传》编写组. 陈毅传. 北京：当代中国出版社，1991
[5] 1955年6月1日在中国科学院学部成立大会上的讲话
[6] 1954年12月27日在中国猿人第一个头盖骨发现25周年纪念会上的报告
[7] 熊卫民. 追忆广州会议——薛攀皋先生访谈录. 科技中国，2006，(11)
[8] 1955年9月17日在中科院第40次院务常务会议上的讲话
[9] 竺可桢. 竺可桢日记Ⅱ1943—1949. 北京：人民出版社，1984
[10] 1955年6月3日在中国科学院学部成立大会上的报告

竺可桢副院长对发展我国综合考察事业所作的突出贡献*

竺可桢副院长

竺可桢是闻名遐迩的科学家，他热爱祖国，治学精勤严谨，为人谦恭和顺，对青年、后辈关心、亲切，亦常加扶掖。他在科学界、教育界德高望重，是我最崇敬和景仰的科学家之一。这里，我想就我跟竺先生在工作上的不多接触，谈一谈他对我国综合考察突出贡献的一些粗浅体会和看法，以表示对他逝世20周年的怀念。

竺老对于我国综合考察所作出的重大贡献，已经有一些文章和著作作过论述，我只是再作一些补充。

一、我国综合考察事业的主要领导人和组织者

中华人民共和国成立以前，我国也曾组织过一些考察。但这些考察参加的学科少，规模小，考察的地区有限，时间也短。总体而言，综合考察基础十分薄弱，没有形成专门的科技队伍，有许多地区是无人涉足过的空白点。中华人民共和国成立后，竺可桢作为中国科学院的副院长，兼管多项重要工作，公务繁忙，但他对综合考察事业却给予了特别的重视和关怀。在他的领导和推动下，新中国的综合考察无论就其参加学科和单位之众多，规模之宏大，涉及地区之广袤以及持续时间之长久等许多方面，都是新中国成立前所远远不能比拟的。可以毫不夸大地说，我国综合考察事业的创建、成长和发展，其贡献和功绩最卓著者，当首推竺老。

竺老多年如一日，重视和关心我国的综合考察事业。中华人民共和国成立后组织的第一次综合考察，是1951年的西藏综合考察。这次考察，由当时的政务院文化教育委员会委托中国科学院主持组织。从一开始，竺老就对此给了很大的重视。考察的目的要求、计划以及参加的科学家等，都是在他的直接过问下确定

* 本文是作者为纪念竺可桢先生逝世20周年座谈会所写的书面发言稿，原载《院史资料与研究》1994年第2期“纪念竺可桢先生逝世20周年专辑”第21～29页。竺老对发展我国科技、教育等事业曾作出多方面的重要贡献，本文仅从一个侧面“综合考察工作”作些回忆性的阐述。

的；考察过程中，他曾多次关心询问考察的情况；考察结束后，他又亲自听取了考察队的总结汇报。此后，在他的领导下，中国科学院又组织和参加了华南热带林、黄河中游水土保持、云南生物资源等若干项综合考察。这些考察都取得了良好的效果，得到了各有关部门的好评。

随着国家建设事业的发展，各方面对综合考察的需要也逐渐增多。根据综合考察任务日益繁重的实际情况，并参照苏联经验，经报请国务院批准，中国科学院于1956年1月成立了综合考察委员会。竺老从该委员会成立时起就担任主任直至逝世。综合考察委员会刚一成立，就面临着编制全国12年科学技术发展远景规划的重大任务。12年规划中的综合考察部分，自始至终是在竺老的认真细致领导下，组织各个学科的有关科学家编制而成的。在制订规划过程中，经过反复讨论修改，把原来提出的许多项全国综合考察任务，最后归纳简并为几项，即①西藏高原和康滇横断山区综合考察及开发方案的研究；②新疆、青海、甘肃、内蒙古地区的综合考察及其开发方案的研究；③热带地区特种生物资源的研究和开发；④重要河流水利资源的综合考察；⑤中国自然区划和经济区划。

规划经国家批准后，为使其中的综合考察任务得以贯彻和实施，竺老曾花费了巨大的心血和精力。从1956年至“文化大革命”前，在竺老的精心筹划、推动和综合考察委员会其他同志的配合下，中国科学院陆续组织了二三十个综合考察队，这些考察队按规划中确定的地区和任务进行了大量的调查研究，圆满地逐项完成了规划。

“文化大革命”中，竺老已被迫不能正常履行他的领导职能，但他依然经常关心了解综合考察工作的情况和进展，并热情答复有关人员向他请教和咨询的问题。

为了掌握第一手资料，多年来竺老不顾自己年迈体弱和野外条件艰苦的状况，总是经常亲自到野外考察，去实地了解各地区的自然、社会情况和问题，劳动人民跟自然作斗争的经验和创造以及各个综合考察队的实际工作。除西藏外，他遍历我国的沙漠、荒原、沼泽、江河、高山和密林，到过各个综合考察队所在的许多省、直辖市、自治区。临终之前，他还念念不忘以没有到过西藏去考察引为遗憾。他的这种深入实际，以身作则的榜样力量，给广大综合考察工作者以很大的教育、激励和鼓舞。

中华人民共和国成立后，我国综合考察事业有了很大的发展，取得了丰硕的成果。主要可简单概括为以下几个方面：

（一）对国家经济建设和国防建设作出了有效的贡献。例如，橡胶是国防和工业建设不可缺少的原料，在新中国成立初期许多国家对我国实行敌视封锁的情况下，华南热带林的综合考察为我国在华南和云南地区寻找大片橡胶宜林地提供了可靠的科学依据，并把橡胶种植区扩展到近北回归线，土壤学家对橡胶树提出减少施肥次数的建议，节约了大量的人力、物力和财力，得到了生产部门的高度评价。关于治沙的综合考察，对不少类型的沙漠化土地整治提出了有效的措施。在宁夏中卫沙坡头一带试验成功的草方格的固沙措施，保证了包兰铁路的长期安全通车。此外，通过大规模的综合考察，基本上查清了各考察地区的自然条件特征，自然资源的数量、质量和一些分布规律，为各地区的工农业布局，生产力合理配置，国土整治和资源的合理开发利用提供了宝贵的科学资料和基本依据，在尔后的生产建设上都不同程度地发挥了作用。

（二）为学科发展积累了一大批极其珍贵的科学资料。在我国广阔的土地上，有许多地区，特别是西南、西北的不少地区以往是无人到过的科学空白点，通过多年的综合考察，这些空白点逐年减少，填补了丰富的新资料，有些地区还有着重要的科学新发现。在综合考察的基础上，经研究整理已出版了200多种各种考察报告和论文专著。仅青藏高原综合考察的第一阶段成果就已陆续出版了大型画册和30多部专著。此外，各门学科还采集收藏了大量的矿物、土壤、动物、植物、微生物、古生物等各种标本以及其他试验观测资料和科学数据。不容置疑，这些宝贵资料和实物的收藏，对于各门学科的发展和今后生产实践问题的解决，将会产生极其重要和深远的历史影响。

（三）建立了我国综合考察的专门组织和队伍。综合考察的实践，使我国从无到有地建立起不少综合考察的机构和组织。除专门从事综合考察的中国科学院自然资源综合考察委员会外，在原有一些综合考察队的基础上，还建立了中国科学院新疆地理研究所、新疆生物土壤研究所、兰州沙漠研究所、昆明动物研究所等，不少省（直辖市、自治区）也建立了开展综合考察的有关机构。更为可喜的是培养了数以万计的综合考察人才，包括一部分地方民族科技人才。这些当年参加综合考察的年轻人，如今多数都已成为各科研机构、产业部门和高等院校的骨干力量，在各自的岗位上发挥着重要的作用。

所有这些巨大成绩的取得，都是跟竺老的直接领导和亲切关怀分不开的，是他殚精竭虑付出心血所凝聚的结晶。竺老是我国综合考察事业当之无愧的奠基者和最重要的领导人。

二、难能可贵的学术指导思想和组织才能

在新中国组织和进行综合考察是一项新的事业，没有现成的经验可资借鉴和依循，只能在实践中不断探索和总结。全面、认真地贯彻党和政府在新中国成立初期就提出的科学研究中实行“理论联系实际”的方针，是竺老在综合考察工

作中贯穿始终的最突出的指导思想，作为一位热爱祖国的科学家，他一贯重视解决国民经济建设和国防建设中的重要问题。他清楚地了解，国家生产的发展和富强兴盛是科学得以不断昌明进步的最根本保证。科学研究如不为国计民生服务，就会成为无源之水，终将陷于枯竭。同时，作为一位有精深造诣的科学家，他当然也十分清楚发展科学的重要性。他常说不同学科是解决生产问题的不同武器。如果不注意学术水平的不断提高和科学资料的长期积累，不促进各门学科的发展并发挥其作用，对生产上的问题就无法问津，更谈不上怎样去研究解决了。

在新中国成立后的一个相当长的时期里，我国在贯彻理论联系实际的方针上经常发生摇摆，忽而片面强调解决生产任务，忽视理论研究；忽而又片面强调发展学科，不重视研究生产问题。难能可贵的是，竺老不为这种忽“左”忽“右”的偏向所动摇，一直坚持正确的指导思想，把解决生产任务和发展学科两者很好地结合起来，从而避免了许多不应该有的损失。

在这个总的学术思想指导下，经过在实践中的探索和总结，竺老逐渐注意在综合考察工作上要着重抓好以下几个问题：

（一）抓综合。综合考察所要解决的是大范围、全局性的任务，问题错综复杂，而许多科学工作者囿于过去的长期习惯，往往只从本门学科出发，“单打一”开展工作，不善于从全局探讨和研究问题。为了扭转这种状况，竺老抓住了综合考察的特点在于“综合”的要害，从三方面做了努力。①在出发考察之前，要求各个学科的科技人员围绕所要解决的共同目标和中心问题，经过共同讨论，制定出统一的、综合的考察计划，作为各学科必须保证完成的首要任务；②在考察过程中，选定有典型意义的地区，组织不同学科的人员共同考察研究，讨论探索解决问题的方案和措施。③在考察结束后，召开总结会，由参加考察的各方面人员报告此次考察的收获，存在的问题和经验教训，展开学术讨论，相互指长论短，然后做出整个综合考察队的总结。这样，不仅锻炼和提高了综合考察人员综合研究和解决问题的能力，也大大有利于生产实践问题的解决。

与此同时，竺老也支持和赞同各门学科根据自己的需要和特点，制订出各自的专科考察计划。在完成综合计划的前提下，工作上也给各专业的人员以相当的灵活性和自由度，使大家有足够的时间，以保证专科计划的完成。

（二）抓重点。在一个时期里，全院开展的综合考察任务很多，而竺老的工作又十分繁忙，但他能区分轻重缓急，选择一些当时最急需而重大的任务作为重点，抓紧抓好；同时也抽出一些时间兼顾过问其他的综合考察任务，帮助解决紧迫的问题，使整个综合考察工作能够有条不紊地顺利进行。例如，在建院初期，他就是以华南热带林和黄河中游水土保持两项关系国计民生和国防建设大局的综合考察作为重点，付出了很多的时间和精力。12 年远景规划制订后，他又着重抓了黄河治理，黑龙江、新疆以及治沙等几项考察，还亲自到这些考察队的不少地区去参加调查研究，进行检查和帮助总结。正是他的有力领导，大大推动了综合考察工作的顺利进行和完成。

（三）抓总结群众经验。竺老是我国近现代的一位著名科学家，他深知应用现代科学理论、知识、技术方法和仪器设备进行综合考察的重要意义。但他也一向重视劳动人民在长期实践中积累的丰富、宝贵经验的总结。对于中国科学院黄河中游水土保持考察队的工作，他曾数次批评了该队对群众经验总结重视不够的缺点，在他 1955 年率领工作组到晋西北地区检查考察工作时，他率先示范，亲自找农民和劳模座谈，并认真总结了山西阳高大泉山张凤林、高进才两位劳模长期与水土流失作斗争的经验。为此他强调指出："为了能够因地制宜地提出水土保持的原则性意见，必须结合普查工作，认真地对当地群众的水土保持经验加以科学的总结。应该指出，如不抓好总结和提高群众经验，要提出切合实际的水土保持意见是不可能的。"竺老这种高度重视总结群众经验的情况，在其他综合考察工作中也常有体现。

（四）抓协作。综合考察工作涉及的问题广泛复杂，需要众多学科的共同参与。在当时的情况下，中国科学院不仅力量有限，而且不少学科缺少专门人才。在综合考察工作上，竺老反复说明要根据国家建设任务的需要广泛吸收高等院校和产业部门的有关科学工作者参加，并且一再强调要团结好中国科学院院外的科学工作者，跟他们友好地合作共事，互相帮助，互相支持。他自己就首先团结了一批院外科学家，对他们像院内人员一样，一视同仁，并给他们考察经费、研究设备等必要的支持。因此，院外人员都乐于踊跃参加中国科学院组织的综合考察，各个考察队都团结吸收了一批有关的院外人员，不少考察队院外人员甚至比院内人员还要多。综合考察队不仅为高等院校的广大师生提供了教学、实习与科研相结合的极好场所，而且也有效地促进了国家综合考察任务的胜利完成。

竺老的以上这些思想和经验，已经被后来的综合考察队广泛推广和发扬，成为指导我国综合考察工作的宝贵财富。

深切缅怀汪志华同志*

从我1951年3月来中国科学院工作到1955年6月学部成立，汪志华同志是我的领导人，也是这个期间我入党的介绍人。我到学部工作后，跟他断断续续还有不少来往。他是我最敬重的领导人之一，是科研组织管理方面一位十分难得的干才。

汪志华同志

新中国成立前汪志华是吴玉章同志的秘书。1949年9月调他参加科学院的筹建工作，从此以后，他为中国科学院的奠基和发展贡献了毕生的精力。1950年初，他被任命为办公厅秘书处副处长；1951年初任调查研究室主任；1953年初调研室撤销成立计划局，他是综合组组长；1954年学术秘书处成立，他任学术秘书兼综合组组长；1956年升任计划局副局长，后来还兼任院党组办公室副主任。20世纪60年代，他历任计划局局长兼调研室主任、政策研究室主任等职，直到“文化大革命”初期不幸逝世。可以看出，很长时期他都是在科学院计划、政策这些关键的职能部门担任领导职务，中国科学院以至全国科技计划、政策的制订工作，他是重要的参与者和开拓者之一。

从事这些综合部门的工作，需要有比较高的政治思想和政策水平，熟悉全面情况，广博的科学技术知识和洞察事物的敏锐能力，而汪志华同志正是具备了这样多方面的才能，因此他能够相当出色地完成所担负的重要任务，受到了广泛的赞扬。

从中国科学院成立到“文化大革命”以前，许多全院性的重要文件、条例、法规等的起草或定稿都是由汪志华同志承担的，有的是由他一人完成的，有的是由他负责组织完成，有的是主要的参加者。包括中国科学院一年一度的计划和总结、五年计划、长远规划，院党组1953年11月给中央的报告、郭沫若院长1954年1月在政务院的报告、专门委员聘任暂行办法、1954年的研究所暂行组织规

---

* 为纪念汪志华同志对中国科学院作出的重要贡献，院史委员会办公室于1992年专门举行了“回忆汪志华”座谈会，并刊出了座谈会的专辑。本文是作者在座谈会上的发言记录，原载《院史资料与研究》1992年第2期第37～40页。

程、学术秘书处和学部的暂行条例、十四条、七十二条、院工作条例等。由于他对全院的情况掌握相当全面和准确，加上他文笔流畅，文风朴实，因此写出来的文稿质量都比较高。郭老（郭沫若院长）对文章的质量要求是很严格的，我听说郭老对汪志华同志写的东西都比较满意，这就很不简单。

汪志华同志观察事物敏锐，能抓住关键和实质，思考问题也比较系统和深入。苏联科学院通讯院士、土壤学家柯夫达到中国科学院任院长顾问后，曾找不少院领导人和科学家谈话。有一次我听赵同同志谈到（赵同当时是翻译人员的领导，是柯夫达的翻译），柯夫达跟汪志华同志谈话后对他评价很好，大意是说汪志华同志是一位很有思想，讲话逻辑性很强、比较系统，能抓住问题实质的难得人才。在1951年或1952年，《科学通报》曾登过一篇文章，其中某些内容有比较严重的错误，发行后有读者写信给院里对此进行批评。其实在此之前，汪志华同志就向有关同志指出了这方面的错误，《科学通报》曾就此作了公开检讨。

汪志华同志知识渊博，兴趣广泛，读过的各类书籍很多。除经常阅读马列主义、毛泽东选集等经典著作外，对自然科学方面的书籍也有相当广泛的涉猎。他本身的专业是数学，但在我跟他的接触中，曾亲眼看到他在读自然科学技术史、物理学、生物学、土壤学等方面的书籍，从他跟科学家的谈话中也可以知道他是了解不少专业的基本知识的。这种情况并不难理解，因为他处在综合部门的工作岗位上，如果连基本知识都不懂，跟科学家没有起码的共同语言，怎么能跟他们谈工作上的问题。不过从这里可以体会到，他为了做好工作，在这方面是下了一番苦工夫的。此外，在他的床头和桌上，有时还放着一些文学史、小说戏剧、历史方面的书刊。有一次杜润生同志约我们几个人谈事情，未谈前杜润生同志在瞧桌上的一个信封还是什么东西上的画，但没有琢磨出画的寓意。他就问汪志华同志这是什么意思？汪志华看后很快就回答这是“鱼书”，用鱼传递书信，是古代人通信的方式之一。杜润生说，到底还是汪志华同志的学问大。可见他对古文、历史的知识也非同一般。

怀念我的老师——郑作新院士*

新中国成立以来，郑作新老师是我国鸟类学的主要奠基人，也是我国鸟类地理学的开创人。他是迄今对我国鸟类进行研究时间最长，成果和论著最为丰硕，培养人才最多，从事科学普及工作最为积极，中外同行学者对其学术成就评价最高的国际权威鸟类学家。

工作中的郑作新院士

郑作新老师毕生致力于动物学，特别是鸟类学研究，曾到过全国许多地区进行野外调查，不避艰险地跑遍祖国的山山水水，还到过世界上著名的一些博物馆和标本馆，查阅研究鸟类标本和资料，以超凡的毅力和忘我的精神辛勤劳作，取得了极其丰硕的研究成果。据统计，他一生著述的学术论文和科学论著共1000余万字，是我国迄今最多产的科学家之一。他善于继承和吸取前人的科学成果，又不墨守那些陈旧、错误的观点，而是勇于开拓创新和发展，从而在鸟类的分类区系、亚种分化、系统分类、中国家鸡的起源以及我国境内动物地理界的划分等研究上都提出了一些首创性的理论成果。他的突出贡献，得到了国内外科学界的很好评价和广泛赞誉。他曾获得国际上和我国的多种学术奖励。曾被选任世界雉

---

* 本文原载于郑光美主编的《天高任鸟飞 郑作新院士诞辰100周年纪念文集》，中国科学技术出版社，2005年11月，第43，44页。又登载于《协大校友24“唐、郑、丁三师纪念专辑”》第41～43页，2005年12月。

类协会副会长、会长，兼任世界鹤类研究中心顾问，并被选为日、德、英、美等国鸟类学会的通讯会员、荣誉会员。在国内，郑作新院士曾任中国动物学会秘书长、副理事长、理事长、名誉理事长，又是中国鸟类学会的理事长、名誉理事长。1980 年，他当选为中国科学院生物学部学部委员。

郑作新老师还十分重视并积极从事科普工作。他把宣传和普及科学知识当做自己应尽的一项光荣职责，在科研工作之余，经常不遗余力地撰写科普文章。他一生在各种报刊上发表的科普文章近 260 篇。他提倡人们，特别是青少年要了解大自然，热爱大自然，要认识和爱护我国富饶的野生动物资源；对于有害的动物，要积极防治；对于有益的动物，则要努力保护并加以利用。在我国，麻雀曾被认为是害鸟而列入“四害”中遭到杀灭。为了弄清麻雀的益害情况，他通过比较深入的调查研究，证明麻雀既是啄食农作物的害鸟，又是以许多种农业害虫为食物的益鸟，并对麻雀在不同地区、不同季节的益害情况作了具体分析。随后《人民日报》刊登了他《谈麻雀对农业的益害》的文章。据此，1959 年国务院在通过《农业发展纲要》时就把麻雀从“四害”的名单中剔除，挽救了麻雀被大规模剿灭的厄运。他在科普工作上所付出的努力，对于人们掌握科学知识、热爱自然、保护动物资源、保护生物多样性、保护生态平衡和保护环境等，都产生了积极而深刻的影响。

在长期的科研和教学岗位上，郑作新老师还教育、训练和培养出一批又一批的学生，其中仅鸟类专业的学生、进修生和研究生就有上百名。他的学生广泛分布在我国各地以至海外一些国家的教学、科研等各种工作岗位，不少人已成为其所在单位的优秀骨干人才。他们都在为国家的建设事业和为人类谋福利的事业上作出各自的贡献。

郑作新老师热爱祖国，热爱人民，热爱科学，努力追求进步，不断求索科学真理。在他的治学思想、精神、态度、作风和方法上，能够把严谨、严格、严肃的科学精神和学风跟敢想、敢干、敢于破旧立新的可贵品格很好地结合起来。他把毕生的精力和心血都倾注在他所热爱的科学事业上。不论是在野外，还是在室内；不论是在研究室，还是在家里；不论是在白天，还是在夜晚；不论是在工作日，还是在节假日，人们看到的永远是郑作新老师在不知疲倦地忙碌工作的身影。正是他这种数十年如一日的忘我工作精神，使他登上了世界鸟类学研究的巅峰，做出了赶超世界先进水平的科学成就。

我是郑作新老师在福建协和大学任生物系教授和系主任时的学生，毕业后长期在中国科学院，特别是在动物研究所工作期间，曾多次面聆郑作新老师的教诲，获益甚丰。1994 年，我受中国科协委托，协助朱弘复教授主编《中国科学技术专家传略·生物学卷》。在编辑该书第一册时，曾组织有关人员编写了郑作新老师和其他一些知名老生物学家的传略，对老师的生平事迹和主要成就等做了比较详细的介绍（见《中国科学技术专家传略·理学编·生物学卷1》，中国科学技术协会编，河北教育出版社1996年出版）。

时值郑老师诞辰百年之际，特撰此短文，借以略表我对老师的敬仰和怀念。

著名植物学家林镕院士传略*

林镕，字君范。1903 年 3 月 27 日出生于江苏省丹阳县的一个书香门第。父亲是清朝秀才，早逝。母亲勤劳节俭，抚养他长大并供其上学。林镕从小聪敏好学，初中时先在邻县镇江中学读书，后转入上海格致中学，成绩优异，于 1919 年高中毕业。当时正值“五四”运动兴起，大力提倡以科学、民主救中国。在这种新思潮的影响下，林镕怀着科学救国的志向，参加赴法勤工俭学团体，于 1920 年以优秀成绩获准赴法留学。

林镕院士

到法国后不久，就考入南锡大学农学院，于 1923 年毕业获农学学士学位和农业技师称号，随即到安底伯农业学校和地中海一带的农场实习。1924 年考进克莱孟大学理学院，师从著名真菌学家摩罗教授进行研究工作。他工作和学习勤奋，得到老师们的器重，并获学校的公费待遇和嘉奖。在此期间，他发表了两篇真菌学的学术论文，1927 年和 1928 年先后获克莱孟大学理学硕士和国授理学硕士学位。1928 年入巴黎大学理学院继续深造，1930 年以高水平的真菌学论文通过了学位考试，获法国国授理学博士学位。此后在法国国立自然历史博物馆做了短期的研究工作，于 1930 年秋天回到了离别十年的祖国。

1930 ~ 1937 年，林镕应聘任北平大学农学院农业生物系教授，后任系主任，同时兼任北平研究院植物学研究所研究员，还在中法大学、辅仁大学、中国大学等校兼课。根据当时国内的情况和需要，他从研究真菌学转为以研究种子植物分类作为自己的主要方向，从此也奠定了以后一生的研究生涯。1937 年“七七”事变爆发后，许多大学和研究机构纷纷内迁，林镕因家累一时未能随校转移。北平沦陷后曾有人准备用高薪聘请他出来继续执教，尽管那时家庭经济十分困难，但他坚决不为日本侵略者效劳，表现出崇高的民族气节。1938 年他变卖家产作

---

* 本传略由笔者撰写后，经请林镕院士的高足陈艺林研究员核阅，并以陈艺林、石铸、戴整的署名发表。原载于中国科学技术协会编《中国科学技术专家传略·理学篇·生物学卷 1》，河北教育出版社，1996 年 7 月出版。

为路费，只身离家到陕西武功任西北联合大学教授。1939～1941年转任西北农学院教授，并与刘慎谔、辛树帜教授共同筹办了西北植物调查所。在此期间，西北农学院的一些进步学生因响应全国抗日救亡运动而被捕入狱，他和同校的金树章、虞宏正和一位物理学教授一起，反对国民党地方当局的倒行逆施，并多方设法营救，终使这些学生获释出狱。他们的正义行动被时人广为传颂，并誉之为“武功四君子”。

1941年林镕接受汪德耀教授的邀请，于1942年到在福建永安的厦门大学任教，这时他以主要精力着手筹建福建省研究院动植物研究所，并任研究员兼所长，还创办了福建省研究院研究丛刊。在永安，他得以和从北平出逃的家眷重新团聚。1944～1946年，他离开了动植物研究所，任厦门大学教授兼该校海洋生物研究所主任。在福建期间，他率领队伍先后在永安、长汀、连城等地进行植物调查，采得了标本数千号。抗战胜利后，1946年林镕举家迁回北平，任北平研究院植物学研究所研究员，并在北京师范大学、辅仁大学兼课。

中华人民共和国成立后，林镕在中国科学院植物分类研究所任研究员。1953年该所改称为植物研究所，他历任副所长、代理所长、顾问，直到1981年5月28日逝世。他在植物研究所工作长达30年，在参与筹划和领导该所的建设上付出了许多心血。

1955年林镕被选聘为中国科学院学部委员（后改称院士），1957年又被聘任为生物学部副主任。20世纪50年代中期到60年代初期，他曾代表学部数次参加中国科学院代表团，到苏联和波兰、捷克斯洛伐克等东欧国家访问与商谈科学合作事宜。在国内经常接待各国科学家的来访，为促进国际间的科学合作交流和科学家之间的友谊作出了贡献。

林镕曾任《中国植物志》编辑委员会副主编、主编，中国植物学会秘书长、副理事长，北京植物学会理事长。曾被选为第三届全国人民代表大会代表。

林镕是中国民主同盟盟员，1956年加入中国共产党。

研究工作的主要成就

20世纪20年代在法国留学期间，林镕主要从事真菌学的研究，是我国较早研究真菌学的科学工作者之一。曾就真菌形态、细胞、性现象的研究发表过几篇文章，他的长篇博士论文《毛霉有性生殖的生物学研究》（1930年），得到了国内外学者的高度评价。

1930年回国后，当时我国种子植物分类研究的基础薄弱，既没有编出适合自己国家用的教材，也缺乏可供鉴定菌类寄主植物参考的书籍，由于林镕具有比较广博的植物学知识基础，于是决定改行研究种子植物分类，并且很快做出了成绩，1931 年他与刘慎谔合作编著出版了《中国北部植物图志》第一册旋花科。过后不久，他就选定了难度较大的龙胆科植物和菊科植物作为自己的主要研究方向，表现出他不怕困难的胆识和坚强信心。1933 年，他编著出版了《中国北部植物图志》第二册龙胆科，此后还发表了一些龙胆科和其他高等植物分类的论文，受到国内外同行的重视和引用。

林镕最重要的成就是关于菊科分类的研究，是我国最著名的菊科分类学家之一。菊科是种子植物中属种最多的一个科，在我国已查明的就有 240 余属，约 3000 种。由我国植物分类学家集体编纂的《中国植物志》共 125 卷册的巨著中，菊科植物共 7 卷 11 册，在全书中所占的数量最多。菊科植物中有许多种药用植物、油料植物以及其他经济植物，研究菊科植物对开发利用我国的植物资源具有指导意义；了解菊科植物的种类、分布、习性和亲缘关系等，对于阐明中国植物区系的起源和发展也有重要的理论价值。经过多年研究，林镕取得了丰硕的成果。他发现了菊科的一个新属——重羽菊属（*Diplazoptilon*），描述和探讨了近千种的中国菊科植物，发表了一大批研究论文。在大量工作的基础上，他或与他的学生合作编纂出版了《中国植物志》（菊科）三卷册，即《中国植物志》第 74 卷、第 75 卷、第 76 卷第 1 册，这些专著的水平与质量，得到了有关专家的好评。此外，他还留下许多宝贵的中国菊科文献资料，为后人继续编纂其他中国植物志（菊科）和进行专题研究打下了坚实的基础。在我国菊科植物分类的开拓和发展上，林镕作出了突出的贡献。

中华人民共和国成立后，林镕除继续进行植物分类的基础研究外，对我国国防和生产实践的需要也十分关心。1950 年美国在朝鲜和我国东北悍然发动细菌战，他积极响应党和政府的号召，与其他生物学家、医学家一起，抱病参加反细菌战的工作，日夜鉴定样物，以确凿的证据揭露了侵略者的罪行。

1955 年林镕被聘任为中国科学院黄河中游水土保持综合考察队副队长，为了解决黄土高原严重的水土流失问题，连续几年率队赴山西、陕西、甘肃等省的水土流失区考察，并先后发表了《对黄河中游黄土区水土保持工作的初步意见》、《黄河中游水土保持综合考察》等文章。他和考察队其他人员一起，提出了在合理利用土地的原则下，因地制宜，自上而下沟坡兼治，生物措施与工程措施相结合的综合治理方针，以及不同类型区的水土保持措施和合理配置方案，为黄土高原地区制订水土保持规划和实行综合治理提供了科学依据和正确指导，发挥了积极的作用。

20 世纪 50 年代后期，我国开展了科技人员和广大农民相结合的野生植物利用的群众运动。林镕肯定了这次运动对弄清我国植物资源和国家建设的重要意义和作用，同时也数次强调指出，既要重视挖掘我国尚未得到充分利用的丰富植物资源，又要十分注意这些资源的保护工作，避免不合理利用而造成的恶果。对于植物资源开发利用的研究工作，他提出既要全面兼顾，又要突出重点的建议。就是对各类具有经济价值的植物，都要进行研究，不可偏废；同时又要抓住重点，着重研究药用植物、芳香植物的调查和开发利用工作。多年来的实践，证明了他所提建议的正确性和战略远见。

下苦功整理文献和标本

凡是研究机构的科技人员和大学教师，都是很重视阅览、收集和记录与自己专业有关的文献资料的。但是像林镕那样，在文献收集整理方面花费如此之大的功夫，做了如此浩繁而坚实的工作却是很少见的。

从20世纪30年代起，他几十年如一日，只要一有时间和机会，就倾注精力于有关文献资料的收集和整理工作。他汇集的旋花科、龙胆科、菊科植物的文献资料多达数十册，仅菊科植物就有32册。这些文献把散见于国内外约百种的书刊中有关我国和邻近地区菊科植物的各种记载进行集录，包括每一个种、亚种、变种甚至类型的原始记录，分种、分属检索表，地理分布和生态环境，文献来源等，并按照族、属、种加以分类整理，其中大部分还附有复制的或由他亲自绘制的各种精美插图，以及对各个分类群的初步鉴定意见。限于当时的条件，这样大量的文献记录工作，绝大部分都是由他手抄完成的，最后还亲自把它们分别装订成册。这一卷卷付出了毕生心血汇录整理成的文献，正如他的学生所给予的恰当称谓，是一部“中国菊科分类文献大全”。

可惜的是，林镕没有能来得及把自己辛勤积累起来的这些资料全部研究整理出版。但它们跟他已发表的专著和论文一样，是留给后人的一份极其难得的珍贵科学遗产。继承他未竟事业的学生说：“每当我们整理出一批文稿后，总是想到，如果没有老师这些汇编的文献资料，要想进行菊科植物的分类研究，将会遇到多么大的困难啊!”（他去世后，他的学生又出版了《中国植物志（菊科）》三册，即76卷第2册，77卷第2册，78卷第1册。为纪念他的劳绩，编著者都把他的姓名列在第一位）

林镕对标本的整理也十分重视。珍藏在植物研究所的100多柜菊科植物标本，都由他在百忙中带领学生做了认真、系统的整理。整理标本的全过程，从族、属、种的分类鉴定，写贴名签，制叠种夹属夹，直到分类入柜，都是由他亲自动手进行的，从不轻易要别人代劳。经他整理的这部分标本，排列井然有序，查看时一目了然，为人们使用提供了极大的方便。

严谨的学风和高尚的品德

林镕素以治学严谨著称，这种学风贯穿于他研究工作的全过程。在从事研究工作时，总是耐心地解剖标本，对标本仔细观察，并据以准确绘图和作出记载；在写作文章时，对文献上各家所作的记载都要进行反复的分析比较，还不时重新检阅标本查对，经过深入思考后写出文稿；在写出稿件后，又不断进行补充修改。他写好的文章，一般都是经过四五次改动后才最后定稿，有时多达七次。在发表的文章中，对于一些有待解决的问题，都认真负责地作出说明，便于他人进行进一步的研究。

林镕曾发现过不少新种和其他分类群，但在没有充分可靠的证据之前，绝不轻易发表；他积累了大量的文献资料，在没有经过深入研究考虑成熟之前，也不急于求成写出文章。他所发表的专著，都是以掌握大量的标本、材料为依据，通过系统、深入的研究后写成的，因而内容丰富，材料翔实，观点可靠，质量良好，能经得住时间与实践的考验。

林镕在植物分类学研究上有精深的造诣和丰富的经验，又掌握了大量的文献资料，但他从不把这些据为己有，只要他人有需要，总是毫无保留地提供出来，让大家共同使用。甚至有一些重要的发现，只要再做一些研究，就可以成为很有价值的论文发表。但他对此毫不计较，把这些即将到手的成果让学生去研究。抗战期间在福建时，他曾发现一个科（川薹草科）在我国分布的新纪录，就把这个发现告诉他的学生，指导这位学生去研究写成论文发表。1974 年他发现了菊科的一个新属（紊蒿属），又让自己的学生去研究后共同署名发表。他多年积累的全部文献资料，都无私地传留给学生去使用。对于学生所做的研究工作，虽然都经他给予指导，帮助审阅和修改论文，但他从来不让学生在他们的论文中署上自己的名字。而他自己所写的文章，哪怕学生只是做一点微薄的工作，却总是主动地署上他们的名字。林镕这种崇高的科学道德品质，使他的学生们深受感动。

林镕谦恭和蔼，平易近人。他跟同行之间的亲密友谊和团结合作精神也常被人们所称颂。他和张肇骞、陈封怀两位教授都是我国老一辈的菊科分类专家，他们之间从 20 世纪 30 年代起就相互认识，几十年来他们在学术上共同切磋交流，互相帮助；在工作上相互尊重，相互支持；在生活上相互关心，相互照顾，彼此成为亲密无间的良朋益友，从未有过旧社会中一些人之间存在的那种“文人相轻”、“同行是冤家”所表现出来的种种坏习气。当张肇骞教授病故之后，林镕还给张肇骞的学生在工作和学习上予以指导，帮助他完成所承担的菊科植物志的编写任务。

热心培养造就人才

林镕曾在多所大学任教和兼课，讲授过植物学、植物分类学、植物系统学等课程。为了使学生能有较多的收获，他尽量把内容讲得生动易懂，经常采用对比的方法，并结合植物标本和图解，讲解每一种植物的特征，种属之间的异同和亲缘关系。同时他很重视把课堂上的讲授和实际相结合，常带领学生到野外实习，认识大自然中多彩多姿的各种活植物。这样，学生们都能较快较好地领会和掌握他所传授的知识，因而受到他们的欢迎和赞扬。

在研究机构工作时，林镕也十分关心和热情培养年轻人才。在培养造就青年上，他有几个鲜明的特点：一是重视培养学生自由思考和独立工作的能力。他注意在一些重要问题上给学生以指导和帮助，如选定研究方向和课题、制订工作和学习计划、撰写和修改论文等。除此以外，平常的大量时间就放手让学生自己去探索和钻研，通过学习和实际工作的锻炼，养成能独立提出问题、分析问题和解决问题的能力。二是要求学生不仅在本专业有深入的造诣，而且还应掌握比较广博的有关学科的知识。他不赞成学生只局限于阅读自己所研究的某个专科的文献，而对其他有关的知识却一无所知。他认为扩大知识领域，可以开阔视野，对于从多方面深入思考自己所从事的研究有很大帮助。三是提倡理论和实际相结合。要求学生既要学习书本知识，又要学会并掌握室内工作的一整套方法，经常参加野外调查采集，广泛识别植物，逐步达到既有深厚的理论基础，又有丰富的实践经验。

几十年来，林镕培养造就了一大批植物学科研人才，他们中的不少人已经成为科研上的学术带头人和教学上的骨干力量。经他培养的一些学生，对于他言传身教给予自己的深刻影响，至今还怀着无限的感激之情。

林 镕 简 历

1903 年 3 月 27 日　出生于江苏省丹阳县。

1920 ~ 1923 年　法国南锡大学农学院毕业，获农学学士和农业技师称号。

1924 ~ 1928 年　法国克莱孟大学理学院毕业，获克莱孟大学理学硕士学位和国授理学硕士学位。

1928 ~ 1930 年　法国巴黎大学理学院毕业，获国授理学博士学位。

1930 ~ 1937 年　任北平大学农学院农业生物系教授，后任系主任，兼北平研究院植物学研究所研究员、中法大学、辅仁大学、中国大学教授。

1938 ~ 1939 年　任西北联合大学教授。

1939～1941 年　任西北农学院教授。

1942～1944 年　任福建省动植物研究所研究员、所长，厦门大学生物系教授。

1944～1946 年　任厦门大学生物系教授兼校海洋生物研究所主任。

1946～1950 年　任北平研究院植物学研究所研究员，兼北京师范大学、辅仁大学教授。

1950～1953 年　任中国科学院植物分类研究所研究员。

1953～1981 年　任中国科学院植物研究所研究员，历任副所长、代理所长、顾问。

1955 年　被选聘为中国科学院生物学部委员。1957 年任生物学部副主任。

1981 年 5 月 28 日　因病在北京逝世。

主要论著

[1] Ling Young. Etude morphologigue, cytologigue, et microchimique d'une nouvelle Mucorinée, Pilaire Moreane sp. nov. Clermont-Ferrand, 1926: 1～15

[2] Ling Young. Sur l'existance d'hybrides imparfait entre thalles de la même espèce de Mucorinées. Bulletin de la Societe Botanique de France, 1927

[3] Ling Young. Etude Biologique des Phénomènes de la sexualité chez les Mucorinées. Rev Gen Bot, 1930, 42: 147～163, 205～218, 283～296, 348～365, 491～504, 535～552, 618～639, 681～704, 722～752

[4] Ling Young. Sur la présence de Cuscuta major Choisy dans la Chine Proprement dite, Contr Lab Bot Nat Acad Peiping, 1931, 1: 15～16

[5] Ling Young. Sur les Variations foliaires de quesques genres de Convolvulacées. Contr Lab Bot Nat Acad Peiping, 1931, 1: 23～33

[6] Ling Young. Flore illustrée du Nord de la Chine, Hopei (Chili) et ses provinces voisines 1. Convolvulaceae in Liou T N, 1931

[7] 刘慎谔，林镕．大豆菟丝子在中国本部之存在．国立北平研究院院务汇报，1931，2 (2)：1～4

[8] 刘慎谔，林镕．旋花科中数属之叶形变化．国立北平研究院院务汇报，1931，2 (4)：1～6

[9] Ling Young. Flore illustrée du Nord de la Chine, Hopei (Chili) et des provinces Voisines 2, Convolvulaceaein Liou T N, 1933, (1～2): 1～63, 1～25

[10] Ling Young. Sur quelques Gentiana de la Section Aptera. Contr Inst Bot Nat Acad Peiping, 1933, 3: 375～382

[11] Ling Young. Les Composées chinoises de i'herbier de i'académie de Peiping. Contr Inst Bot Nat Acad Peiping, 1934, 2: 453～537, 1935, 3: 123～220

[12] Ling Young. Notes sur quelques Chrysanthemum de la Chine. Contr Inst, Bot Nat Acad Peiping, 1935, 3: 459～484

[13] 林镕．真菌之雌雄异体．生物学杂志，1936，1 (1)：28～50

[14] Ling Young. Un nouveau Swertia de Shensi. Contr Inst Bot Nat Acad Peiping, 1936, 4: 337～339

[15] Ling Young. Compositae sinenses novae vel minus congitae (1). Contr Inst Bot Nat Acad Peiping, 1937, 5: 1~30

[16] Ling Young. Plantae Tsoogiane I Compositae. Contr Bot Survey of Northwestern China, 1939, 1 (2)

[17] Ling Young. Notes on some Fukien species of smut fungi of the family Ustilaginaceae. Fukien Acad Inst Eool and Bot Res Bull, 1947, 1: 1~23

[18] Ling Young. The genus Quercus in central Fukien. Res Bull Fukien Acad Biol Sect, 1947, 2: 1~11

[19] Ling Young. The Chinese Species of Pertya. Contr Lab Bot Nat Acad Peiping, 1948, 6 (1): 23~35

[20] Ling Young. Compositae Sinenses Novae vel minus cognitae Ⅱ. Contr Lab Bot Nat Acad Peiping, 1949, 6 (2): 65~101

[21] Ling Young. A new species of Gentiana from Fukien. Contr Lab Bot Nat Acad Peiping, 1949, 6 (4): 217~220

[22] Ling Young. Species novae vel non satis cognitae e Flora Fukienensis. Act Phytotax Sin, 1951, 1: 199~219

[23] 林镕. 对黄河中游黄土区水土保持工作的初步意见. 水土保持, 1958, 6: 26~30

[24] 林镕等. 黄河中游水土保持综合考察. 十年来的中国科学, 北京: 科学出版社, 1959: 51~70

[25] 林镕, 陈艺林. 紫菀属(狭义)及一些邻属的系统分类. 中国植物学会三十周年论文摘要汇编, 1963: 118

[26] 林镕. 菊科的一些新属及未详悉的属. 中国植物学会三十周年论文摘要汇编, 1963: 123

[27] Ling Young. Genera nova vel minus cognita familae Compositarum Ⅰ Vladimiria Ilj, Diplazoptilon Ling, et Dolomiaea Dc. Act phytotax Sin, 1965, 10 (1): 75~90

[28] Ling Young. Notulae de nonnulis generibus Tribus Inulearum Familiae. Compositarum Florae Sinicae, Act phytotax Sin, 1965, 10 (2): 167~181

[29] Ling Young, Chen Yi-ling. Genera nova vel minus cognita Familiae Compositarum Ⅱ Cavea W. W. Smith et Small, et Nannoglottis Maxim. Act Phytotax Sin, 1965, 10 (1): 91~102

[30] Ling Young. Genera nova vel minus cognita Familiae Compositarum Ⅲ Syncalathium Lipsch, Act Phytotax Sin, 1965, 10 (3): 283~289

[31] Ling Young, et al. De genere Anaphalis DC. Familiae Compositarum e Flore Sinicae. Act phytotax Sin, 1966, 11: 90~112

[32] Ling Young, Chen Yi-ling. Notulae de genere Erigeron L. generibusque affinibus Florae Sinicae. Act phytotax Sin, 1973, 11 (4): 399~430

第四部分　访谈录及会议简报

钱三强口述：筹建科学院前后我参与的一些事情*

早在1949年春，当丁瓒同志和我等人随郭老（按：指郭沫若）一起去参加在布拉格召开的世界和平拥护者大会时，丁瓒就向我透露了中央有在新中国成立后建立统一的科学院作为全国最高科学机构的意图，并说内定由郭老负责。

钱三强

召开新政协筹备会时，我作为民主青联的代表参加了会议。在此期间，中央已决定由宣传部部长陆定一负责筹建科学院。协助他工作的是恽子强和丁瓒。因为丁瓒来自南方，对北方的情况不大熟悉，我又是北平研究院的工作人员，所以也被邀参加筹建工作。

大约在1949年9月，丁瓒和我共同写了一份《建立人民科学院草案》的文件。当时讲明由丁瓒写院部机构，我写各研究所的部分。写后经恽子强看过送给陆定一。

中国科学院成立以后，1949年11月我被任命为研究计划局副局长，局长由竺可桢副院长兼任。当时办的一件事是聘任专门委员，情况大概是这样：那时对国外的情况了解很少，苏联科学院的情况也不太清楚。中国科学院是继承中央研究院、北平研究院、静生生物调查所等机构，经调整改组成立的。中央研究院有院士会议、评议会，北平研究院有学术会议，而科学院是全国的最高科学机构，又有研究实体，总得想个办法，组织院内外的科学家，特别是请不在院内的人参加意见，大家一起商量事情。用现在的话说，就是要走群众路线，发扬民主，也带有科学方面统一战线的意思。

专门委员是包括院外、院内的，物理学方面的院外专门委员如周培源、叶企孙等都是知名的科学家，张宗燧在专业方面也很不错，院内的就是吴有训、严济慈和我们一些人，其他方面院内的如伍献文、庄长恭、吴学周等都是。庄长恭在化学界比较突出，在调整成立新机构时就把他安排担任规模较大的有机化学所的

---

* 受院史研究室樊洪业同志委托，作者约钱老（钱三强教授）作了访谈，并根据访谈记录整理成本文，请钱老审阅同意定稿。刊登在《院史资料与研究》1991年第4期（试刊）第1～3页。《中国科学院院刊》7卷1期，1992年，第88页予以转载。

所长，吴学周担任物理化学所所长。郭老在报告专门委员数字时只统计院外委员的数字，当时这样做可能有着重强调吸收和团结院外科学家参与科学院工作的意思。估计这也是中央宣传部授意的，当时科学院行政上隶属政务院文教委员会，实际上是中央宣传部的陆定一同志和胡乔木同志在管，重要的事都是由中宣部向中央汇报同意后就定了。

搞院士当时认为不成熟，特别是社会科学方面。例如，陈寅恪是著名的历史学家，但对马列主义有多少了解就难说了。在当时我们的陶孟和副院长情况也有点类似。但他们担任专门委员是没有什么问题的。至于开始时是要成立专门委员会，后来只聘专门委员，没有成立委员会，这个情况就记不清了。另外一件重要的事是调整和改组研究机构。把数理、社会科学集中在北京，生物、化学等在上海，天文、地学在南京，技术科学在东北，为了加强东北的基础科学研究部分，把在上海的物理化学研究所迁到长春。现在看来是个“大胆”的行动，有点过“左”。要是现在可能就不敢这么做了。

当时我们跟竺副院长相处得很好，我们想了什么意见和办法，向他汇报，一般他都是同意的。

1990 年 12 月 17 日，院史资料征集委员会主任钱三强院士在成立大会上讲话

“百家争鸣”座谈会情况报道*

报　道　一

（中国科学院简报　1975年9月14日　第37期）

8月25日下午，华国锋副总理约请中国科学院的一些科学工作者，座谈在科学研究方面怎样贯彻执行毛泽东主席的“百花齐放、百家争鸣”的方针，怎样把科研搞得更好些、更快些。本刊将陆续登载部分同志的发言摘要。高能物理研究所张文裕同志的发言摘要如下。

要重视探索性工作

现在的自然科学领域可分两类：一类是成熟或比较成熟的科学领域，另一类是探索性强的所谓“前沿”的学科，还不成熟，有许多规律、原则不知道或知道得很少。

成熟的领域跟国计民生、国防有直接关系，如固体物理、半导体、低温等，由此产生各种各样的技术、材料、元件和工艺。我国对这一类学科比较重视，这是应该的。但过去研究这一类问题太着重工艺方面，对理论工作、周期长的工作注意不够，支持不够。至于对不成熟的前沿学科，过去重视得更不够。

探索性工作研究周期长，但作用大

物理学研究物质结构，很早以前是宏观的，到18世纪初期、中期才成为定量的科学。现在已进入研究微观的第三阶层。第一阶层是原子，第二阶层是原子核，第三阶层是高能物理、基本粒子。

对原子这一阶层的研究已基本成熟，规律性了解已较多。它的用处是多方面的，塑料、的确良、半导体等，都是原子研究的成果。这方面工作大部分是西方人做的，中国人参加的很少。原子从研究到应用，大约花了八九十年的功夫。

19世纪后期至20世纪初期，进入了研究原子核这一阶层。在开始时，认为

---

* 本文原刊登于《院史资料与研究》2007年第5期第36～54页。院里派作者参加这个座谈会作记录并编写简报。

原子核研究用处不大，甚至著名英国物理学家卢瑟福也说，谁说它跟国计民生有关我不相信。五六十年后才发现原子核的用处非常广，原子弹、原子发电就是从此产生的。

现在进入研究第三阶层，还很不成熟，有什么实际用处要几十年才能看出来。

研究高能物理的意义

发展高能物理，中央很重视。它有什么用处呢？

从哲学角度看，可以宣传、捍卫毛泽东主席一分为二的思想。毛泽东主席曾提出基本粒子可分，现已得到证明。

从发展科学和国计民生、国防的角度看，研究基本粒子的结构、组成、相互作用、作用力等，对它的规律、原则有了一定认识，可能比前两个阶层对国计民生和国防的影响更广。有人说中国人对周期长的研究没有兴趣。杨振宁在马来西亚访问时公开说：中国在医药、体育方面也许可以很快赶上世界水平，至于自然科学，不相信二十年可以赶上美国（大意）。他总觉得我们没有耐心，舍不得花钱。不光是他，美国和欧洲的一些科学工作者都有这种看法。当然我们不听他们这一套，还是要看需要。

从带动其他科学技术来看，发展它，对新工艺、新材料、新元件等都会起促进作用。如真空技术，一般达到$10^{-8}\sim10^{-7}$毫米汞柱的真空度就够了，但研究高能则要求达到$10^{-12}\sim10^{-13}$毫米汞柱的真空度。听说运用这种技术可推动超导的工作。

还可以培养一批能独立作战的科学人才，一旦应用科学方面需要，这些人就可以发挥作用。

在国际斗争方面也有意义。通过建立高能物理的研究工作，国家的科技、工业水平可以基本显示出来。现在是美帝、苏联两家操纵。美国搞了近三十年，共投资三十亿美元左右，苏联规模小一点。第二世界有"欧洲核子研究中心"，十二个国家合办，财力比美国差，共投资约二十亿美元。日本正在造一百二十亿电子伏①的高能加速器，比我们计划要搞的小。第三世界一个也没有，我们造了，对他们可起很大鼓舞作用。

成熟的领域如果搞得不好，前沿的领域也搞不好，前沿领域初期阶段的工作条件要靠成熟领域的科学技术。成熟的领域已经走了一步，还要继续搞；前沿的领域过去被忽略，现在要赶上去。要按轻重缓急对这两类工作做好安排。

---

① 1电子伏$=1.602\times10^{-19}$焦。

报　道　二

（中国科学院简报　1975 年 9 月 16 日　第 39 期）

半导体研究所王守武同志的发言摘要如下：

我国半导体工作发展较快，目前问题是成品率低，可靠性差

我国半导体科学原来是空白。一九五八年开始研制半导体时只有几十个人，现在全国半导体工厂和科研单位的职工达 13 万，发展速度是相当快的。目前的问题是半导体器材和集成电路的成品率低，可靠性差，跟国际水平比，差距较大。

一九七三年，日本一个工厂，两千人，一个月生产大规模集成电路七百万片，而我国计划一九七六年年产才一百五十万片。日本的成品率是十分之六，我们连千分之一、万分之一也说不上，只是偶然碰上一个合格的成品。北京大学的水平在全国算是高的，一九七五年开始搞 1024 片子①时投了几公斤材料，只出来几个合格的片子（本来一公斤料可切一万片）。

主要原因是基础工作薄弱

为什么成品率低？主要是对半导体中存在的问题搞不清楚。北京市拿日本进口和国内自制的硅材料作比较，从质量上看好像没什么区别，但做成集成电路时，日本材料的成品率却高得多。现在还没有一个单位认真分析两种材料的差别，这说明我们的基础工作很薄弱，这样要提高成品率就很难。

为什么基础工作没有人搞？

第一，是如何理解理论联系实际的问题。一九七二年，领导上认为半导体研究所应侧重搞基础研究，但下面顶住了，说应用科学主要是拿出实际的东西，否则就是理论不联系实际。一部分人对搞理论也有顾虑。因为一是这种工作只能出

① 1024 片子是指半导体存储器的每片集成密度可达 1024 位的二进制位数。

科学数据、写文章，怕人家说没有用；二是探索性强，需要的时间长，怕完不成计划，怕可能失败；三是怕运动一来受批判。因此，探索性工作很难安排。

第二，跟领导同志怎样抓工作有很大关系。有些领导重视容易出成果的工作，对一时做不出成果的工作，没有人抓。还有一个如何评价研究工作成果的问题。拿出实际的东西，可以开现场会，拿去展览。出数据、写文章，则不易得到重视。加以目前科学刊物少，学术交流不够，有些同志担心写了文章，起不了作用。半导体研究所原有一个理论组，自己决定解散了。一个原因是舆论压力，说这些人吃饭不干事；其次是因为没有人过问，自己也怀疑自己的工作的作用。

第三，是条件困难。要找出日本和我国硅的差别，需要用高分辨率电子显微镜等精密仪器设备。我们没有这些设备，有些工业部门单位的设备都比我们的好。有些人感到条件不足，干脆不做。

全国科技工作的组织管理需要加强

现在不论是所的科研计划，还是院和全国的计划，都是加法。由于缺乏认真的计划管理和组织协调，热门的工作重复很多，基础工作没有人搞。

大家都想赶热门，国外出一个新东西，就一拥而上。凡搞半导体的，都搞大规模集成电路；凡搞集成电路的，只要有条件又都想搞1024片子。一旦认为没有希望了，又都纷纷下马。一九七〇年前后玻璃半导体热了一阵，国内几个大单位都搞，但总不稳定，一看不行，就都下马。半导体激光也是如此，热一阵，冷一阵。

同时，每个单位的战线都拉得很长。从材料、制片、安装、做管壳一直到把管子封好，都得搞。由于没有专业分工，水平都比较低。为了搞好全国科研的组织工作，需要有一个强有力的管理机构。

报　道　三

（中国科学院简报　1975年9月16日　第40期）

华副总理召开的"百家争鸣"座谈会，委托我院继续组织进行。现将物理研究所中年科学工作者管惟炎同志（党员）在9月1日座谈会上的发言，摘要报道如下：

要加强对计划工作的领导

现在科学工作计划性差，完全靠下面提建议，上面只是搞加法。对科学院的领导，过去有人批评说，下面是无政府主义，上面是无主义政府。计委对发展国民经济有什么要求，科学院领导不很清楚，科学院应该怎么发展，领导也不清楚。计划工作的领导显得很薄弱。

研究所党委部分成员是老干部，部分是运动中涌现的青年同志，大部分人对业务不熟悉，也不够关心。有一两个同志熟悉业务，提意见也很难全面。计划工作实际由业务处抓，业务处同志对科学研究大都缺少第一手经验，对业务不很熟悉，只能搞加法。

院党的核心小组和所党委的情况有些类似。把数理化、天文、力学和技术科学方面的业务委托给中国科学院二局（分工管理数学、物理、化学、技术科学等院属的许多研究单位）管，二局的组成和物理所业务处有些类似，管的面更宽，实际上他们只搞些归纳、整理、报表之类的工作。全国性的学术会议也管不过来，有些会只好砍掉。由于业务领导薄弱，有些科研工作重复很多，没有各自的特色，水平又都差不多。例如研究固体激光工作物质钇铝石榴石晶体①的，全国有二十七家，约四、五百人，在国际上这支队伍算最大的，但工作分散、重复，研制出来的钇铝石榴石晶体，有的达到了国际水平，但质量不稳定，这次生长的晶体好，下次就不一定好，找不出原因。搞不上去的，又陆续下马。研制半导体大规模集成电路也一样，搞的单位很多，但谁也管不了谁，没有有发言权的领导机构。从国家到研究所，科研管理系统显得过分简单。需要有得力的计划管理机构，当然不能很庞大。

科学院应该着重搞什么，谁也不清楚。有各种各样的说法，过去提出过“三性”（搞关键性、综合性、探索性的研究），后来又提出“三急”（急国家之所急、急生产之所急、急工农兵之所急），还有陈伯达提出的“三面向”（所谓“面向工厂、面向农村、面向中小学”）的干扰。在科学院搞最抽象的理论研究到最实际的应用课题，都可从这些说法上找到根据。实际上，毛主席、党中央对科学院的工作有指示，应该作为准则，但没有把握住。

---

① 固体激光工作物质是用强光照射以后能在一定的固体器件中发出激光的物质。钇铝石榴石晶体是能产生激光的一种固体物质。

对加强业务领导的两点建议

1. 领导班子要向又红又专的方向努力。所一级、院一级的领导，有不少是党政干部，掌握党的路线、方针、政策，这是很必要的。同时，要提倡他们朝又红又专的方向努力。基层的研究室，有条件的可以选政治和业务较好的科技人员参加党支部的领导。学校教研室的党支部书记不少是教员兼任，我们的研究室除个别的以外，都是由党政干部担任，其实有些也可以由科技人员兼任。

2. 建立各级学术咨询机构。组织机构搞得过分庞大不合适，可以建立不脱产的学术咨询机构。物理研究所"文化大革命"前有学术委员会，没有党政领导干部参加，老的多，中、青的少或没有，有缺陷。设置学术咨询机构，可以避免夺权问题，大主意由党委拿。这比院只依靠业务局，所只依靠一个业务处要好些。党委要讨论一些专题的研究工作，如受控热核反应、高能物理等，还可以找有关专业的科技人员去咨询，提供情况和建议。

报　道　四

（中国科学院简报　1975 年 9 月 16 日　第 41 期）

高能物理研究所中年理论物理工作者何祚庥同志（党员）在九月一日座谈会上发言摘要。

自然科学是生产力，不是上层建筑

马克思曾经论述过，科学是属于社会生产力（《马克思恩格斯全集》26 卷，422 页）。按照马克思主义观点，自然科学不是上层建筑，但它要靠人去搞，就可能渗进去一些人的阶级意识。在这个问题上，有些人还有误解。他们认为自然科学是上层建筑，或者把上层建筑的因素所占比例看得很大。对于这一点如果估计得不恰当，就会对自然科学采取不恰当的"改造"的方针。这就要牵涉许多实际工作。

我看过一本待发表的小册子，其中就明确说自然科学是上层建筑。现在刊物上登载的一些文章有的提法也有问题，如说："达尔文进化论是一种资产阶级的自然科学理论”，自然科学“总要渗进人的阶级意识去”等。我理解，自然科学工作为谁服务，以及我国发展科学的路线、方针、政策等问题确有阶级性。但自然科学本身则属于生产力。自然科学包括科学事实、理论概括、哲学解释三个方面的内容。科学事实占的比例是很大的，它不属于上层建筑的范畴；理论概括要受到世界观的影响，但如果它是符合客观实际，反应客观世界的固有规律，它就是唯物主义的；哲学解释当然是属于世界观和上层建筑范畴的，但在整个自然科学范围内它占的比例很小。这就是说，自然科学本身是属于生产力的，其中即使渗进一些上层建筑的因素，但所占的比例是很小的。

我说哲学解释在自然科学中所占的比例很小，是要说明自然科学本身不是上层建筑，或主要不是上层建筑，这绝不能理解为哲学解释对自然科学的影响很小，哲学指导的意义很小。列宁说：“**任何自然科学，任何唯物主义，如果没有充分可靠的哲学论据，是无法对资产阶级思想的侵袭和资产阶级世界观的复辟坚持斗争的。**”应当看到，在自然科学领域中，资产阶级唯心主义和形而上学的影响还很深。要提倡以辩证唯物主义为指导，不断批判自然科学中唯心主义和形而上学的思潮和影响。同时，在批判中又要注意不要把自然科学中的科学事实和符合客观实际的科学理论否定掉。

对资产阶级法权要限制，但要采取恰如其分的限制政策

最近一个时期，大家都在学习无产阶级专政理论。大家认识到，对资产阶级法权要采取限制的方针。在科学工作中也有很多资产阶级法权，也要进行限制。拿脑力劳动和体力劳动的差别来说，应当逐步缩小，不应扩大和发展，如在生活待遇方面，就不能采取高工资的政策；在知识分子思想改造方面，要坚持走“五·七”道路，科技人员参加一定的集体生产劳动等。

限制资产阶级法权要恰如其分。例如，上面说过，知识分子要参加一定的集体生产劳动，这是完全必要的。但有的工厂把许多技术人员长期放在车间顶班劳动，没有很好发挥他们在技术工作上的作用，这种做法是否合适就值得考虑。资产阶级法权要限制，但要研究哪些是主要要限制的，哪些是次要要限制的；哪些是当前要限制得较严的，哪些是当前要限制得较宽的。如果不分主次轻重，一律限制太大太死，就会影响自然科学的发展。

需要解决科学工作中选拔人才的问题

科学研究工作中，在选拔人才问题上需要更多的支持。在体育方面可以选

人，文艺方面（如音乐、芭蕾舞）也可以选，但科学上选人的问题始终没有得到解决。当然选拔人才的标准、条件和方法应该很好研究，但科学工作如不能挑选合适的人，工作也不容易做出成绩。

报 道 五

（中国科学院简报　1975 年 9 月 16 日　第 42 期）

在中国科学院召开的百家争鸣座谈会上，一些同志谈了影响百家争鸣开展的一些问题。

对不同学术观点的态度问题

地质研究所张文佑同志说：现在有一股不正之风，想用行政力量推行李四光同志的地质力学观点，压制不同的学术观点。

李四光同志是有重大贡献的地质学家，他在世时是提倡百家争鸣的。过去地质力学的观点长期受压，但近来有人又提出“一手拿红宝书，一手拿地质力学概论”、“干地质要靠地质力学”的口号，强制推行地质力学观点。有些省不是用地质力学找到的矿，一定要人家说是用地质力学观点指导找出来的。有些单位的同志观点不同，一定要人家用地质力学观点搞总结。

李四光同志对地质力学的研究是有发展观点的，但现在有人把它固定化了。除了地质力学观点，地质学界有人赞成板块学说，有人赞成地槽、地台观点，要通过百家争鸣，取长补短，做到有所创造，有所发展，不能认为地质力学以外的观点都是唯心的。

生物物理研究所邹承鲁同志说：一九七四年，《生物化学与生物物理进展》杂志编辑部约我写文章介绍国外分子生物学的动态，说要很快刊登，但稿子送去后几个月没有消息。经了解，编辑部没有讨论过文章是否发表，而是所业务部门某负责人不同意。理由有三条：（一）介绍的情况完全是外国的；（二）该杂志是中级刊物，我的文章太高深，一般人看不懂；（三）他了解我对分子生物学的看法，相信我也了解他对分子生物学的看法。他的前两条理由不能成立。因为介绍国外情况是编辑部的要求，而且该刊已经登载的动态性文章，有百分之九十五是介绍国外情况的。其次，这个刊物的许多文章，比我写的还高深。所以，只是因为他跟我对发展分子生物学的看法不同，就把我的稿子压下了。

路线问题和学术问题的界限不清

大气物理研究所周秀骥同志说，哪些是路线问题，哪些是学术问题，现在闹不清楚。近几年所里承担了大气污染的研究任务，有些同志提出要建铁塔。开展这项研究要不要建铁塔，怎么建法，在哪儿建？从所领导到群众都有不同看法。一有争论，有的领导就说，要搞环境污染是中央讲的，建铁塔是计委下达的，不搞就是反对国家任务，是路线斗争。这样一来，有些人就不敢说话了。又如我所在香河建立一个大气物理综合观测站，要不要建这个站，它的研究方向任务是什么？没有开展过不同意见的讨论。现在这个站快交工了，方向任务还定不下来。有人说建站是“批林批孔”的成果，是新生事物。因为怕被说成是反对新生事物，有些人有意见也不敢提。

报　道　六

（中国科学院简报　1975 年 9 月 25 日　第 45 期）

现将“百家争鸣”座谈会上部分发言综合续报如下。

在科学研究中要正确贯彻理论联系实际的原则

大气物理研究所周秀骥同志说，我在科学院工作二十多年了。二十多年来，我觉得院领导在理论联系实际问题上一直没有掌握好。有时强调理论研究，丢了解决当前生产问题的工作；有时强调联系实际，又丢了理论工作。近些年来对理论研究有所忽视。

提高天气预报准确率是我所的重要研究课题。现在二十四小时的短期预报规律掌握得比较准；3 天以上的中期预报和半年至一年的长期预报，主要是凭经验，有时报得准，有时报得不准。大气物理研究所跟广大气象台站一样，只研究预报方法。气象部门希望大气物理研究所研究规律性的东西。大气物理所大气环流规律的研究比较有基础，它与提高预报准确率很有关系，但有人认为是脱离实际的，得不到应有的支持。

人工降雨和消雹工作，大气物理所从一九五八年搞到现在已经十七年了，在科学上没有什么突破。群众打土炮，我们也打土炮；群众放土火箭、小火箭，我们也放土火箭、小火箭。社员们说：“你们不要跟着我们一样地干。为什么有时打炮、放火箭灵，有时又不灵呢？你们要把这个道理给我们讲讲清楚。”由于没有认真研究总结群众经验，不重视研究雹子的生成规律，我们虽然花了不少人力、物力和财力，道理还是讲不清楚，辜负了社员们的希望。

生物物理研究所邹承鲁同志说：周总理一九七一年、一九七二年曾多次指示科学院要重视理论工作，科学院没有很好贯彻执行，近来抓得更差些，原因不在下面，而在院里。在基础理论研究方面，有的研究所只搞中央首长点过头的项目，没有点过头的一般都砍掉了。如果理论研究一项项都要中央点头的话，那要花中央多少精力。科学院领导应该正确执行中央的路线、方针和政策，在具体工作上作出决定。

现在生物学方面相当多的工作是引入、移植外国的，独创性的工作虽然有一些，但很少。如果不抓基础理论工作，将来重大的实际问题解决不了，而且在相当长时期内只能跟着人家走。例如，肿瘤研究是国际上最吸引人的问题之一，如果不用现代科学方法研究它的本质，就很难得到解决。

要重视把理论研究成果应用到生产上去

北京力学研究所吴仲华同志说，一九四九到一九六三年，我发表了不少关于燃气轮机三维（空间）流动理论的论文，引起英国、美国、日本、比利时等国的重视。喷气式飞机的发展和三维流动理论有直接关系。一九六四年我国要买英国的喷气式飞机，派代表团去考察，英国人告诉代表团说，他们用的燃气轮机内部流动理论是吴仲华的。我的工作在外国得到应用，在我国反而没有被重视，直到最近才开始应用。

燃气轮机的优点是体积小、重量轻、效率高、功率大、不用水冷却。英国、美国不仅用在航空上，英国的舰艇、美国的驱逐舰以下的舰都只采用燃气轮机作动力，瑞士等国则用在工业上，应用范围很广。我国应考虑首先用于航空，其次是军舰，第三是民用工业。国防和工业部门重点是搞型号，他们希望科学院搞基础性的工作，搞新技术、新方法的探索，我们应该考虑他们的要求。

报 道 七

（中国科学院简报 1975年10月18日 第48期）

九月二十日和二十七日，召开了两次由青年和中年科学工作者参加的座谈会。在二十日的会上，地球物理研究所青年科学工作者刘克人同志对如何开展“百家争鸣”谈了两点看法。

学术刊物应该有意识组织不同意见的争论

办刊物的同志对有争论的学术问题，应该有意识地组织讨论。不要怕刊登在学术上可能引起争论的文章。要允许批评，也要允许反批评。

现在有些科技刊物刊登的文章，“井水不犯河水”，如《地球物理学报》就是这样。一些编辑同志可能尽量回避有争议的学术问题，这是不妥当的。地球物理所有个别同志一九七四年六月写了一篇“板块构造、地极游移和地球的运动形态”的论文，投稿于《中国科学》。编辑部请地球物理所审稿，一部分同志对这篇文章有不同意见，没有刊登。但作者认为审稿人提的意见不对，对不登他的文章表示不满。目前地球物理所对这篇文章有两种看法：一种认为根本概念有错误，不属于学术争鸣问题，不宜发表；另一种认为没有什么大问题，可以发表。所领导决定最近开一次座谈会，来讨论和评价这篇文章。

对于这种情况，我个人认为刊物上可以同时发表两种文章，一是本人的论文，一是不同意见的（批驳这篇论文的），通过学术讨论来分清是非。《中国科学》是什么性质的杂志，登不登有争论的科学论文，我不清楚。不过我认为一个刊物上登载的文章，难保每篇都是完美无缺的，即使登了学术上有部分错误的文章，也不要紧，可以通过学术讨论来纠正，这样弄不会降低这个刊物的声誉。为了贯彻“百家争鸣”的方针，对有争议的学术论文，《中国科学》不妨开辟专栏来组织讨论，其他学术刊物也应该这样做。

要“争鸣”，不要互相攻击

我国的地震工作，在党中央的领导下，在周总理的直接关怀下，有了很大发展，取得了很大成绩。今年辽宁省南部地震的预报成功，就是充分的证明。但目前采用的地震预报手段，还没有完全过关。在这种情况下，采用什么手段预报更好，首先要通过实践来判断，同时，可以开展学术上不同意见的争论。过分强调某种手段的作用，排斥、否认其他手段的作用，都是不正确的。

现在有的主张采用“以震报震”的手段（以小地震的活动情况来预报大地震），有的主张用地应力变化的测量来预报地震等，这都应该允许。但有些人不是开展正常的学术讨论，而是互相贬低对方的工作，说些不利于团结的话，甚至因此导致某些领导之间和群众之间的对立，这不符合“百家争鸣”的方针，应该改正。

呼唤科技决策的科学化、民主化*

——宋振能先生访谈录

访问时间：1986 年 8 月 15 日

地　　点：三里河中国科学院院部

访 问 人：周永平　蒋世和

中华人民共和国成立以后，我国党和政府曾极力支持遗传学中所谓的“李森科学派”，摩尔根学派则屡受压制和批判。1956 年 8 月召开的青岛遗传学座谈会，是“双百方针”提出后在我国科技领域举行的第一个学术会议，这个会议对于扭转此前“支一派、压一派”的错误做法，使两个学派得以自由平等地进行教学、科研和开展学术争论，起了历史性的重要作用。正如中共中央宣传部当时所要求的那样，会议为贯彻“双百方针”提供了一个好的榜样，同时也显示出“双百”方针的正确性和威力。可是好景不长，不久后在我国陆续开展的“反右”、“大跃进”运动和“文化大革命”，摩尔根学派受批判、压制的情况又不同程度地反复出现。以上情况表明，“双百方针”能否顺畅贯彻执行，并不仅仅是科学界内部的事，更主要的是要有一个良好的外部环境和条件。换句话说，百家争鸣要求的不只是科学界内部的民主化，它尤其要求政治上的科学化、民主化。

现在，原来两个学派争论的一些关键问题的是非已基本清楚，一个学派压制另一个学派的情况也已基本上不复存在，不少原来信奉“李森科学派”观点的学者，从他们发表的文章、言论和实际从事的研究工作来看，都已转而采纳摩尔根学派的学术观点。在这种情况下，联系近一些年来生物科学、农业科学、医药科学等领域发生的问题，我们来回顾“双百方针”和青岛遗传学座谈会的经验教训，就更需要着重于考虑出现问题的社会条件。对此，有两方面的问题值得重视。

第一方面，尽管“支一派、压一派”的情况已不复存在，但过去那种采用

---

* 在 1986 年访谈作者几年之后，任元彪同志把访谈记录拿来给作者看，经征得任元彪的同意，作者把访谈记录作了改写。这篇改写稿后来刊登在任元彪等编的《遗传学与百家争鸣》第 70～72 页。这本 1956 年青岛遗传学座谈会追踪研究的集录由北京大学出版社于 1996 年 5 月出版。这次刊印的改写稿，标题是新加的。

政治、行政力量干预学术问题的遗风仍时有表现。例如，在生物科学、农业科学、医药科学领域中，对某项科技成果是否可靠还有很大的争论，但只是由于一些并不是同行却具有权势的人的支持，就轻率地对这项成果给予肯定和宣扬，并大力推行，还给持不同意见的学者扣上“保守”、“压制新生力量”等种种帽子。再如，有些研究工作和成果并没有经过科学界同行的充分讨论和评价，但为了推行某种政策的需要或由于某位行政领导人的干预，就随意给这些工作和成果加上具有重大创新、超过国际先进水平等美名，随即把从事研究的科技工作者树为典型，并加上种种桂冠。这些反科学、反民主的做法，在科技界引起很大的愤慨，产生了很坏的影响。

第二方面，关于科技工作方针、政策的制定和推行问题。按照“双百方针”的要求，学术问题的争论和科技成果的评价与鉴定，应该由科技界本身去进行。科技工作的方针、政策问题与学术问题的性质不同，它跟执行党和政府的目标、任务密切相关，是关系全局性、导向性的大事，当然要由党和政府去决定。但即使如此，要使方针、政策制定得正确、符合实际和符合科学规律，并得以顺利地贯彻执行，仍然要充分发扬民主，广泛听取有关科学家的各种意见，包括反面的意见，并经过周密的调查研究后慎重作出决定。可是有时实际情况却并非如此。某些科技方针、政策的提出和确定，往往只是为了迎合某位高层人物的主观意志，所谓发扬民主，实际上只是走走过场，徒具形式，对于提出的不同意见并没有给予认真的注意和重视。再有，某些方针、政策形成以后，在贯彻执行过程中也常发生忽“左”、忽“右”的摇摆倾向，使科技工作者感到困惑和无所适从。比如，新中国成立初期我国针对旧社会科学研究与国家建设脱节的情况，提出在科研工作中实行理论联系实际的方针，这个方针无疑是正确的。但在此后推行这个方针的过程中，就发生了几次大的反复。时而强调科研工作要着重解决当前建设的急迫问题，出现了轻视和削弱基础研究的偏向；时而又片面强调要大力加强基础研究，发生了应用和开发研究纷纷下马的另一偏向。这种深刻的历史教训，需要认真记取。

我国是一个长期经受封建统治的国家。为了振兴祖国，“五四”时期的先进人物就曾大声疾呼，提倡发展科学和民主。时隔60余年，今天我国各方面的条件和情况与“五四”时期相比，已经有了很大的不同，但传统的习惯势力是一种可怕的势力，就科技领域的上述情况来看，我们还不得不无遗憾地呼吁：要尽早地实现科技决策的科学化、民主化。

为制定“三十六条”做调研*

——宋振能先生访谈录

访谈时间：2007 年 11 月 8 日上午

访谈地点：宋振能先生家，北京

访问整理：张藜、楼彩云（中国科学院自然科学史研究所院史研究室）

整理者按：《中国科学院工作条例（草案）》于 1964 年颁布，这是一个着重于院部如何进行科技组织管理的条例，通称“三十六条”。总结建院 14 年的经验，为了避免科研工作在基础与应用、理论与实际之间的摇摆，规定了宏观调控院内各类研究任务的比例关系是：基础研究 15% ~20%，应用基础研究 35% ~45%，应用研究 30% ~40%，推广研究 5% ~10%。另外，“三十六条”还包括研究工作的管理、实验室建设及管理、科研队伍的管理等。

问：在“三十六条”制定以前，早期的调研工作是怎样进行的？有哪些人参加了调研？

答：大约是在 1963 年的夏天或秋初，天气还比较热，杜润生秘书长（以下简称杜老）、计划局局长汪志华带着几个人一起，到中关村福利楼开会。当时通知我去开会，为什么让我去参加我不知道。与会的人不多，包括我在内也只有七八个人吧。参加的大都是计划局、调研室的人，都是汪志华的部下。调研室原来是计划局下面的一个处，后来院里独立成立政策研究室（后简称政研室），政研室主任还是由汪志华兼，但这次开会时政研室是否已从计划局独立出去我记不清了。除杜老、汪志华外，参加会的其他人，如计划局、调研室的处级干部徐简、朱琴珊、黎功德等是否与会已不记得了，不过吴明瑜好像没有参加。学部的人除我以外，其他几个学部好像都没有人参加。

杜老主持会议，大意说院里和国家科委一起搞的“十四条”，已经把全国科技方面大的方针政策解决了，接下来 1961 年搞的“七十二条”（《中国科学院自然科学研究所暂行条例》），又把研究所应该怎么搞的问题解决了，现在呢，就是我们院里到底应该怎么搞？对科研工作怎么组织管理等，心里还是不大有数。

---

* 本文原载《院史资料与研究》2009 年第 3 期第 1 ~14 页。

"理论联系实际"的问题，"应用研究和基础研究的关系"问题一直都吵得很厉害。有时听人说中国科学院联系国家建设实际的科研工作太少了；有时又听到反映中国科学院的领导对基础研究不够重视，基础研究被削弱了。就是科学家内部，意见也不一致。例如，数学方面，华罗庚（学部委员、数学研究所所长）认为数学研究所要着重搞基础研究，关肇直（数学研究所研究员、副所长）却强调要多搞些应用研究。究竟怎么办，要摸一摸情况，然后考虑怎么处理。

会上最后大家认为还是应该从调查研究着手，从北京中关村找少数研究单位蹲点了解情况。经过讨论，生物学部选动物研究所作为一个点，指定我去搞调研。其他学部好像也选了一两个研究所作为调查的点，决定由汪志华组织一些人去调查。是否把化学研究所作为一个点我记不清了。杜老还交代这项工作主要由汪志华抓。

当时各个学部只有我一个人参加这个会。我曾在会上提出：我只是生物学部的一个具体工作人员，不仅对全院的情况很不了解，就是生物学部我也只是分工具体联系植物、土壤、生物物理等一些研究所，了解的也是局部的情况，要搞比较全面的调查，我参加不合适；而且学部的人很少，学部的日常工作我也脱不开。可是杜老不肯放，他说你学部的工作仍然可以搞，但这个调查你还是要参加的。

在我的印象里，这个会上当时并没有提出要搞出条例之类的东西。

让我参加调查动物研究所，但这个点只有我一个人，我感到势单力薄，就去找动物研究所的潘承湘帮忙一起搞，当时她是所业务处的处长或科长，反正业务处是她在负责，她对动物研究所的情况很熟悉。开始她不肯干，我找了她两三次，最后她勉强同意了。找些什么人谈，我们稍微分了一下工。动物研究所是由原来的昆虫研究所和动物研究所合并的，摊子比较大。不过没有给她太多任务。我的印象几位所长、副所长陈世骧、朱弘复、蔡邦华等可能都是她去谈的。我访谈的人也不是太多，记得有昆虫生态室的室主任马世骏研究员，药剂毒理室的主任龚坤元研究员；动物方面有内分泌室的主任张致一研究员、脊椎动物分类室的主任郑作新研究员，马世骏、张致一、郑作新三人在1980年都当选为学部委员。除室主任外，我记得还找过一些比较有见解的中青年科技人员访谈，如昆虫生态室的陈永林、动物生态室的朱靖、兽类分类的罗泽珣等，他们当时好像都是助理研究员。除动物所的人外，我记得还访谈过生物物理研究所的施履吉研究员，他的实验室当时也在生物楼的动物研究所里，他经常喜欢发表意见，也有自己的见解。

汪志华同志带着一班人在中关村调查一段后，好像还到北郊的遗传研究所蹲点，住在那里搞调查。

调查阶段前前后后大概搞了有两三个月，这期间记得我们很少开会，顶多开了一两次会，在会上谈谈调查的有关情况，有时我也把了解到的情况向汪志华作口头汇报，好像没有写过什么书面材料。

调查一段时间后，似乎也是杜老提出的，说既然有了“十四条”、“七十二条”，中国科学院的组织管理也应该有个条例，使院、所领导及有关职能部门对科研工作怎么组织管理有所遵循。起草条例开始好像是由汪志华在抓。他还要我参加起草。我要推托却推不掉。他说可以少分给我一些，我记得我只写了很少几条，大约两三条，主要的部分当时听说是由吴明瑜和朱琴珊在起草和汇总。我究竟写了几条、什么内容，我都不记得了，后来我写的东西经过汇总已经看不出原来的样子了。

最后怎么具体形成的“三十六条”，当时作为文件下发的正式名称是《中国科学院工作条例（草案)》，我就不知道了。大概这个条例跟当时院里形成的其他重要文件一样，一般要经过好几次修改，最后定稿我估计还是由杜老总审而定的。杜老是大笔杆子，张劲夫就是这么夸他的。他的脑子聪敏灵活，能迅速地抓住问题的决定性环节，他的文字、思想水平确实很高。

问：在调研的过程中，反映出了哪些问题?

答：在动物研究所的调研中，反映比较集中的还是理论联系实际的问题。动物研究所的科学家多数认为，生物学是基础性的学科，它跟农学、林学、医学等应用学科是不同的。生物学方面的研究所可以搞一部分与国民经济直接相关的课题，如合成杀虫剂防治虫害，研究鼠害、兽害的防治，利用激素促进家鱼产卵，促进家畜、经济兽类泌乳等。但更多的应该是属于基础研究，如昆虫和动物的分类、生理、生态等方面的不少研究，只能为生产应用提供科学依据或基础，对经济建设的作用比较间接，需要的时间也比较长。

保持研究课题的稳定性是调查中反映出来的另一个较普遍的问题。有一些人反映，科研工作需要一定时间的探索，才能看出结果，但有时研究课题开展不久，由于领导上经常摇摆不定，一会儿强调要多搞联系经济、国防建设的任务，过不多久又提出要加强基础研究，弄得课题经常变换，使科技人员无所适从，没有持续、稳定的研究时间，自然也就很难取得较好的科研成果。

此外也有少数人对研究所党的领导人工作上的瞎指挥、乱批评提出意见。例如，施履吉对生物物理研究所的党领导人就提了这样的意见。

问：“三十六条”中为什么要将研究工作划分为四类——基础研究、应用基础研究、应用研究与推广研究？而这四类研究工作的比例又是如何确定的?

答：由于调查中反映最突出的是理论联系实际的问题，有些人就提出到底我们的科研工作怎么安排才算是理论联系实际了。可能就是这样，促使杜老提出针对中国科学院研究所的实际情况，最好对各类研究工作有个大体的比例，以便各所有所遵循。

大概在我们调查工作进行了一段时间之际，不知道是否由于杜老或汪志华的授意，黎功德负责的调研室翻译印发了一份联合国教科文组织编写的材料，内容就是关于几类研究的划分和简要说明。它把科研工作分为三类：基础研究、应用研究和发展研究，并对每类研究给予很简要的定义式的解释，还举出个别的研究工作实例加以说明。大约也就是在这个材料印发后不久，杜老就提出我们的研究也需要按类别搞个大概的比例。因为有些工作是属于基础研究还是应用研究不太容易划分得清楚，杜老特别提出我们可以增加一类叫应用基础研究。对于发展研究，当时我们不这么叫，而是叫推广工作。那时对这类工作不太看得起，认为它理论水平低，不算是研究工作。其实推广工作也需要做研究，后来就把它称为推广研究。

杜老提出增加一类应用基础研究，可以说是一个创新。据吴明瑜回忆，"杜润生说：应用基础研究是'进可攻，退可守'，怎么'进可攻，退可守'呢？如果基础不够，我有基础研究，加上应用基础，也是基础；如果说应用不够，我有应用加开发，加上应用基础，所以有了这一类的分法对科学院的研究工作起很大的保护作用。"① 确实是这样，从四类研究列入"三十六条"下发以后，在一段时期内，基本上平息了长期以来关于中国科学院怎么理论联系实际的争论，使各类科技人员各得其所，安心、稳定地做各自的研究工作。

关于翻译联合国教科文组织研究工作分类以及划分四类研究的具体情况，黎功德等同志可能了解得比我更清楚，你们可以找他们问问。

问：请您谈谈条例下发的过程以及后来贯彻的情况？

答：1963 年 12 月至 1964 年 1 月，按惯例院党组开了一年一度的党组扩大会议。会上，把"三十六条"的草稿发给到会的各所负责人讨论，4 月就把它作为院里正式文件（草案）下发到各所贯彻执行。

四类研究的比例，可以说是"三十六条"中的核心内容，如上所说，这四类的比例提出，对稳定中国科学院的研究工作还是起了很大的作用。条例中其他的内容，在我的印象里研究所的反响和所起的作用好像不那么大。

据我所知，生物学部似乎没有对"三十六条"的贯彻和落实专门开过会，当然学部内部的人员有时也有过议论。总的情况当时大家，包括负责学部日常工作的副主任过兴先同志，认为生物学部各所各类研究工作的比例大体上还是合适的，曾经特别提到生物化学研究所，那时大家心目中认为它是一个水平比较高、

① 摘自《吴明瑜访谈录》，《院史资料与研究》1996 年第 2 期第 43 页。

办得比较好的研究所，觉得他们的研究工作比例没有什么问题。在跟科学家接触当中，也听到过一些议论，如动物研究所的昆虫生态学家马世骏曾几次向我反映动物研究所应该着重搞应用基础研究；植物研究所的科学家对于植物分类研究应该属于基础研究还是应用基础研究，曾有过不同意见的争论，但对实际工作没有什么影响。

对于“七十二条”的贯彻和落实，好像院里曾开会做过检查，至于“三十六条”的贯彻落实有没有开过会，我就不清楚了。不过当时我有一个总的印象，研究所里对“三十六条”的重视和反响，似乎不如“十四条”、“七十二条”那么大、那么强烈。

“文化大革命”之前，从制定“十四条”、“七十二条”、“三十六条”和稍后一些时间，我的印象院的工作中心还是一贯的，一直是在建立一些制度性的东西来规范、促进研究工作。“文化大革命”爆发之后，各级领导都陷于瘫痪，研究工作完全停顿，什么“十四条”、“七十二条”、“三十六条”等条例之类的东西也都早被人们置之脑后了，有些条例还遭到严厉的批判。

不过在“文化大革命”中的有些时间，关于理论联系实际、研究所方向任务之类的讨论仍然时有出现，当然在那时根本不会得到解决。

中国科学院从建院到现在，理论联系实际始终是个引起争议的大问题。领导上时而强调要联系实际，时而又提出要重视基础研究，好像老是摇摆不定。这个问题就是在“文化大革命”之后，也还发生过几次。记不得是哪一年了，在赵紫阳当总理时，曾在人民大会堂开大会，都是局级以上的干部参加，他在会上作报告，报告的中心精神是强调科学家要加强联系经济、国防建设的研究，认为前些时候这方面的工作做少了。此前胡耀邦曾找当时的中国科学院党组书记李昌同志去谈话，中心意思似乎也是要中国科学院加强联系实际的研究，院档案处可能还存有这次谈话的记录。一会儿强调要加强联系实际，过一会儿又提出要重视基础理论研究，这样反复多了，不少人，包括科学家和组织管理人员，就感到不耐烦了，有些人就想出对付的办法，就是在研究计划的课题上做文章。遗传研究所是我了解到的典型之一。上面强调要加强应用研究了，他们在研究计划的课题上就大都写上“某某作物新品种的培育”的字样；上面强调要求重视理论研究了，他们又标上“某某作物育种机制”的研究，“探讨某某作物品种退化的原因”等理论课题的字样，实际上是“换汤不换药”，原来搞应用或者是搞理论的都还在搞他原来的课题，这也可以说是一种“上有政策，下有对策”吧！

回过头来看看，我认为“三十六条”上关于四类研究的划分和比例，迄今还是适用的。当然，各个研究单位要根据各自的情况来确定自己的具体比例，这在“三十六条”中也有明确的说明。

问：“三十六条”颁布不久，就开始了“四清”、“三线建设”等运动，它们对“三十六条”的贯彻是否有影响？您在中国科学院所参加的“四清”、“三线建设”是什么样的？

答：大约从1964年秋冬之交起，我就下放到安徽农村去搞劳动和参加“四清”了，在农村呆了一年多的时间，1965年年底或1966年年初回到北京。这期间院里和学部的情况我就完全不知道了。回来不久就感到是“山雨欲来风满楼”，到1966年6月终于爆发了史无前例的“文化大革命”。

大约在1964年的秋冬之交，我报名去农村参加生产劳动。这一批去的人不少，大概有一二百人，是由院里统一组织北京院部和所属各单位的科技人员一起去的。去之前，在北京办了学习班，端正大家对参加劳动的认识。原来说我们全体都到安徽的肥东和肥西两个地方去劳动，可能还是在北京参加学习班期间，省里听说中国科学院的人要去安徽劳动，提出希望抽一些人参加省里的农业科学试验，当时带领这批队伍的负责人找我谈，要我当队长，带一些人去承担这项任务，我说我对劳动和农业试验都一窍不通，搞不了这个工作，但推辞不掉。最后还是被赶鸭子上架，由大队抽了生物学单位的一些人跟我一起去干，劳动的地点也跟大队的人马分开了，让我们单独去安徽的六安劳动和搞科学试验。

这个队里主要的成员是植物研究所招收的应届毕业生，大都是北大或南开大学毕业的，有七八个人，另外有微生物研究所二人，土壤和水土保持研究所一人，总共十一二个人。本来大家都是一心一意去跟农民搞“三同”，同吃、同住、同劳动，突然增加了一项参加农业试验的任务，多数人似乎都不大乐意。怎么搞农业试验，大家也都不知道。后来还是省农业厅派一位比较有经验的科学家来给我们做指导，他大概一两星期到我们劳动的大队一次，召集我们在一起，告诉做什么试验、怎么做等。据我所知，由于大家对这项工作不大积极，有些生产队就由我们的队员跟生产队长商量安排了试验，但有些生产队好像就没有做，后来这项工作也没有做出什么结果，就不了了之。

在六安劳动大约半年之后，接到六安地区党委的通知要我们转去搞“四清”。搞“四清”中国科学院主要的一个点是在寿县，另外还有什么地方我就不清楚了。到了寿县之后，我们就跟原来大队的一部分人马会合了。我记得原来大队的带队负责人之一罗伟也在寿县。他当时是一个公社“四清”工作队的负责人之一，我在他这个公社下面的一个生产大队当“四清”工作组的副组长，组长是省粮食厅的一位干部。我这个大队的“四清”工作队员绝大多数都是中国科学院生物学研究所的人，还有个别省里派的人，具体人员跟在六安时一起劳动的人有些变动。整个大队的工作队员大概有十几个人。一个人负责一个生产队，主要的工作都是按当时中央的“四清”条例去搞的，如找贫下中农搞扎根串联，了解各个生产队和大队的情况，动员农民揭发队里和大队“四不清”的问题等。记得当时我们大队主要的揭发批判对象是一个大队支部书记，可是搞来搞去，只是发现有几十元的问题，结果这位支部书记还是被撤离了。现在看来是有点“过左”。

参加我们劳动和“四清”的人当中，我记得没有研究所的高级科技人员，连助理研究员一级的人都很少，每个所去的人也都是少数，留在北京的人都在继续搞研究工作，似乎对研究工作没有多大影响。

我在农村大约呆了一年，回北京后，不久就开始批“彭（真）、罗（瑞卿）、陆（定一）、杨（尚昆）”了，中国科学院在民族文化宫开北京的党员干部会议，张劲夫传达中央有关会议的文件和精神，揭发批判“彭、罗、陆、杨”的罪行。随后中央就下发了“五·一六通知”，旋即爆发了所谓“史无前例”的“文化大革命”，从此开始天下大乱。

搞“三线建设”是1963年、1964年的事，当时为什么要搞“三线建设”？我的印象已经很模糊了。想起过去，在20世纪60年代的很长时间里，我们跟“美帝”、“苏修”的关系都很紧张。记得有这么几件事不知道跟搞“三线建设”有没有关系。

一件是过兴先同志到院里开一个什么会还是参观一个什么展览，回来后向我们说，我们打下一架美国无人驾驶的U-2飞机，当时美国的这种飞机不时地在我国的上空巡弋，从飞机里找到拍摄的照片，说从照片上可以清清楚楚地看到我国地面上的好多东西，包括军事设施，认为他们军事上还是很强大，技术也很厉害，对我国怀有侵略的野心，我们要备战。另一件事是听的传达，说毛泽东在一次会议上讲，我们要准备打核战争，但我们不怕核战争。再一件也是听毛泽东讲话的传达，要求积极加强备战。以后一些大城市如北京、天津、上海等不少单位果然都纷纷开始挖了防空洞。中国科学院当时也挖了，就在三里河院部礼堂的旁边，从机关办公楼去食堂的路旁，20世纪80年代时由于院部机关人员多，办公室不够，还有少数部门就在防空洞里上班。我们也曾到防空洞里参观过，不知道现在还有没有？

过兴先同志

“三线”怎么划分？我没有看到正式的文件和明确的传达。只是在参加搞“三线建设”的会上隐隐约约听到一些说法，似乎是把从东北到沿海一带各大城市，包括北京、天津、南京、上海直到广州和邻近的一些城市，以及与外国相邻的地区划为一线，这些地区大都靠近沿海和边疆，是最易受到敌人攻击的地方；中南一带包括湖南、湖北、河南、山西等省算是二线；西南、西北的大部分地方被划为三线。搞“三线建设”，首先就是动员在一线的机关单位，特别是重要单位迁移到三线去。

当时据我所知，生物学部在京的一些研究所，特别是科学家对搬迁大都持消极态度，认为搞科学研究需要有稳定的环境和必要的附属条件，不宜轻易动迁。因此中国科学院北京生物学方面的研究单位当时的动作不大，可能属于计划局口的研究所动作都不大，属于新技术口方面的研究所我不太了解。但院外有的单位可能动作大一些。例如，医学方面，听说有一些单位就全部搬迁到四川的简阳，在那儿扎根落户，搞科学研究。

“三线建设”，对生物学部在北京各研究单位我感觉是虎头蛇尾，开始时抓得很紧，后来受到消极抵制就有点放松，最后似乎是不了了之。听说生物学部有个别单位如上海的植物生理研究所好像动作大一些，已经在四川的某地盖起了房子，也动员一些科技人员去了那里，不过后来人也都撤回上海，房屋怎么处理的就不清楚了。北京的植物研究所、动物研究所也在昆明物色了地皮，但房子没有开始盖就停了。遗传研究所曾在山西运城搞了个点，去了很少几个人在那儿搞科研，准备形势紧张了把研究所搬去，不过后来点也撤掉了。

“三线建设”我了解的情况很少，因为开始搞不久我就下农村去了。

上面说的这些事情，距离现在已经40多年了。很多事都是凭一些模糊的记忆想出来的，手头又没有有关的资料作依据，其中一定有不少不准确，甚至错误的东西，希望了解情况的同志给予纠正和补充。

我在中国科学院工作期间的一段经历（1965～1977年）*

——宋振能先生访谈录

宋振能（口述）　熊卫民（访问、整理）**

受访人：宋振能

访谈人：熊卫民

访谈时间：2008年1月8日、2008年3月11日、2008年3月18日、2008年3月27日

访谈地点：中国科学院中关村宋振能先生家

整理者注：从1951～1988年，宋振能先生绝大部分时间都在中国科学院院部从事生物学的组织管理和服务工作，是中国现代生物学史中一些重大事件的亲历者或知情人。笔者曾于2008年上半年对宋先生作过多次访谈，现将他对1965～1977年的回忆先行整理如下，以补该时段文献之所缺，济中国科学院院史研究之急需。

1. “三线”建设

熊：上次谈到您去安徽参加农业劳动和“四清”，1965年底或1966年初回来，参与中国科学院（后简称科学院）的“三线”建设工作。

宋：“三线”建设是当时的大事，我回来的时候已经开始搞了，我参与的并不多。

熊：您参没参与生物类研究所迁移方案的制定工作？

宋：我没参与，近来听人说，生物学部的三线迁移方案是薛攀皋同志写出来的。薛攀皋写的迁移计划我有没有看过，完全记不起来了。但按我的回忆，似乎

---

* 本文原以“我与中国科学院”的标题刊登于《院史资料与研究》2009年第6期第13～48页，有更改和补充。文中我的谈话都只是凭记忆说的，因事隔多年，这些记忆可能跟当年的事实有所出入，甚至还有错误。谈话中还有一些是我的估计或者推测，主观的成分更大。因此，访谈录中我的谈话仅供参考。——宋振能注

** 宋振能，前中国科学院生物学部副主任；熊卫民，湖南南县人，理学博士，中国科学院自然科学史研究所副研究员，主要从事中国近现代科学史研究。

科学院生物学研究所对贯彻“三线”迁移的工作并不太积极。据我后来了解，只有上海的植物生理研究所在四川某地搞了很少的一些基本建设工作，去了少量科技人员；遗传研究所在山西运城搞了一个很小的点，有少数人在做准备工作，打算万一有什么情况才搬过去；植物研究所、动物研究所也曾在昆明选址，但都还没真正搞起来。然后就都停了。

熊：为什么停下来？

宋：“文化大革命”发生后，去的人就都回来了。

熊：为什么要搞“三线”建设？

宋：当时我在农村，具体原因我不了解。上次贵所张藜等同志来访谈时，我已把对“三线”建设由来的模糊回忆向她们讲了，这里就不再重复了。

熊：贯彻时需要你们去说服吗？

宋：没有。只听到传达说这是中央的决定，而且还要求抓紧行动。

熊：您做这方面的工作没有？

宋：我没有参加，这些都是听说的。我从农村回来时，就感到国内的政治形势有点异常，类似以前要搞政治运动的局面，各单位大抓“政治挂帅”，学解放军、学大庆，改党委制，设政治部。

2. “四清”和机构改革

熊：请详细介绍一下当时的机构改制工作，比如党组改党委。

宋：实际上是换汤不换药，党委委员和党委书记大多数是原党组的人，除了换名称，增加一两位党委委员，工作没什么实质的变化。当时主要就是搞“政治挂帅”，经常政治学习，业务工作没搞多少。

熊：院党委和院党组的行政级别有变化没有？

宋：好像没有，都是部级。

熊：作为生物学部办公室副主任，您当时具体抓什么工作？当时的研究所是不是一方面搞“四清”，一方面进行业务工作？这些工作你们都领导吗？

宋：“四清”对绝大多数研究所的工作影响并不大。科学院本身并不是每个所都搞“四清”。我听说在京区只搞两个试点，一个是化学研究所，一个是力学研究所。我上次说过，就北京地区而言，下到农村去搞“四清”的，似乎没有高级研究人员，大多数都是助理研究员以下的。那时候生物学部有两个副主任，一位副主任叫姜纪五，从植物研究所调来的，全面负责，党的工作由他抓。另一位就是老过（过兴先），主要管业务工作。我回来后不久，老过也下到农村去搞“四清”。从裴丽生（原任山西省省长，1955 年调到科学院时任秘书长，几年后任副院长）秘书长分管生物学部起，北京地区生物的研究所搞个生物口或叫生物片。党组掌握情况，更多的是通过党的系统。由主管学部的秘书长或副秘书长（都是中共中国科学院党组成员）召集北京各所的党核心小组组长开会讨论，决定问题。业务方面的工作，还是通过我们学部的人员去做。

熊：分院的权力是不是也比较大？

宋：不同的分院情况不一样。上海的情况比较特殊，从中国科学院建院开始就设有办事处，后来又成立分院，分院党委书记王仲良在上海各个所的威信比较高。他们也经常召开党的会议，讨论决定上海研究所的一些工作，特别是思想政治工作。不过，经费的分配、仪器设备的购置、重要人员的安排等，还是掌握在科学院院部。研究所一级的干部似乎一般都是由院里跟上海市委商量确定的。别的分院嘛，对所属的研究所，有的抓得多一些，有的抓得少一些，各不相同。

熊：上海分院是对科学院党组负责，还是对上海市委负责？

宋：如像是双重领导。除院党组、院长、副院长管它外，上海市委也管，至少它要受上海市委（通过上海市科学技术委员会）的指导。特别是思想政治工作或运动，市委管得更多。

3. “文化大革命”之初

熊：好，关于“四清”运动先说到这里吧，请继续谈以后的情况。

宋：以后就是“文化大革命”了。“文化大革命”前夕，批判很多，学习很多，如传达彭、罗、陆、杨事件，批中共中央宣传部是“阎王店”，文化部是“帝王将相部”、“才子佳人部”，卫生部是“城市老爷部”等，不少部都被批得一塌糊涂。“文化大革命”正式发动后，开始往下派工作组，然后有“应地所事件”，化冶研究所当时也闹得很凶。陈伯达开始时是主张压制王锡鹏的……我们学部的专职副主任姜纪五那时的主要工作就是抓运动，由他负责召集生物片北京各研究所党委书记开会，向他们了解所里的情况，随时传达党组的指示。那时候会很多，有时一天要开两三次会，晚上也开。我当时帮助他工作，开会由我打电话通知，作会议记录。

熊：您当时在党内是什么职务？

宋：我只是生物学部党支部内的一般党员。处理“应地所事件”时尤其紧张，经常连夜开会。

熊：应用地球物理研究所（简称应地所）不归生物学部管啊。生物片和地学片各所的党的负责人会议是联合开的吗？

宋：生物片和地学片各所党的负责人会议从一开始就是分别开的。应地所确实不属于生物学口。不过运动是全国性的，当时科学院各研究所之间的信息交流和沟通很密切、很迅速，某个所发生稍微重要的事件，各个所和院部都很快就知道了。应地所是头一个发生重大事件的所，所以一下就轰动了全院。我的印象似乎当时聂总（聂荣臻）有指示，说“应地所事件”是反革命事件，对王锡鹏要抓。

4. 砸烂学部

熊：你们要向各有关研究所传达上级的指示。

宋：对。“文化大革命”初期生物学片开会，一方面是传达上级指示，一方面是听各研究所汇报各自的运动情况和动向。当时院里派到研究所工作组的有些成员本身也有造反的。然后，毛泽东回到北京，开始反工作组，造反派翻身，接着就砸烂学部、夺权。对生物学部而言，这两件事是同时进行的。开会时生物学部的两个副主任站在前面，我们三个办公室正、副主任站在后边。姜纪五把学部的章交给造反派，然后宣布被打倒；我们三个呢，由正主任把学部办公室的章交给造反派，然后宣布靠边站。

学部被砸烂后，业务不干了，我们没有别的事，就整天学习。学习由学部的造反派领导来组织。在我看来，生物学部的造反派还比较温和，比较讲究政策，没有让我们游街、戴高帽、“坐飞机”等。

熊：靠边站的也挨批？

宋：是的，也批判我们，在学部内部批判，当时学部人少，就10多人。那时中关村大操场牵了很多绳子，各个研究所的造反派在那儿贴大字报。我们学部的办公地点在动物研究所，就在大操场旁边，没事干我就去看大字报，看揭发中央领导人和院党组张劲夫、裴丽生、杜润生等人的大字报。有段时间，院里和北京各研究所的人员分为两大派，一大派是“造反派”，另一派被称为“保皇派”，这两大派之间也贴大字报相互揭发批判。总之，大字报把整个大操场贴得满满的，看都看不完。

熊：你们自己也得写吧。

宋：我们也写，写得很少——当时指定要写，好像并没有明确的指标。“大跃进”时写大字报是有指标的，好像是每人每天至少要写5～10张（具体数字记不清了）。

熊：当时生物学部的人是不是分为两种，被批判的和造反派？

宋：也有少数人处于中间状态、不怎么讲话的。他们并不逍遥，每天都得上班。比较激烈的有一两个，很少。

熊：当时成立了一些联络站吧？

宋：联络站多了，批“十四条”的，批“七十二条”的，批学部的，很多。“保皇派”好像也设联络站，但联络站很具体的情况我不清楚。

1967 年春天全国夺权。上海先夺，然后发表社论，要求全国夺权。中国科学院当时成立了“院联夺”①，7 月 30 日时又成立革命委员会（以下简称革委会）。过些时间，毛泽东讲话，说革委会要老中青结合，适当地“解放”干部。在我们学部，我是被最早“解放”的，这大概是 1967 年下半年的事。我先被批判了几次，但我从后来的一些批判中听出，他们要“解放”我，前提是我先检讨。我们正、副主任三人干的是同类事情，我猜测，先“解放”我，可能是因为我的家庭出身和个人历史，当时很讲究这个。我是个“三门”干部，从家门到校门到机关门，没有什么太复杂的历史。家庭出身是手工工人，也没什么问题。我的家庭经济情况原来还可以，但在我高中毕业时，我父亲因癌症而去世，从此我家一落千丈，成了城市贫民，靠母亲在外揽些针线活来维持生计。所以我上大学时经济状况是非常困难的，所用的钱都是亲戚朋友凑的，或者变卖家产而得。

“解放”之后，我被结合进生物学部的造反派领导组织中去。之后没多久，大约 1967 年底或 1968 年初，我又被调到院业务组，组长是康子文，原生物物理研究所党委书记。

熊：业务组人多吗？

宋：不多。那时候没有学部了，业务组把以前各学部负责的工作都管了起来，但因各研究所的科研工作都相继停止了，所以实际上并没做多少事。不过我在那儿待的时间很短，具体情况也不太了解。

熊：业务组内是不是有个叫佟凤勤的？

宋：有。他是我 1972 年后相继在业务二组、二局、一局工作时的同事，我是在那时才认识他的。他大学毕业后被分配到遗传研究所，到遗传研究所后或之前好像还被分配到某地的农场或工厂去劳动锻炼过，后来被调到业务组，是那儿的一般干部。我到业务组之后，并没被分配什么具体工作，没过多久（约 1968 年 1 月），又被调到黄淮海办公室。我去的时候，办公室的班子刚开始组建，办公室的头是原保卫局的一个处长或副处长，叫张泽光。但他对科研业务不懂。我记得乔林当时召开过一次会，组织一些人讨论黄淮海工作应怎么搞。大概因为我原在生物学部工作，对黄淮海工作有些了解，所以把我调了过去。

5. 黄淮海办公室

熊：您到黄淮海办公室之后是什么职务？

宋：没有职务，就是一般的做具体工作的人员。办公室也就三四个人，除张

---

① 即由中国科学院北京地区各有关单位造反派头头组成的“中国科学院（京区）革命造反派联合夺权委员会”。

泽光和我外，大概还有李松华、沙志发。

熊：具体怎么做？

宋：由各个研究所自己报项目，可研究所里响应的人很少。最初传达毛泽东的指示，说是要组织一万人去搞黄淮海，但很难贯彻，好多所反对，包括植物研究所、动物研究所、微生物研究所等都不积极，认为专业不对口，使不上劲，结果去的人很少。

熊："最高指示"也不好好响应？

宋：按我的看法，毛泽东讲的话如果是就全国范围而说的，那么要研究如何全面改造、治理黄淮海那么大的地区，并具体实施，用上万人也不算多。而如果只是针对科学院而言，要抽出那么多的人去搞，是绝对不现实的。科学院只搞其中的一个点，也就没那么多人。事实上，当时科学院生物学、地学方面的研究力量加到一起，可能也不到 1 万人。黄淮海治理的研究工作断断续续进行了不少时间。"文化大革命"之前，科学院就在河南封丘设了一个点，稍后，国家科学技术委员会（以下简称国家科委）也在山东禹城设了一个点，搞的花样跟科学院的差不多，也调了科学院的人参加。"文化大革命"开始后，科学院在封丘的点就撤了，农具、房子什么的都交给县里了。国家科委设在山东禹城的点也基本上撤了，但还有当地留守的人在那里，设备也还有一点点。1968 年时，科学院又重新在原来科委搞的山东禹城设点，我调到黄淮海办公室不久，张泽光就派我去山东禹城蹲点。

熊：你们这个点有多少人？

宋：总共不到 10 个人。研究所里不派人，院里也没办法。其中，大约地质研究所三人；遗传研究所两人；土壤研究所开始去了两人，不久就撤回去了。东北林业土壤研究所，当时已经不属科学院管了，倒是有两个人自动前来蹲点。他们来是有原因的，因为东北林业土壤研究所在"文化大革命"时搞得很"左"，把所有人员都下放到农村去安家落户，有的人有抵触情绪，不肯去。这是我估计的。他们两个来的时候倒是带了组织介绍信。

熊：讲到专业不对口，难道他们留下来搞政治运动就是专业对口？如果响应指示，参与到这项工作中来，岂不是可以避免一些政治运动的冲击？

宋：我推测，能被派下去的人，大都是不会被冲击的，而受批判的对象是不会被派下去的。跟自己的专业不对口，下去也不知道该干什么，因此许多人不愿意去。植物研究所造反派管业务的头头就公开反对，说搞黄淮海跟我们植物研究所没有多少关系，我们去干什么，所以植物研究所就没有派人。

熊：除了科学院，别的机构派的人多吗？比如中国农业科学院派了多少人？

宋：他们"文化大革命"后做，"文化大革命"前也做，但"文化大革命"

中有段时间他们好像没做，具体情况我不了解。

熊：要求 10 000 人，实际去的不到 10 人，“最高指示”怎么也这么不管用？

宋：没有人知道，也没有人检查。整个抓业务的系统都瘫痪了，研究工作也停顿了，整个国家的生产都处于半瘫痪状态，农民因为要吃饭还上工，工厂嘛，有不少根本不开工。

熊：黄淮海工作的目标是什么？

宋：治理风沙、盐碱，变低产为高产。

熊：您到基点主要做什么工作呢？

宋：我去了两三次，一次去两三个月，回来呆两三天之后又去。我不做具体的科研，去那儿主要是了解他们搞研究工作的情况。比如地质研究所去的人是搞水文地质的，他们在基点住处附近搞井灌井排，有时我给他们打打下手。遗传研究所的人在那搞育种，到点上去的胡含当时就住在农民家里，我曾去那儿看他。他当时也就做一些很普通的东西，如称作物种子的千粒重等，需要在实验室用仪器设备做的工作都不能做。

熊：这段时间取得了什么具体成果吗？

宋：似乎没有。我看研究人员基本是应付态度，大家的心思都没在研究上。粉碎“四人帮”后，黄淮海工作取得了一些成果，当地的农作物产量有显著的提高。“文化大革命”前的 1964～1965 年也还是出了成果的，井灌井排就是那个时候研究出来的，事实证明这套措施对于治理盐碱地有效果。

6. “五·七”办公室

熊：您在黄淮海办公室工作了多长时间？

宋：时间不长。黄淮海工作搞得不景气，办公室后来被撤销了。

接下去我就被调到新成立的“五·七”办公室。刚到“五·七”办公室时，听说院里已组织了一批人到宁夏陶乐县去办干校，但这批人到那儿之后，发现各方面的情况都不适合搞干校，没待几天又撤回来。后来不知道由谁去考察后决定在湖北潜江的一个原劳改农场办干校。

熊：“五·七”办公室有多少人？

宋：领导是两个军代表。成立后不久直接管我们的是一位姓邢的军代表，他在部队时大概是个连级干部。在他上面还有一个军代表，叫吴海祥。吴是军宣队的领导成员之一，可能分工管“五·七”办公室（“文化大革命”后他还留在院行政管理局当过副局长，一段时间后才离开科学院）。后来姓邢的军代表调走了，又改派了一位更年轻的姓邓的军代表来接替。军代表不做具体工作，只是看看，不过我起草的公文或有关文件都得经过军代表签字后才能发出去。另外若有什么事情要人去干，也是由军代表指派具体的人选。

在“五・七”办公室做具体工作的开始时有六个人：北京天文台的艾国祥、动物研究所的杜继武（他们俩在“五・七”办公室待不久就先后离开了），还有行政管理局的贾连行、郑仲维、门振华和我。

熊：您在“五・七”办公室做什么工作？

宋：刚去时我记不得是谁告诉我说，你就待在办公室，有关文字的工作由你办。这样，所有来往公文、文件的处理，接电话，接待来人的事都由我来做。不过事情实际上并不多，只是不能离开办公室太长时间。其他人都经常跑进跑出，很少有人在办公室待很长时间的。他们各自分工干什么我并不知道，只知道他们大都是在做外勤工作。比如某个“五・七”学校需要拖拉机、其他农机具或者要在北京买什么东西，都是他们去办的。这些事有时候人手不够，我也去帮忙。记得有一次要在五道口火车站托运拖拉机等东西去干校，他们也叫我去帮忙。

熊：干校的选址您参加了吗？

宋：没有。是院革委会或军宣队另外派人选定的。国家科委的“五・七”干校地址是科委自己选定的。我在“五・七”办公室干了约两年，其中还有半年左右时间被派到院直机关办的学习班去学习。

在“五・七”办公室工作一段时间之后，大概是 1970 年 7 月，国家决定“三科”[中国科学院、国家科学技术委员会、中国科学技术协会（以下简称科协）] 合并。那时“五・七”办公室是在中关村的福利楼办公，“三科”合并后，就跟中国科学院革委会的其他机构一起，搬到三里河的院部去上班。在中关村时，听说工、军宣队的头头和刘西尧都住在中关村小区 14 楼，并在那儿办公。

熊：“五・七”办公室对谁负责，吴海祥向谁汇报工作？

宋：具体情况我不清楚，也没人谈过。吴海祥很可能是向当时军宣队的主要领导石煌、崔星或刘西尧汇报。工、军宣队是同时进驻科学院的，但工宣队在科学院待的时间较短，少数军代表的领导一直待到“文化大革命”结束前后才陆续离开。

熊：您刚才说曾被调到院直学习班去学习，学习什么？

宋：学习中央的文件，没有文件时就念报纸。那时候原来院机关的工作人员全体都集中在西颐宾馆（原来院部在城里文津街办公，“文化大革命”前不久搬到这里）学习。生物学部和数理化学部的人被编成一个班在一起学习。老过从牛棚被放出来后，也跟我们在一起学过一段时间，后来就被下放到湖北“五・七”学校。张劲夫等不少院、局级干部也被关在这里监督劳动、学习。好像他们每天还搞“早请示、晚汇报”。

熊：“五・七”干校的校长由你们任命吗？

宋：不。我推测都是由刘西尧和军宣队的领导决定的。

熊：当时院革委会与工宣队、军宣队是什么关系？

宋：名义上是什么关系不知道，看样子院革委会是受工宣队、军宣队领导的。

熊：1967 年 7 月成立院革委会，一度由它负责全院工作；然后，1968 年 9 月，工宣队、军宣队进驻，它们又管革委会？

宋：对。凡是有派工宣队、军宣队进驻的研究所也都如此。

熊：工宣队和军宣队又是什么关系？

宋：他们似乎没分谁高谁低。科学院总的工作归刘西尧抓，他是总理派的联络员，是第一把手。

熊：他不归工宣队、军宣队管？

宋：他管工宣队、军宣队。大概通过领导小组、党的核心小组之类的组织来管。不过我对当时是什么领导体制并不清楚。

熊："五・七"办公室除了管干校，还管别的吗？比如说，那时候各所都要搬出科学院的"高楼深院"，下到农村、工厂去接受再教育，这方面的事情你们管不管？

宋：我们只联系干校。搬到三里河后，办公室人员精简，领导"五・七"办公室的人是院革委会委员周信，下面只剩三个人，一人联系一个干校。一个是我，分工联系科学院在湖北潜江的"五・七"学校；另一个是孙国杰（原国家科委的），负责联系在河南罗山的"五・七"学校；还一个是王喜（他是从国家计量局调来的，计量局当时由国家科委代管），分工联系在河南确山的"五・七"学校。

熊：既然是"三科"合并，那么，中国科协的"五・七"干校归谁管呢？

宋：科协原来由国家科委管，"三科"合并后就归科学院管。他们下放的人肯定不在湖北潜江，是不是科委的干部主要下放在罗山干校，科协的干部主要下放确山干校，还是这两个"五・七"学校都有科委、科协的人，我就不清楚了。

熊：您联系湖北潜江的干校，具体做什么工作？

宋：没做太多的事。就是各所下放人员时，由各所报名单，我们组织买火车票，送他们上火车；处理"五・七"学校的来往公文；有些人下放时，要带家属去，得由"五・七"办公室来批，我们就给"五・七"学校写介绍信。

熊：干校的运动你们管不管？

宋：干校的运动由干校的领导班子管，我们不管。

7. 1972 年的全国科技工作会议

熊：离开"五・七"办公室后您去了哪里？

宋：大约在1971年夏天，我被调到业务一组。当时业务一组有一位负责人叫黄正夏。他是原国家科委的，全国科技会议时被安排到科学院计划局当局长。我在他底下工作，他还带我到某研究所去参观访问过一次。我在那儿大概只呆了三四天，不知是谁（可能就是黄正夏）通知我，让我去参加全国科技会议的筹备工作。业务一组有不少人参与筹备工作。

熊：业务一组管全国的科研，由它来筹备全国科技工作会议是名正言顺的。业务一组当时大概有多少人？

宋：我不清楚。业务一组下面还分几个组，我被分配在放射性同位素组，该组由黄正夏兼管，包括我在内，组里一共只有三个人。通知我去参加科技会议的筹备工作，刚开始时事情并不太多。

熊：什么时候开始筹备？

宋：好像是在清查“五·一六”运动的中后期。开始时“九·一三事件”似乎还没发生。我记得在一个晚上开筹备会，武衡召集的，有白介夫、甘子玉、老应（应幼梅）和我等六七人参加。筹备组内白介夫是我的顶头上司。武衡在会上宣布说，上面已批准开这个会，要抓紧筹备工作，决定成立一个临时党支部。武衡念支部委员的名单，支部书记好像就是武衡，支部委员中有我。

然后就派一些人分别到一部分省、市去调查。为了互相通报情况，成立了简报组。简报组由白介夫领导，组内有三个人，老应、孙鸿烈（他原来是综合考察委员会的，刚从“五·七”干校上来）和我，由我负责。他们调查的结果由我们编入简报。筹备期间出了几期简报记不得了。当时我们对会议的目的、开法等都不清楚，因此有一期简报专门提出一些我们模糊不清的问题，其中一个问题为“到底林彪路线是极左还是极右？”（大意如此，是不是原话得去查档案。）这些简报是打印的，发行的范围不大，因筹备会议的人并不多。不知科学院是否保存了这些简报，国家科委肯定有，全部会议资料都在那里。

除简报组外，还有个典型材料组，负责去全国各地收集情况，了解先进典型，由科委的一位同志负责。还有纪要组，由甘子玉负责，“文化大革命”后他到国家计委当副主任去了。整个筹备工作由刘西尧总抓。

当时去外地调查的人回来汇报，相当多的城市认为林彪路线是极左，对科研工作构成很大破坏（课题停了，人员下放，仪器设备弄没了等）。这些情况在简报中大概都有所反映。在我们出了那期提问题的简报之后一段时间，我看到了刘西尧的批示，其中印象最深的是，在“到底林彪路线是极左还是极右”这个问题旁写了“形左实右”。我对此很不理解——因为我一直认为林彪路线是极“左”。我推测，刘西尧很可能把那期简报所提的问题或简报本身向更高层的领导汇报过，在得到指示之后，他才写了那些批示。

一直筹备到1972年夏天（8月），会议正式开始，在友谊宾馆的科学会堂举行。大约有几百人参加，各省、直辖市、自治区除科技局的行政负责人参加外，都还有几位别的代表。开会就按省、直辖市、自治区分组，科学院还组织了一些人当联络员，负责了解各组的讨论情况，反映代表们的意见和要求，各组写的简报也由联络员转交给我们简报组。

负责整个会议的领导小组是三个人——刘西尧、迟群、武衡。筹备组的原班人马改为从事会议的组织工作，仍分为简报组、纪要组、典型材料组等几个组，此外还有一个会议办公室（或秘书组），负责管代表们的衣食住行等。我仍分工负责简报组，老应当副组长，组员有孙鸿烈，还新增加了徐锦舫（原国家科委的）、刘晓桂（原综考会的）等。纪要组的负责人是原国家科委的甘子玉、江天水参加这个组。典型材料组还是由筹备期间的那位同志负责。

简报组在筹备期间是由白介夫领导的，在正式开会前，突然通知说白介夫要调到北京市科委，并且要率领一个科学代表团到美国去访问，简报组改由武衡直接领导，出的简报由他批了就可以付印。接着又通知我，简报组由吴良珂（原国家科委的）领导，要出的简报经吴看后再送武衡最后审批。

当时吴良珂对我说："送简报不用每天都直接去找我，你每晚把简报弄好了，从我住房的门缝里塞进去就行了。"他大概习惯于早起早睡，这样第二天一早他就能及时看到。他看完后给武衡，武衡一批，我们就印（由刘晓桂专门负责跑印刷厂），然后拿回来在会议上散发。

会议分几个阶段，第一个阶段是开展大批判（批判"林彪、陈伯达反党集团"对科技工作的干扰和破坏），第二阶段进行专题讨论（讨论"文化大革命"前的科技路线等问题）。开会时许多省、市、自治区的代表们都认为，林彪路线是极"左"的。于是，由我们的联络员送来的第一份简报就是批极"左"的，然后，其他各组陆续送来的材料也是如此。只有上海这一组（上海受"四人帮"控制）例外，没有批极"左"，在大批判阶段他们送简报的时间也相当晚，大家当时都觉得上海别出一格，对他们不满。

简报应如实反映会议的情况，于是，我们出的几乎每一份简报，都在批林彪极"左"。在筹备会议时，刘西尧就曾定下林彪路线是"形左实右"的调子。他对简报不满意，在开领导的会议（我也被吸收进去）时，不点名地批评了简报组。被他批了几次后，我们为了应付他，只好出了两三期批"形左实右"的简报。刘西尧此后就没再批评我们。

我们最初计划只出一种简报，可后来搞出了三种简报——"黑简"、"红简"、"钢简"。这是老应给起的名称。

熊：何谓"黑简"？

宋：就是我们最初出的那种，黑字铅印（报头也是黑的），发给会议代表。它们反映了会议的真实情况，在各组送来的材料基础上编成。我记得由联络员自己写的材料很少，都是由各省（直辖市、自治区）科技局局长带的笔杆子写的。这种简报几乎每天都有，有时隔一两天出一期，有时一天出两三期。

熊："红简"呢？

宋：就是我们按刘西尧定的调子写的简报，据我回忆，"红简"和"黑简"的主要不同点是把批林彪的路线由"极左"改为"形左实右"，其他的内容似乎没有什么区别。总共只出了两三期。因为这几期简报的报头是套红的，所以老应给它起名叫"红简"。一期我记得是请孙鸿烈起草的，另一期是我起草的。是否还有一期，若有是谁写的？我记不清楚了。

熊：代表们确实那样讨论了吗？

宋：那几期简报是为了应付刘西尧而由我们编造的，会议代表并没有表达林彪路线是"形左实右"的意见。另外，老应还用钢笔写了一种简报，记载他从会上听到的对"文化大革命"不满的尖锐言论——照当时的标准，如果传出去，发表这些言论的人可以被打成"反革命"。他用钢笔写几份（也可能只写一份给领导传阅），只送给武衡、刘西尧等几个人看。

熊：您看过这些简报吗？

宋：我看过，老应写完就给我看，我看了后就交还给他，似乎我还告诉他千万要保密。因为是用钢笔写的，份数极少（据说刘西尧看了这样的简报极不满意，因此老应只写了很少几期就停了），也没有拿去铅印，所以称它为"钢简"。简报的情况大概就这样，出了三种。当时按省（直辖市、自治区）分组，有的组，如河南组很紧张，他们科技局的局长想不出简报——别的组纷纷批极"左"，他不敢批——但他下面的人说，不表态也不行，后来他勉强让底下的人按其他省的调子编了一份。会议总的调子是批极"左"，但上海例外，也有少数省市犹豫不决，大致的情况是这样。

会议原计划开一个月的样子就结束，"批林"阶段大概只计划了一周左右，但实际上大批判就搞了很长时间——一天出一期简报，就算一个省（市）只出一期，也得出上一个多月。

接着讨论什么内容我记不清楚了。哦，还有一个阶段是介绍一些部门和地方的典型经验，介绍了一段时间。介绍都在大会上进行，我记不清是否有分组讨论，我当时没怎么去会场，主要是看材料。在会议期间，刘西尧还传达了周总理要重视基础研究的指示（北大周培源写信给他，他写了批复），还传达了一两次周总理接见国外科学家时的讲话等。

开了两三个月后，会议仍然得不出结论。我估计这期间刘西尧已经知道这次会议不符合“四人帮”的意图（因为迟群是会议的领导人之一，他会把会议的各种情况向“四人帮”汇报），上面认为会议有问题，而且刘西尧可能把这种情况向甘子玉作了传达，这样纪要就迟迟拿不出来。因为会议代表大多是批林彪路线极“左”，认为“文化大革命”前“十七年”是“红线”为主等，如果按会议的真实情况写成“纪要”送上去，肯定会挨批；而如果按“四人帮”的意图写“纪要”，在会议代表那也肯定通不过。这样会议就开不下去了，然后就提出休会，等候上级领导来讲话。

会议停下来之后，就把一部分人遣散回来，我们简报组是头一批回来的。

熊：您没听到中央领导的讲话？

宋：我没有听到。召开科技会议之前，老过已从“五·七”学校回到北京，也被邀请参加这个会。在会议期间，他跟我透露，武衡的意思是以后让我去二局，他也去二局。我说我没有意见。我从科技会议回来后，先是在业务二组工作，接着二组就改为二局，不久二局又被分为一局和二局，一局负责生物学，二局负责地学，我在一局。当时院里已开始批科技会议的错误，接着要组织一些人到“五·七”学校去轮换。一局的负责人宋政被派到确山“五·七”学校当校长，估计他可能知道我会挨批判，为了保护我，他对我说：“老宋，你跟我去干校吧。”于是，我在一局没待多长时间，就去了确山“五·七”学校，在那待了约一年，只1973年过年时回来过一次。

熊：您在干校中是什么职位？

宋：我只是普通一兵，分在菜班种蔬菜。不久，干校出了大字报，从那可以看出，当时已对科技会议批极“左”展开了大批判运动。

熊：您当时紧张吗？

宋：我不紧张，我在世外桃源嘛。我回来才知道，休会后，代表们在北京等了两三个月，然后纪登奎、李先念等中央领导去讲了话，大批了会议一通，说林彪的路线是“右得不能再右”了。若我还留在北京，估计会挨批。在我去“五·七”学校前，有一次刘西尧在院小礼堂召开会议，大概有上百人参加，他批了我们简报组。还有人写信揭发我们简报组，说它对会议的错误起了推波助澜的很坏的作用。

筹备期间和会议期间领导人开会时，我大都被吸收参加，对会议作了比较详细的记录。在下干校之前，我把全部记录给了老应。后来老应把刘西尧的有关讲话摘录出来，写篇大字报公布——他贴大字报批判刘西尧！为此，老应曾给我写信，说未经过我的同意，把我所作的记录写入了大字报。

刘西尧批我们简报组，矛头也指向武衡，武衡对此很不满意。“文化大革命”结束之后不久，他还曾通过老应找我，希望我们就全国科技会议的情况合写一篇反批评的文章。那时我在一局当负责人（一局主要负责人老过当时有病在家休息），事情比较多，说抽不出时间，没有答应。后来，武衡自己在《院史资料与研究》上发表了一篇详细的回忆文章，其中就有揭发批判刘西尧的内容。

8. 业务一组、二局、一局

熊：为什么 1971 年夏天把您从“五·七”办公室调到业务一组？

宋：那个时候逐步开始恢复业务了，而我以前一直是搞科技组织管理和服务的，估计是因为这个原因把我调去。当时两个业务组，业务一组、业务二组，前者管全国的科研，后者管科学院的科研。

熊：业务一组有多少人？为什么对同位素工作那么重视，专为此而建立一个小组？

宋：我在业务一组待的时间很短，也不知道为什么要建那样一个小组。开科技会议前，院里的领导开始酝酿成立院里的机构，老过被内定为二局（前身是业务二组）的负责人。全国科技会议休会后，因为老过事先给我打过招呼，我就到了那里。

熊：过老被任命为二局局长？您过去后居于什么职位？

宋：当时没有设局长、副局长，老过是二局负责人之一，还有董效舒也是二局的负责人，他和老过好像没有明确谁正谁副。二局被指定负责生物和地学方面的工作。董效舒原来是地理所的造反派、所革委会的负责人，大概由他全面负责，并分工管地学方面的工作，老过分管生物方面的工作。我当时没有什么头衔，只是普通的办事人员，在老过的领导下工作。

熊：二局还有哪些人？

宋：二局的人不多，可以算出来的。一般工作人员，生物学方面，除我之外，还有李佩珊（她原来在中宣部科学处工作，“阎王店”被砸烂后在那儿参加运动，成立二局时才到科学院来）、翁延年和佟凤勤。就我们四个。联系地学的大概只有三人，其中杨森联系地质、地理类研究所，胡寿永联系古生物类所，韩修文联系海洋类所。除我们这两组人外，还有一个小小的办公室，一两个人，其中一个原来是天文台的造反派，管收发等日常的后勤杂事。

熊：你们四个管生物的是怎么分工的？

宋：李佩珊、翁延年联系动物、生理生化方面的工作；我仍联系植物、微生物方面的工作；佟凤勤联系遗传、土壤方面的工作。情况大致如此，可能不太准确。

熊：局内分没分处？

宋：曾经酝酿过，可没有分成。董效舒一度想分处，曾征求我的意见。我不置可否，说，这种事情由领导决定，我没有什么意见。

不久之后，大概因为业务工作不断增多，二局又被分为两个局——一局负责生物学，二局负责地学，由老过和董效舒分别执掌。记不清是刚开始分两个局还是过了些时间，一局又添了宋政为负责人。我和李佩珊等四人去了一局。

熊：成立一局后，管生物的工作人员有无变化？

宋：开始时还是我们四个。因为大部分研究所被划给地方或国防部门，那个时候科学院直接管辖的研究所非常少，在我的印象里，生物口似乎只剩了上海生化所直属科学院（以院为主和上海市双重领导）。就北京地区来说，科学院原有的七八个生物方面的研究所，都被划归北京市、科学院双重领导，以地方为主。北京天文台、古脊椎动物所当时也归科学院。为什么科学院还留这几个所呢？大概是因为总理批示要重视基本理论后，科学院组织一些人讨论，认为生命起源、基本粒子等三大基本理论应该着重抓一抓。

因为科学院只剩了几个研究所，我们当时工作是比较轻松的。除生化所外，其他所也有人到局里来找我们，讲他们希望回归科学院的心愿，并要求对它们科研工作的方向等提供意见。我当时只是普通的工作人员，有不少所也没有分工归我联系，如果知道，就提一点参考意见。

9. “三志”会议、植被会议、环保会议

宋：1973 年至 1975 年春，我记得比较清楚的业务工作，主要是两个会议。

第一个为 1973 年春天（2 月 19 日至 3 月 7 日）的“三志”（中国植物志、动物志、孢子植物志）编撰会议。这是一个由中国科学院主持召开的全国性会议，在广州羊城宾馆举行。会议的目的是恢复、推动“三志”的编写工作。记得成立了一个由老过和一些单位著名科学家组成的会议领导小组。老过当时身体不好，不但让我编会议简报，还让我拟会议纪要。简报只出三四期，我一个人难以干下，就一个志找一个人帮忙。我记得从植物所、动物所请人帮忙还比较顺利，从微生物所请人就没请到。

第二个为植被会议（植物生态学与地植物学方面的会议），1973 年 10 月 29 日至 11 月 10 日在昆明的翠湖宾馆开的，也带有全国性，因为科学院当时没有几个直属的研究所了。我记不清为什么开这个会了，大概还是为了恢复这方面的业务，同时也明确一下相关工作的方向、任务。我的任务是作记录、写纪要。院档案处应该存有这两个会议的材料。

熊：是不是与环境问题有关？

宋：科学院当时还没有开展环境保护工作。但已经注意到这个问题。美国作家卡逊的《寂静的春天》出来之后，引起全世界的关注。总理发现环境保护问

题很重要，大概也是在1973年的时候，召集各个部门负责人，开了一个部署治理“三废”（废水、废渣、废气）的会议，要求各有关部门重视开展这方面的工作。科学院当时由老过抓这项工作。他集中精力组织属于科学院的和原来属于科学院的有关的研究所（植物研究所、地质研究所等）开会。会后各个所就分别进行工作，好像还选择了北京附近的一条河流组织几个所联合进行调查——主要调查水污染的情况，还有造成河水污染的沿河的工厂等。这次会议是我国开展环境保护研究工作的开端。

10. 整顿科学院

宋：1975年7月，办公厅的韦方安同志打电话通知我，让我去帮新领导工作。当时催得很急，两天之后我就把工作移交了。当时和我一道被调去的人还有韦方安（张劲夫以前的秘书，“文化大革命”后曾当院办公厅副主任）和人事局一位姓杨的同志（我想不起他的名字了）。过了没多久，李昌和王光伟就到科学院上班了。来后一两天，李昌召集我们几个工作人员开会，告诉我们，中央派了他们和胡耀邦来科学院工作，看看科学院怎么搞。他还讲了一些意见，可我都记不得了。

几天后，李昌交给我一个任务——写科学院院部的概况。我搞了一段时间，写个材料交给了他。李昌交给我任务后没过几天，郁文陪胡耀邦来看望我们几个。郁文把我们分别介绍给胡，他很简单地问了我们个人的一些情况就走了。来科学院上班之前，似乎胡耀邦已找张劲夫、胡乔木等领导人了解过科学院的一些情况。

胡耀邦头一次召集会议，就提出要搞一个科学院向中央或国务院汇报的提纲——后来被批判为三棵“大毒草”之一。有一天早上，郁文突然叫我，说要开会，让我作记录。他把我带到胡耀邦的办公室，就在那开会，出席会议的有胡耀邦、李昌、王光伟、王建中、胡克实、郁文六人。胡耀邦说，华（国锋）副总理交代了一个任务，要在一个月内，交一个科学院的工作汇报，要拿出有主见性的东西。这个会的详细内容我就不说了，我已整理了一个详细的记录给《院史资料与研究》，印出来后，可从中查到。胡耀邦谈了几大问题，因为汇报要得很急，决定每个与会者各负责一部分。后来不知怎么又突然改变了，郁文告诉我，此事改由吴明瑜、罗伟他们来起草。要我把那次会议的记录向他们作了传达。他们还拉我写一个问题，但我从未写过大文件，勉强写出来也不能用。以后老吴、老罗写出来的东西怎么征求意见，怎么修改我就再也没有参加了。只是有一次我偶然听说胡乔木对汇报提纲提出意见，说毛主席语录用得太少、语言太旧等，再后来就改由胡乔木来抓这个事，由他组织人修改定稿。

我记得，我有两次被叫到胡耀邦家里去。第一次是汇报提纲基本完成后，大概胡耀邦对它比较满意，就把郁文、吴明瑜、罗伟和我四个人叫到他家里，还买了西瓜招待我们。在闲谈中，胡耀邦突然提出一个问题问我们——鲁迅曾经在某个问题上讲过一句什么话。吴明瑜很快答出，那句话是“要么在沉默中爆发，要么在沉默中死亡”[①]。胡耀邦很欣赏吴明瑜，有一次还在开会时表扬他。胡耀邦并不是明的跟“四人帮”对着干，但从他的谈话可以看出与“四人帮”不同的倾向性，比如对“文化大革命”前十七年的评价，他更多的是肯定成绩，从未说是黑线。

另一次，又是郁文叫我去的，比较急。去了以后，胡耀邦提出，关于科学院的工作，几个领导干部要大体分一下工。他说，我这个人喜欢超脱，不太管具体事，只能从大的方面看一看。他交代说，科学院的事是否分几条线，由几个人分头管一管。科学院和各研究所的经常事务由李昌管，业务一组（面向全国）由王光伟管，办公厅（后勤这一摊子）由刘华清管。这个安排在当时是相当机密的，胡耀邦让我把这些话记下来，交给郁文，再让郁文交给李昌。据我观察，胡耀邦似乎是想让郁文当秘书长的角色。

不久就开始了“反击右倾翻案风”运动，从“批林批孔”发展到“批周公”、“批邓”。此前毛泽东主席曾讲了一段批水浒的话（胡耀邦知道后就念给我们听，说毛主席有个指示，传达一下），然后“四人帮”抬头，对那些话加以发挥，形势又变得比较紧张。掀起“反右倾翻案风”的高潮时，我不在北京。此时我已回一局工作。当时拟恢复黄淮海工作，因我对相关情况比较熟悉，宋政让我跟他一起下去了解一下情况，同时跟省里、县里打一下招呼。我记得是河南省科委主任接待的我们。我们先到封丘，然后绕道郑州回北京，共花了一两周的时间。我们在途中听到广播，宋政判断说，形势不对。

熊：宋政当时在什么部门工作？

宋：宋政当时是一局负责人，“文化大革命”前他是新技术局的副局长之一。

熊：当时过老是不是被免职了？

宋：没有。调宋政过来，让他做一局的负责人，只是以加强领导的名义。他不太熟悉生物学口的业务工作，业务工作主要还是由老过抓。在一局改为生物学部时宋政还在那里，后来听说他跟学部主任冯德培不太合得来，就离开了，调他去当院机关党委书记。

熊：宋政此次叫你去河南，是不是也是为了保护您？

宋：可能不是。因为在我们出差前国内形势还比较平稳，主要是在学习儒法

① 是不是这句话我不敢肯定。如果想了解，可问吴明瑜或罗伟。——宋振能注

之争、批孔老二等，我们是在出差河南途中听到广播，才了解到要大搞“反击右倾翻案风”的。“反击右倾翻案风”时，参与汇报提纲起草工作的人当时可能受到一些压力。我从河南回来后，罗伟告诉我，老吴和他贴了一张大字报，因为我出差了，所以没有给我看。当时我很简单地回答了一句，说反正咱们大家都知道，我看不看无所谓。老罗听了好像有点迷惑。实际上我的意思是，我没有做什么工作，这个我们几个人彼此都清楚，所以我看不看无所谓。

11. “百家争鸣”座谈会

宋：在编写讨论科学院汇报提纲的过程中还有一件事，就是华国锋通知科学院，他准备召开一个“百家争鸣”座谈会，想邀请一些有见解的科学家参加，让他们自由发表意见，借以了解科技界的有关情况。这个座谈会第一次是在中南海的一个会议室召开的，郁文通知我去作记录。参加头一次会议的科学家，我记得的有张文裕（高能物理学家）、王守武（半导体专家）、柳大纲（化学家）、秦元勋（数学家）等少数人，还有谁参加已记不得了。会议由华国锋主持，开始时他讲了开场白，但他讲话的口音很重，好些话我都听不懂，当时又没有录音，整理简报时我只好对他的话作简略处理，幸好他讲的要点我还是听清楚了。这次座谈会的简报整理出来后，听郁文说，胡耀邦看后感到总的情况不错，不过他认为有一位科学家的发言不好，因为他在发言时讲了不少他的私人纠纷。

熊：会议作出什么决定没有？

宋：这是“百家争鸣”的会议，并未作什么决定。开第一次会时华国锋曾说这样的会还要多开几次。但不久就听郁文说，华国锋负责的工作太多，通知座谈会由科学院主持继续召开，院里决定由钱老（钱三强）来抓这个事。后来钱老就主持陆续再开了五六次座谈会。会议历次都由我记录，简报也全都是我整理的。我整理完后交给钱老看，他同意了，不知是否还让胡耀邦他们看，然后就印发出来。散发的范围我不清楚，可能发到研究所一级。我记得有一次，钱老邀请了邹承鲁（生物化学家，在生物物理研究所工作）等人来座谈。邹承鲁讲话历来是比较尖锐的。他根据本人的遭遇，对所里业务处的人提了一些意见，我整理简报，把那些话登了进去。后来，生物物理所的业务处处长韩兆桂（复员军人、造反派）到我的办公室跟我吵，说邹讲的并不是事实，你未经调查就刊登不对。我说我写简报只是反映会议发言的情况，人家讲什么我就登什么，领导并未让我去核实情况，或征求有关单位的意见，就这样把他顶回去了。

我是在参加完“百家争鸣”座谈会之间回一局工作的。会议共出了 7 期简报，我这儿存有一套，现在被罗伟借去了，若有兴趣，你可以再找他去借。[①]

12. 马铃薯茎尖脱毒会议

宋：1976 年，我国发生了总理去世、朱德去世等一系列震惊中外的大事。业务方面，我只记得一件事——我们在 9 月曾召开过一次马铃薯茎尖脱毒会议。此会是由植物研究所的陶国清促成的。马铃薯很容易退化，这主要是由病毒引起的。他用茎尖培养的办法，使马铃薯不受病毒的影响。他到局里来宣传，老过和我们对这项成果都很感兴趣，就由老过在内蒙古的乌兰察布盟主持召开了一个全国性的会议。来的人并不太多，科学院主要是植物研究所的陶国清（搞茎尖培养），微生物研究所的田波（搞病毒研究），动物研究所的张广学（搞蚜虫研究，蚜虫与传播病毒有关）以及一些和他们合作研究的人参加。另外，地方上、产业部门、高等院校也有人参加，因为要推广这个工作。这个会的纪要是谁写的我忘记了。这个会，薛攀皋（以下简称老薛）也去了，会开完后，我向老过、老薛建议，我和老薛到植物所在内蒙古锡林郭勒盟的一个点上去考察一下。到那之后才发现，实际上当时植物研究所只有一个人在那儿。我们花了好长一段时间才找到他，然后他介绍我们到一个农民家去住。到农民家已是晚上了，内蒙古当时穷得要命，他们也没有提出来给我们弄饭吃，附近又无饭店，我们很饿，最后只好买了点饼干吃。当天夜里，我们还遭遇了一场小地震。这件事情让我印象很深。

13. 农业现代化研究所

熊：请介绍一下“文化大革命”之后，科学院成立农业现代化办公室的相关情形。

宋：有一天，李昌跟我们谈话，要求我们科学院生物口集中相当大的力量去支援农业，一局（后来改成生物学部的办事机构）绝大部分工作都要以农业为中心，要多做工作，拿出东西来给国家作贡献[②]。他讲的话比较绝对，我们感觉不太适合科学院的实际情况，都不太赞成。

熊：我看过李昌的一个发言，他批评过老，说他不该对自己拍桌子。

宋：大概在一次院务常务会议上讨论支援农业的问题，李昌又提出他的那套想法。老过参加这个会，他坚决不同意，回来后他跟我们谈过。

熊：过老是棉花专家，以前本来是搞农业研究的，他为什么坚决反对？

宋：老过对抓支援农业的研究一向是很积极的，据我看，他不同意的是李昌所提的那种搞法。但他是否激动得对李昌拍桌子我就不知道了。李昌还召开过一

① 这七期简报已在本书刊登。

② 原话怎么说的记不清了，这是凭我的大致回忆说的。——宋振能注

个会，谈支援农业的问题，一局只有我一个人参加。我当时也是不赞成的，并且讲了些比较尖锐的话，不过总的说来，我表达得比较婉转。我说科学院支援农业是应该的，我们实际上也一直在支援农业，而且每个时期都出了一些成果，虽然并不多。我还举了一些例子作为证明。我说支援农业有直接的、有间接的，有近期的、有远期的，不能一概而论。我们科学院的长处在于生物学研究，生物学是农学和医学的基础，对农业是有促进作用的，但不少工作不一定能够很快对农业生产直接产生效果。我们应该保持自己的特色。具体的农业技术方面的研究，还是应当主要由农业科学院系统去做，因为我国的农业研究力量，绝大部分都集中在农业科学院系统和农业院校，农业科学院有从上到下的一个网络，从中国农业科学院到省农业科学院，到县农科所，到乡镇农技站。我们科学院的生物学研究机构，研究性质跟它们还是有区别，而且也没有从上到下的一套网络，应当扬长避短。

但李昌听不进我们的意见，在会上也批评了我几句，还是坚决要搞。他这么强调也是有原因的——他要贯彻华国锋的指示。他跟我们讲过，华国锋有指示，要求科学院大力支援农业。

熊：他答应了最高领导，所以必须要搞？

宋：华国锋作这个指示时似乎还不是最高领导。在我们表示反对之后一段时间，李昌又进一步提出要在科学院建农业现代化研究所。可能他看要让一局贯彻他的想法行不通，就另外从农业部门调来石山、陈林等一些人来抓支农工作，后来就单独成立了一个支援农业办公室（具体名称记不清了），并且张罗成立了三个农业现代化研究所，但这些研究所里并没有什么得力的人才，尤其是没有著名的科学家做骨干——三个所的所长都是兼职的，并没有把主要精力放在这些所上面。

熊：这三个所存在了多长时间？

宋：这三个所于 1978 年 2 月成立，一个在河北栾城，一个在黑龙江海伦，一个在湖南桃源，后来（1979 年 6 月）又把它们搬到较大的城市，湖南的搬到长沙，河北的迁到石家庄，黑龙江的迁哈尔滨①。

① 2002 年，石家庄农业现代化研究所并入遗传与发育生物学研究所，黑龙江农业现代化研究所与长春地理研究所合并组建为东北地理与农业生态研究所。2003 年，长沙农业现代化研究所更名为亚热带农业生态研究所。

第五部分　中国科学院生物学研究与发展相关论述

对中国科学院生物科学发展战略的意见*

一、中国科学院生物科学研究的现状

中国科学院的生物科学研究部门，经过新中国成立以来36年的发展，已经成为我国生物科学的综合研究中心，对祖国的社会主义建设和生物科学发展作出了显著贡献。

（1）36年来，中国科学院生物学研究机构独立完成或与有关高等院校、部门、地方合作完成的比较重要的科技成果有数千项，其中获得国家、院和各有关部门或地方科技成果奖的约900项。在为国民经济建设服务方面，例如，华南橡胶宜林地的综合考察，为我国橡胶树的合理种植，特别是种植区的往北推移提供了重要的科学依据；根据长江鱼类资源长期调查的成果，提出了葛洲坝水利枢纽工程不必修过鱼设施的建议，经有关部门采纳，节省工程投资约5000万元；关于东亚飞蝗的防治研究，提出改治结合的措施，使历史上长期猖獗为害我国东部数省的蝗灾得到了控制；研究成功二步发酵法生产维生素C的新工艺，在世界上首次应用于工业生产，已在国内普遍推广，并作为先进新技术出口；葡萄糖淀粉酶高产菌种的选育和推广应用，根据1982年白酒行业的统计，为全国节省粮食4亿吨，增加效益8000万元。其他如青藏高原、横断山脉、黑龙江、新疆等地的综合考察，华北、东北、新疆等地的盐碱土改良，碳铵粒肥、微量元素等肥料研究促进农业增产，重要农作物和经济植物的花药培养和育种，马铃薯茎尖脱毒防止退化，淡水和海洋藻类、鱼类的养殖、育种和利用，蓖麻蚕的驯化和养殖，一些重要病虫害的调查、预报和防治，鸭儿湖和一些工厂的“三废”治理，多种生物资源的调查、引种、有效成分研究和开发利用，肝癌早期诊断等，对国家的农业、林业、医药卫生和工业都作出了重要贡献。在基础研究方面，牛胰岛素人工合成的研究成功，标志着我国在世界上第一次完成了蛋白质的全人工合成；酵母丙氨酸转移核糖核酸人工合成的成果，又使我国另一类生物大分子的人工合成进入了国际先进行列；关于“脑室内和脑组织内微量注射吗啡的镇痛研究”的

---

* 本文刊登在《科研管理》1986年第2期第1～6页、第10页。

成就，被国外科学家誉为吗啡作用机理研究的里程碑。再如，光合磷酸化高能态的发现，某些蛋白质、酶的结构和功能，脱氧核糖核酸结构的序列分析，细胞核移植，胚胎诱导和分化，核穿壁运动和物质运输，紫菜生活史，针刺镇痛的机制，某些病毒和类菌体的发现，以及某些生物科、属的系统发育和区系研究等，都取得了具有国际水平的成果。在中国科学院的主持下，还组织全国有关科研工作者，编纂出版了多卷《中国植物志》、《中国动物志》、《中国经济动物志》、《中国经济昆虫志》以及《中国植被》、《中国土壤》、植被图、土壤图等图著。

（2）中国科学院已经形成一支具有相当规模和一定质量的生物学科技队伍。到目前为止，中国科学院约有生物学科技人员 5800 人，其中副研究员、高级工程师以上的 640 人。中国科学院有一批国内外知名的老科学家，他们在领导和参加科研工作、培养人才以及开拓新的科技领域等多方面立下了历史功勋。值得高兴的是，数量更多的掌握最新生物学知识和技术，具有攻坚能力的中青年科技人员已经茁壮成长，并成为当前科研第一线的骨干力量。

（3）中国科学院生物科学的各个分支领域已经基本配套。原来有基础的研究领域，如分类学、形态学、生理学等，研究范围和内容已在不断扩大和深入；同时，还注意不断应用新理论、新观点、新技术和新方法，促进学科的更新和发展。更为重要的是，若干新兴的前沿领域，如生物技术、分子生物学、细胞生物学、神经生物学、生态系统等，得到了重点扶植和加强，为今后的进一步发展打下了较好的基础。

（4）随着我国对外开放政策的贯彻执行，中国科学院生物学方面的国际合作和学术交流已大大增加。据不完全统计，中国科学院 1978 年到 1986 年赴国外合作研究和进修的生物学访问教授、访问学者、研究生和进修生近千人。他们中的不少人无论在国外或回国以后都取得了很好的科研成果，有些还作出了创造性的贡献。国际间的科技合作、相互考察访问、参加学术会议和交换书刊、资料、标本、种子等也不断增多。目前，中国科学院生物学研究机构已与世界上许多国家建立了科学合作和交流关系。

（5）开展生物学研究所必需的支撑结构和实验材料，包括仪器设备、试剂药品、实验动物以及农场、鱼池、中间工厂、温室、冷库、负压实验室、人工气候室等设施，已大体具备。虽然这方面的情况还远不如人意，不少问题尚待解决和改进，但各方面的条件与新中国成立初期相比，毕竟好得多了。

（6）中国科学院生物学部的学部委员，是全国生物科学、农业科学、林业科学和医药科学等方面科学家的优秀代表。他们作为最有学术权威的集体，在科研规划、组织协作、评议、指导、咨询等许多工作上，为促进我国特别是中国科学院的生物学研究发挥了很好的作用。

30多年的成就是很大的，但今后的任务更光荣、更艰巨。当前，我们面临着全新的形势。中共中央关于科研体制改革的决定，向我国科技工作包括生物科学研究提出了更高的要求，而我们的工作还远不能适应国家的需要；国际上生物科学已在突飞猛进地发展，特别是生物技术革命正在蓬勃兴起，而我国由于种种原因，与国际生物科学的先进水平还有较大的差距；高等院校、国家有关部门和地方研究机构的生物学科技力量已有很大加强，并做出许多重要成果，这无疑是大好事，但同时也向我们提出了如何与兄弟单位更好地协作分工的问题。在这些新情况下，怎样确定中国科学院生物学研究的发展战略，怎样更好地发挥中国科学院生物学研究的作用等，都是需要充分讨论并给予回答的问题。下面谈谈我个人的意见。

二、对中国科学院生物科学发展战略的意见

（一）把发展生物技术摆在优先地位

生物技术由于在新产业革命、科技发展中占有重要地位和能够产生巨大影响，已引起许多国家的很大重视。在我国，生物技术的主要科技领域是由中国科学院生物学的有关研究所首先开拓的，并在实际工作中做出了成绩，若干科技成果已经取得了较大的经济和社会效益。现在，中国科学院从事生物技术研究的科技人员约700人，其中出国合作研究和进修后回国的约100人。具有这样的科技基础和雄厚的人力，把生物技术的研究和开发摆在优先地位，使其能在迎接世界生物技术革命的挑战和我国“四化”建设中作出较大的贡献，应该是中国科学院义不容辞的光荣责任。

如何发展中国科学院的生物技术，我认为需要强调以下几个问题。

（1）在重点加强基因工程的同时，也要相应支持细胞工程、酶工程和微生物工程的发展。应用基因工程高技术形成新的产业，目前还处于起步阶段。但由于它处在整个生物技术中的关键地位和具有远大的前景，我们应当重点发展。在研究方向上，除继续重视原核生物基因工程的研究和开发外，从现在起即应着重加强真核生物基因工程的研究和发展。但是也要看到，基因工程的研究和开发，与细胞工程、酶工程和微生物工程的发展有着密切的联系。同时这些工程的研究，既有它本身的重要性，若干研究领域的成果又可在较短时间内产生经济效益和社会效益。因此，也应该给以相应的支持。

（2）既要抓好一批近期可以推广应用的项目，又要组织若干对国民经济建设有重大意义的课题。“六五”期间，中国科学院在生物技术研究上已取得一批

较好的成果，如多种经济植物的组织培养和快速繁殖，若干可用于诊断的单克隆抗体，若干可用于粮食和农产品深加工的酶生产菌种，七种氨基酸系列产品高产菌种以及基因工程的一些疫苗和工程菌等。抓好这批成果的中间试验和扩大推广，使其尽快转化为生产力，就可在“七五”期间对我国的经济建设和卫生保健事业起到直接的作用。与此同时，要发挥中国科学院多学科、综合性的优势，采取有力措施，形成拳头，对若干有重大经济意义和覆盖面大、作用范围广的课题进行攻坚，如动植物细胞的大量培养、人－人细胞杂交瘤、氨基酸系列产品的基因工程、植物抗性的基因工程、高等动物的表达和生产系统等。这些研究若能取得突破，将会对今后的“四化”建设发生重大而深远的影响。

（3）迅速填补和加强薄弱环节。我国生物技术的重要薄弱环节有二：一是工艺和某些关键技术；二是基础研究。工艺、技术的薄弱环节（如生物传感器、生物反应器、生物技术产物的后处理技术等）如果不加强，科技成果转化为商品将只是一句空话。加强这方面的薄弱环节关键在于网罗和培养人才。采取有力措施来促进化工、化学、电子学、计算机、机械等专业的科技人员和生物学人员相结合，是当前的一项紧迫任务。我国整个生物技术研究和开发工作“模仿”多，“创新”少，这种状况是与有关的基础研究严重落后分不开的。缺乏基础研究的足够储备和积累，要取得生物技术持续不断的发展和重大突破也是困难的。因此，根据中国科学院有关研究所的情况和专业特长，有计划地对生物技术的重要基础研究进行全面的部署，加强诸如基因的分离、鉴定、结构分析、合成和调控，染色体的生物学，细胞的分化和脱分化，固定化酶和固定化细胞的反应动力学，微生物的代谢和调控等研究，也要摆上日程认真搞好。

我国在生物技术的各个环节上，与当前的国际先进水平都有不同程度的差距。我们当然应该充分利用对外开放的有利条件，采取各种办法和措施，包括引进新技术、引进人才等，学习和掌握国外一切对我有用的好东西。但是也要清醒地看到，凡是高技术的各种新东西，国外都是严格保密的。因此，我们的立足点仍然应该是自力更生。我们的奋斗目标是，在中国科学院逐步建立和形成一个既有多学科横向交叉渗透又有开发研究、应用研究和基础研究纵深配置的比较完整的生物技术体系，努力争取用十几年、二十年的时间，跻身于国际的先进行列，并为形成我国生物技术的新产业作出应有的贡献。

（二）面向经济建设仍应作为重要的战略任务

根据我国国情，为了适应国家迅速提高生产力的迫切需要，在今后一段时期内，面向经济建设仍是中国科学院生物学研究部门的重要任务。问题是如何选择和确定我们的主攻方向。我们的优势是生物学的分支领域比较配套，有其他自然科学和技术科学领域可以交叉渗透；有一支相当规模和一定质量的科技队伍；在吸收和引进国际上的新观点、新技术、新方法方面往往能够率先行动，并在某些领域做到有所创新和发展。而我们的劣势是农、林、医药科学的许多应用分支领域十分薄弱或根本没有；又没有从中央到地方的一整套试验、推广系统和附属设施。基于以上分析，遵循扬长避短或扬长补短的原则，我们要着重在综合、特长、新颖上下工夫；并与有关部门和地方加强协作和分工，避免不必要的重复，使中国科学院生物学部门能够在国民经济建设的若干综合性问题或重大问题上发挥指导作用和关键性作用。据此，我认为应该选择的主攻方向有以下几点。

（1）围绕国土、水域的开发利用和整治，组织多学科的综合考察。过去的实践证明，发挥中国科学院多学科的优势，并与有关兄弟单位相结合组织综合考察，曾对华南橡胶宜林地的选择、云南紫胶虫的开发利用、东北荒地的开发利用等工作提供了重要的科学依据和指导，受到了有关生产部门和地方的赞扬。根据国家建设的要求，继续组织这样的综合考察。例如，建设长江枢纽工程对周围环境和生态的影响，西南山地的开发利用和资源考察等，仍然具有重要的意义。可是应该指出，在研究国土和流域综合治理的具体措施上，尽管我们在某些方面可能发挥重要作用，但就其整体来说，由于农、林、水等应用学科的主要科技力量在有关生产部门和高等院校，这方面的研究一般应以它们为主去进行。如果不与有关部门和地方相配合，把非中国科学院专业擅长的工作作为主攻方向，那只能是事倍而功半。

（2）进行生物资源、生态和生态工程以及环境保护方面的调查和研究工作。研究这些问题，中国科学院既有比较配套的专业，又有相当的人力优势，应当围绕若干重要课题，如药用、芳香等重要植物资源的调查、开发利用和保护，耐极端条件微生物菌种的调查和选育，某些地区和流域的环境保护以及提高草原、森林、水体的生产力等，组织有关专业力量，加强协作，或提供可在生产上直接应用的成果，或做出样板，组织示范推广。

（3）研究解决生产建设问题的新途径、新技术、新方法。过去我们在“新”字上做文章，曾为解决国家建设上的问题提供了一批好成果。例如，开创了单倍体育种的新途径，研究出利用病毒、细菌和昆虫性信息素防治病虫害的新方法，应用动物、昆虫激素促进经济动物快速生长和防治疾病的新方法，提供了家鱼催情增产的新技术和肝癌早期诊断的新方法等。今后在研究解决农业、工业、医药卫生和环境保护等各种重要问题上，仍然有许多“新”文章可做。值得注意的是，在我们以往的工作中，是移植国外已有的“新”多，自创的“新”少。当然，引进国外已有的新技术、新方法加以研究推广，可以在短期内解决我国生产实践中的问题，这在今后还是我们应当利用的重要途径。但是，同时依靠我国生物学工作者的聪明才智，研究出更多自己首创性的新技术、新成果，应该是我们的一个重要努力方向。

（三）逐步加强基础研究，努力提高基础研究水平

中共中央关于科研体制改革的决定，已明确赋予高等院校和中国科学院以发展基础研究的职责。基础研究的重要性也已为越来越多的人所认识。多年来的经验教训证明，为基础研究提供稳定的环境，使它在整个科技工作中保持适当的比例，防止“忽上忽下”、“大上大下”，无论对于科技发展或是国民经济建设都具有重要意义。近些年来，经过对科研工作的调整，中国科学院生物学方面基础研究（包括应用基础研究）在全部研究工作中所占比例，总的看来大体上是合适的。随着“四化”建设进展对科学研究提出更高、更深入的要求，随着生产部门和地方生物学科技队伍的进一步发展壮大，按照中国科学院在几个方面军中所处的地位和适当分工，今后逐步增加基础研究的比例，是必要的。但当前更为重要的是要不断提高基础研究的质量和水平。而在这一方面，怎样更好地扶植和培养高水平的科学人才，充分发挥基础研究人员的首创精神，为他们创造进行生动活泼的自由讨论和学术交流的环境，通过同行评议清理课题，择优汰劣以及组织协作，改变目前基础研究工作中存在的“小、散、杂”的状况等，都还需要做大量的工作，应当为此做出坚持不懈的努力。

中国科学院生物学的基础研究，大多数领域在国内居于领先地位。但与国际先进水平相比，除有少数工作接近、达到或超过外，而从整体来看，差距还是大的。根据我国的实际情况，选择若干最有意义的前沿领域，赶超国际水平，迅速填补一些重要的空白和薄弱部门，逐步缩小整个生物学研究与国际水平的差距，应该作为我们今后十几年、二十年的努力目标。

与此相适应，在学科发展政策上，需要采取“突出重点，统筹兼顾”的方针。中国科学院生物学部常委会经过广泛征求学部委员和有关科学家的意见，曾制定了中国科学院“六五”期间的生物学发展计划。计划中确定生物科学的优先发展领域为：分子生物学、细胞生物学、神经生物学和生态学。同时，也要相应发展生物学其他领域的研究工作。今天看来，这对于指导“七五”直至“八五”期间的生物学发展也是适用的。需要特别提出的是，动物、植物和微生物分类学是整个生物科学的基础，对于生物资源的调查、开发利用和保护等具有重要指导意义。但当前这些学科的研究后继乏人，经费短缺，已处于“濒危”境地，应当采取特殊措施进行拯救。直到 1986 年，中国科学院还有一些很重要的空白、薄弱分支领域，如分子神经生物学、分子免疫学、人类遗传学、应用生态学等，急需填补和充实。

在基础研究工作的部署上，同样应该选定若干有重要意义的方向，相对集中力量，予以突破。可以考虑的方向有以下几点。

（1）生物科学的生长点和最新前沿，而我们又有可能赶超世界水平的项目，如生物大分子的结构和功能，蛋白质和核酸的相互关系，基因特别是真核生物基因、基因组的调控与表达，激素和神经递质的受体，细胞分化和脱分化，生态系统的结构与功能等。

（2）重大国民经济问题的应用基础研究。若干年内，在中国科学院的整个基础研究中应用基础研究应占较大比例。重要项目，如围绕解决农作物优质育种问题研究控制品质的基因及其应用于育种的途径；围绕解决微生物、昆虫和植物的抗性问题研究抗性的形成及其机制；围绕癌症防治研究肿瘤细胞的成因、分化及其抑制；围绕计划生育问题研究胚泡着床的机理等。

（3）生物学、土壤学基本图志的编纂和重要理论问题的探讨。首先要继续集中力量，编纂全国性的孢子植物志、植物志、动物志、植被图、土壤图等。在积累大量标本、资料的基础上，通过系统总结和逐步深入研究，探讨系统发育，区系起源演化等重要理论问题。

三、实现战略的一些主要问题

（一）把发展战略落到实处

发展战略经过讨论确定之后，需要作出实施的通盘安排和具体部署。例如，要组织哪些重大的、综合性的攻关任务和理论研究，由哪些研究所来承担；要着重扶植和加强哪些研究所、实验室和中试基地，使之成为面向经济、解决生产问题的坚强阵地，或成为沟通科研和生产的重要桥梁，或逐步成为国际上著名的学术研究中心，或兼而有之；要填补和充实哪些空白、薄弱领域，在哪些有关的研究所内建立基础；怎样处理各地区之间研究所的关系，形成什么样的布局等。同时，要相应地采取各种措施，使其有计划、有步骤地得以逐步实现。

（二）推动院内外的协作和联合

提倡竞争是必要的，但在我国社会主义条件下，更重要的是要推动单位之间、学科之间的协作和联合。这对于解决国民经济建设的重大问题、沟通从科研到生产各个环节的渠道、发展交叉边缘学科以及促进人员流动等都有很大意义。正是在这一方面，目前却存在着不少问题，应当引起各级领导的高度重视，从政策、经济、科技管理和思想政治工作等各方面来解决这个问题。从中国科学院来说，一方面要积极推动院内多学科的协作；另一方面还要大力加强与有关高等院校、部门、地方及其研究机构的协作。要努力改变中国科学院基本上是封闭型的研究所为开放型、流动型的研究所，采取合作研究、合办实验室和研究所、相互兼职、举办科研生产联合体等多种办法来推进这一重要工作。

在协作问题上，要提倡发扬高风格，服从国家整体利益，反对本位主义和斤斤计较名位的思想。以其他单位为主的工作，我们要甘当“配角”，积极参加，努力完成承担的任务；以我们为主的工作，要注意充分发挥兄弟单位的积极性，尊重他们的劳动，并给其成果以应有的、足够的评价。

（三）选拔、扶植和培养优秀的中青年科技人才

继续发挥老科学家的作用，仍是应该重视和做好的一项工作。但是，振兴科技、攻克“四化”建设的科技堡垒和努力赶超国际先进科技水平的重任，已经落在中青年科技人员的肩上。发现、选拔、吸引、扶植和培育一批拔尖的中青年人才，将是顺利完成这个任务的关键。在这个问题上，最需要的是遵照邓小平同志所说的“少说空话，多干实事”的精神，在为他们改善工作条件和生活条件、提供学习和进修机会以及更好地发挥他们的作用等方面切切实实地办好几件事。近年来，中国科学院虽已重视并采取了一些措施，但还有不少工作可做。如敢于排除阻力，使优秀年轻人才得以脱颖而出；使较多的中年特别是青年参加国际科技活动；进一步疏通从高等院校选拔优秀研究生、毕业生的渠道；加强工作，创造条件，吸收和引进国内外的优秀人才来中国科学院工作等。

（四）建立和加强中试系统，改善实验条件

中国科学院生物学方面中间试验系统薄弱，技术人员特别是空白和薄弱专业方面的高质量人才缺乏，已成为生物技术和其他面向经济的实验室成果迅速转化为生产力的严重障碍。我们不可能也不应该在面向经济的各个领域建立中试系统，但在一些重要领域建立中试系统，并开放供其他单位使用，则是完全必要的。例如，建立少数细胞培养、植物组织培养和快速繁殖的中试工厂或车间，建立果蔬储藏保鲜的冷库等，都是应该提到议程上考虑的问题。至于发酵中试工厂和车间，目前的关键是物色和补充符合专业需要和质量的人员。此外，菌种保藏中心、基因库、细胞库、植物种质库等的建设或充实，也是更好地开展生物学研究所必需的。

在新技术应用和实验条件方面，除继续抓好计算机、遥感等新技术在生物学研究中的应用和补充缺少的仪器设备外，保证实验动物、生化试剂和同位素的供应，仍是当前急待解决的突出问题。实验动物中心、生化试剂厂应急研究之所

急，积极加强和改进这方面的工作。同时希望有关各级领导和职能部门共同努力，促进这些问题的解决。

我们正处在生物技术革命的前夕，在国内外，不仅是生物科学家，而且有不少的数学家、物理学家、化学家、技术科学家和其他科学家，都已充分注意到生物科学在整个自然科学和技术中越来越重要的地位。在中国科学院，生物科学研究已经奠定了良好的基础，只要我们的战略正确，措施得力，依靠全院生物学工作者和各有关领域科学家的共同努力，依靠各级领导和有关部门的更加关心和支持，中国科学院生物科学研究必将在国家的“四化”大业中崭露头角，作出更多更大的贡献。

中国科学院生物学40年*

新中国成立前的生物学基础

中国现代生物学研究基石的奠立，如果以秉志于1921年在南京高等师范学校创设的国内第一个生物系和他1922年在南京兴办的第一个生物学研究所——中国科学社生物研究所为标志，那么到新中国诞生前夕，有近30年的历史。

从20世纪头十年起，报道生物学调查和试验研究成果的文章开始零星出现。但在这个时期，我国的生物学科研工作极少，而且其中一些成果还是在国外做出的。

随着留学国外的生物学家的回归和自己培养的学者的成长，从20世纪20年代起，生物学不少分支学科的研究先后逐步开展起来了。在当时艰难困苦的条件下，绝大多数爱国的生物学家仍然处心积虑地坚持和开拓工作，经过多年不懈的努力，取得了一些较高水平的成果，并为我国的生物学研究打下了初步的基础，但由于新中国成立前战祸频仍，科研经费匮乏和条件设备差劣等原因，生物学的进步相当缓慢，发展也不平衡。

到新中国成立前，我国独立的生物学研究机构只有10个左右，其中科研人员不足100人。就各分支学科来说，全国研究分类学的人数最多，工作基础稍好；生理学、植物生理学、水生生物学、微生物学、昆虫学也有一定基础；生物化学、遗传学、形态解剖学、细胞学、胚胎学等都开展了一些研究，但人数不多；生物资源学、生态学、地植物学、植物细胞学等则基础薄弱或是空白。

生物学事业的发展

中国科学院的生物学事业，是在接收中央研究院和北平研究院各生物研究机构、静生生物调查所、中山大学农林植物研究所等单位的基础上着手建设的。40年来虽几经反复和曲折，但仍然有了较大的发展，已经成为我国最集中的生物学

---

* 本文原载《中国科学院院刊》1989年第3期第209～219页。由薛攀皋同志和作者分工执笔写出稿子，经生物学部原副主任张致一院士审阅同意后共同署名发表。

重要研究基地。主要表现在以下几个方面。

一、建设了一支有相当数量和质量的生物学科技队伍

据1988年年底统计，中国科学院全院生物学和其他学科研究机构中的生物学科技人员约9000人，比1950年的90人增长近100倍，其中副研究员、高级工程师等以上的科技专家约2000人，比1950年的近40人增加50倍。

这40年里，院内和积极参与中国科学院工作的院外学部委员以及其他著名生物学家，已有40余人不幸先后谢世，其中不少人是我国现代生物学或某分支学科的奠基者。对于这批老一辈的生物学先行者，人们将永远缅怀他们为开拓和发展我国生物学所立下的不朽功绩。值得欣慰的是，还有一批健在的知名老科学家，仍在科学研究、培养人才和其他方面继续发挥着重要作用。同时，数量更多的一大批中青年优秀科技人才已经或开始显露出他们的卓越才华，他们将不断以自己的创造性成就贡献于中国以至世界的生物学界。

二、建立了学科门类基本齐全和比较配套的生物学研究体系

现在中国科学院共有27个生物学研究机构，还建立了5个颇具规模的植物园以及10个野外生态系统定位站和其他试验站。为了更有效地促进向国内外开放和人才流动，从1985年起，以已有的生物学研究机构为依托，先后两批设置了11个国家或中国科学院的重点开放实验室。这些研究机构、试验站和开放实验室，有许多是我国各该领域中最有声望的试验研究基地。

在中国科学院的生物学部门中，原有基础的学科得到了继续发展，其中一些描述性学科还逐步开拓了新的、实验性的分支领域，如实验分类学、实验形态学、实验胚胎学、实验生态学等。与此同时，根据国家建设需要和国际生物学的发展趋势，已经填补和充实了若干重要的空白、薄弱学科，特别是一些新兴的前沿领域。例如，1950～1957年，加强和建立了生物化学、生态学、地植物学、海洋生物学、兽类学等学科；1958～1966年，生物物理学、动植物资源学、微生物学等获得了显著发展，填补和建立了生殖生物学、植物细胞学、孢粉学、地衣学等领域；1977～1988年，着重扶植和加强分子生物学、细胞生物学、神经生物学和生态系统等学科，生物工程更是受到突出的支持。由于注意学科建设，重视生物学与各有关学科的交叉渗透以及新技术、新方法的应用，中国科学院已经建立起一个比较完整和配套的生物学科研体系，科研工作开始实现从描述到实验，从定性到定量，并朝着向微观领域深入和宏观领域综合等方面的变革。

三、建立了较为完善的科研支撑结构和实验条件设备

在广泛调查、采集的基础上，许多研究所都建立了自己的标本馆、标本室和

菌种保藏机构，一些研究所已成为国内该科研领域标本或菌种收藏量最多的国家中心。例如，植物研究所标本馆收藏的植物标本达130多万份，动物研究所昆虫标本馆共有标本250多万件，水生生物研究所收藏的淡水鱼类标本20余万号，设立在微生物研究所的全国菌种保藏中心保藏普通微生物菌种近14 000株。

开展生物学实验所需要的一些特殊装置和附属设施已大体具备，如人工气候室、低压舱、负压实验室、农场、鱼池、养虫室、温室、冷库和中试工厂等。各种常规和大型、重要的仪器设备已能基本满足需要。此外，还在上海、北京分别建立了生化试剂厂和实验动物中心，为院内外有关单位提供一部分生化试剂、药品和常用的实验动物。

生物学研究的主要成就

限于篇幅，这里不可能对40年来生物学的所有研究成果一一介绍，仅就其中的主要成就按生物资源、国土开发和环境保护、农业、医疗卫生、生物工程、基础研究6个方面加以简要叙述。由于掌握材料不全或可能选择不当，难免有重要遗漏和其他问题。

一、动植物资源的合理开发利用和保护

调查和开发利用我国丰富的动植物资源，为祖国建设多方面的需要服务，是中国科学院各有关生物学研究机构始终致力的重要目标之一。为此，广大生物学工作者一方面积极参加中国科学院和有关生产部门组织的大规模综合考察；一方面进行了广泛的专业调查。在此基础上，还开展了资源生物化学和引种驯化等方面的试验研究，从而发掘利用了不少重要的生物资源，并使一些濒临绝种的珍稀动植物得到了及时的救护和繁衍。

（一）植物资源调查和开发利用

通过多年来的大量考察和调查，已基本摸清了我国植物资源的家底。由中国科学院各植物研究机构和院外有关单位合作编纂的《中国经济植物志》（1961年科学出版社出版），共记载了价值较高或有发展前途的原料植物2411种。《中国高等植物图鉴》（1972年科学出版社出版）则是反映中国高等植物资源和种类的最完整的专著，书中描述了近15 000种我国常见的、有经济价值和科学上有重要意义的绝大多数种类。

关于植物资源化学和利用的研究，药用植物方面取得了较多成果。例如，发现了富含利血平和其他吲哚生物碱的云南萝芙木和海南萝芙木，用于生产治疗高

血压的药物——降压灵，已能满足国内的需要；进一步研究过去发现的麻黄素和延胡索乙素，证明可作为抗菌或止痛的有效药物。此外，还从多种植物中找到含有生物活性的生物碱、萜类、苷类等化合物，并研制出防癌、治疗心血管疾病、抗疟疾、镇静止痛和计划生育用的不同药物，有些已生产应用，有些正在进行临床试验。原料药物方面，对薯芋属植物的系统调查研究，发现了两种资源丰富、薯芋皂苷元含量高的薯芋，为类固醇激素、避孕药、冠心病药物的生产提供了充足的原料；从广泛分布的露水草中找到了蜕皮激素，其含量之高为前所罕见，使我国蜕皮激素的生产和应用马上跃居世界首位。香料植物方面，山苍子和云南樟在我国蕴藏丰富，可分别用为生产柠檬醛和黄樟油素的原料，不仅可满足国内市场，每年还可出口百吨左右。其他如白兰花、依兰依兰、香草、芳樟、神农香菊、中国橡苔等作为香料来源的研究，也都取得了有价值的成就。油脂植物方面，发现了油瓜、竹柏、苍耳子等一些新的油脂资源；用白背叶籽油代替桐油、榆树籽油生产癸酸、马桑籽油生产润滑油以及蒜头果油合成麝香酮等成果，已在生产上推广应用。胶类植物方面，应用田菁胶作为石油水基压裂液的原料，增加了石油的产量；槐豆胶则可用作纺织助染剂。在栲胶植物、纤维植物、淀粉植物等方面的研究也都有一些成果。

关于国内外资源植物的栽培和引种驯化做了大量工作，试验成功的数以千计。例如，速生优质材用树种有多种松杉植物、桉树、杨树和泡桐等；药用植物除人参、三七、天麻、贝母、黄连外，还有丹参、薯芋、荜拔、萝芙木、西洋参、水飞蓟等；芳香植物有熏衣草、岩蔷薇、香叶天竺葵、香薷草、香根草等；油料植物如浙江红花油茶、滇西红花油茶（云南山茶）、油橄榄、油棕、腰果、油莎草、小葵子等；还有多种名贵花卉和一些食品添加剂植物、草坪植物。引种驯化方面的成就，丰富了我国植物资源的种类，扩大了原有植物的种植区域，并对国家建设发挥了多方面的作用。

（二）动物资源调查和开发利用

对我国脊椎动物和有经济价值的软体动物、虾类、蟹类等的种类和分布已基本摸清，经济昆虫和其他无脊椎动物的种类也有许多新的发现，还填补了海绵动物、帚形动物等过去从未研究过的空白领域。在掌握大量资料的基础上编写出版了一系列经济动物志。

鱼类资源的研究成绩显著。黄渤海鲐鱼、小黄鱼、大黄鱼、带鱼等重要经济鱼类的综合调查，对这些鱼类的合理经营和繁殖保护提出了重要建议。兴建长江葛洲坝枢纽工程对鱼类资源的影响，在多年调查研究的基础上，提出了不必修建过鱼道和救护繁殖鱼类，特别是中华鲟的措施，经领导部门采纳，为国家节省投资5000多万元。在野生经济鱼类的引种驯化方面，名贵食品武昌鱼（团头鲂）和易于成活、捕捞的细鳞斜颌鲴（俗称沙姑子）均已人工养殖成功，并在全国约20个省、直辖市、自治区的淡水水体安家落户。其中武昌鱼，日本、墨西哥等国都来向我国引种。

紫胶虫的分泌物紫胶，是国防和工业的重要原料。在新中国成立初期国外停止向我国进口的情况下，从1953年起进行了多年云南紫胶资源的综合调查和试验研究，弄清了紫胶虫寄生植物的种类、分布和特点，紫胶虫适生范围内引种优良寄生植物的可能性，为发展国内的紫胶生产作出了贡献。引进养殖原产印度的蓖麻蚕和大西洋沿岸的海湾扇贝，也都获得了成功。

动物资源化学方面，进行了蛇毒、蝎毒等的分离、纯化、分析和应用的研究，得到的几种毒蛋白和酶，已成功地分别开发为治疗脑血栓、眼血管栓塞、急性心肌梗死、镇痛等的药物和试验用的工具酶。

（三）生物资源的保护

在开发利用生物资源的同时，生物学家在进行综合考察和专业调查中，对多种生物资源的保护提出了具体的建议和措施。

关于珍稀濒危生物的保护，我国特有的白鳍豚的人工饲养得到国内外的重视，对它的分类、形态解剖、生态和声学特性有了较多了解，在自然保护方面也做了不少工作；调查探明了“国宝”大熊猫大量自然死亡的原因，还研讨了繁殖、保护等问题；朱鹮的重新发现，引起国际上的注意。各植物园也普遍加强了珍稀、孑遗植物的引种、繁殖和保护工作。新中国成立前发现的我国特有“活化石”水杉，经有关单位特别是林业部门大力推广，已在长江流域大面积种植。

我国自然保护区的建立和发展，是跟院内外许多生物学家长期不断的宣传、呼吁和建议分不开的。不少人还积极参与了全国自然保护区规划的制订和各地保护区的建设工作。

二、国土开发、整治和环境保护

在参加遍及我国国土面积约60%的多学科综合考察中，生物学工作者和其他学科的工作者一起，共同对各考察地区的国土开发或治理提出了指导原则、规划方案和具体措施，其中一部分经过组织实施，已经发挥了重要作用。例如，通过华南和云南橡胶宜林地的综合考察，其调查成果和提出的建议不仅为三叶橡胶的合理种植提供了科学依据，而且把它的种植区域推移到近北回归线，使我国的橡胶生产有了较显著的发展。关于黄河中游水土保持的综合考察，提出了因地制宜、沟坡兼治、采用生物措施和工程措施相结合的治理方针和农林牧业合理配置的方案，多年来的实践证明了这个方针和方案的正确性。在新疆、黑龙江的荒地考察中，根据不同土地类型的划分，提出分类分期的开垦方案，实行后增加了耕地面积，提高了农作物产量，同时也防止了不合理开垦所引起的恶果。其他如新疆、西藏、青海、甘肃、内蒙古、宁夏、西北治沙、黑龙江、三江平原、南方山地等综合考察，也都对当地的开发建设提出了许多有益的建议，并在科学上取得了丰硕的成果。关于地植物学和植物生态学的专业调查研究，根据大量资料，从20世纪50年代时编纂的《中国植被区划草案》，到后来陆续完成的《中国植被区划》、《中国的植被》、《中国植被》、《生态学与大农业的发展》等专著，都对合理开发利用资源、因地制宜地发展大农业和国土整治具有指导意义。

针对一些地区重大的国土整治问题，生物学工作者还深入现场进行长期的试验研究，为解决这些问题作出了直接的贡献。例如，根据包兰铁路建设的要求，试验成功采用草方格并兼种沙蒿、花棒、杨柴等固沙植物，有效地防止了从甘肃兰州到宁夏沙坡头大面积流沙的威胁，保障了包兰铁路的长期安全通车。新疆吐鲁番地区的固沙造林也取得了成绩。广东电白小良地区的水土保持试验，经过20多年的坚持努力，建立了优化的人工森林生态系统，结束了该地区百余年水土流失的历史。在黄淮海平原旱、涝、风沙、盐碱的综合治理工作中，采取发展林木、牧草和建立基本农田相结合，种植果树、花生固沙以及发展井灌井排等措施，减轻了这些地区频繁的自然灾害，促进了农业生产的发展。

我国的环境保护研究起步较晚。在周恩来总理的倡议下，从1973年起，中国科学院组织各有关单位，有效地进行了北京官厅水库污染的调查和治理，在全国环境保护工作上起了先导作用。对湖北鄂城鸭儿湖的环境污染问题，试验成功建立氧化塘藻－菌共生系统，收到了净化污水的显著效果，并已在上海金山、北京燕山、江苏吴江等石油化工厂和农药厂的污水处理上推广应用；用生物转盘和塔式滤池法处理本溪焦化废水，用表面加速曝气法处理抚顺化纤厂丙烯腈纶的混合污水，也都取得了成功。对于含酚、氯丁橡胶、腈纶、三硝基苯、黑索金、硫氰酸钠等的有毒工业废水，已分离得到一批能分解这些毒物的菌种，结合工艺处理，解决了去毒净化问题。还筛选出上百种对大气或水质污染反应敏感，或具有抗性和净化作用的植物，有些已用于工厂地段的生物监测，有些用于绿化和净化环境。关于京、津、渤地区环境保护的综合调查研究，已提出了环境质量评价和相应的保护措施。此外，在环境背景值调查，污染物在环境中的迁移、累积和生态效应，生物监测与净化技术，以及各种标准的制订等方面，也都进行了大量的工作。

三、发展农业

为发展农业、畜牧业、林业、水产业而进行的生物学研究，在整个工作中一直占据最大的比例，并已取得了多方面的成果。

（一）与农业有关的生物学研究

病虫害防治方面，蝗虫是两千余年来给我国农业造成严重灾害的大害虫，通过对东亚飞蝗进行系统和综合的调查研究，弄清了蝗区类型、结构和蝗灾的成因，提出了改造发生地，进行虫情预测预报和化学防治相结合的措施，实施后多年控制了蝗害的发生。研究了全国各大棉区棉花害虫的生物学特性，据以提出的防治方法，收效显著。在确定防治棉铃虫的经济阈值的基础上，试验成功了突破传统方法的新的防治措施，推广后证明既可节省农药，又可增加棉花产量。对重大粮食害虫黏虫迁飞规律的研究，为预测预报和综合防治这一害虫做出了成绩。关于昆虫性信息素的研究，继马尾松毛虫信息素结构鉴定和合成首先获得成功之后，棉红铃虫、梨小食心虫、桃小食心虫、甘蔗螟虫等昆虫信息素的应用，大大减轻了这些害虫的危害。用苏云金杆菌等防治松毛虫和其他鳞翅目害虫，用病毒防治桑毛虫、棉铃虫，都取得了满意的效果。对于农业病害的防治，试验成功防治稻瘟病的春雷霉素、灭瘟素和防治小麦白粉病等的多抗霉素，均已推广使用，春雷霉素的防治效果达70%~80%。已鉴定出数十种新的植物病原微生物，包括病毒、类病毒、类支原体、类菌原体等，为诊治这些植物病害提供了科学依据，还研制出若干种杀虫剂和杀菌剂，也都已先后投产使用。

遗传育种方面，利用高粱雄性不育系配制的杂交高粱，从1962年开始推广，栽培面积最高时达2600万亩，增产15%~20%；利用杂种优势获得的玉米单交种，曾推广1300万亩；通过小麦与长穗偃麦草远缘杂交的长期系统试验，育成了小偃麦新品种，1985年已推广1000万亩。此外，还培育出一批小麦、玉米、大豆、棉花、油菜、甘薯、葡萄新品种。

合理施肥方面，试验证明调节棉株营养生长和生殖生长是棉花稳产高产的关键，结合总结群众经验，提出以科学施肥为中心的增产措施，取得了很大的经济效益。基本搞清了微量元素在我国主要土壤类型中的含量和分布规律，在缺乏锌、锰、硼、硫、稀土元素等的土壤中分别施用，增产效果显著。施用固氮蓝藻作为稻田的生物肥源，可提高谷物产量10%~20%；施用大豆根瘤菌可增产大豆10%，新中国成立初期即已大面积推广；紫云英固氮菌111和柽麻根瘤菌也在许多省、直辖市推广应用。

水果、蔬菜储藏保鲜方面，在国内首先建立了气调保鲜技术，由于经济效益明显，推动了全国这方面的研究和开发。鸭梨经采前处理和采后冷藏，消除了黑心病；研究成功苹果长期储存和调运流通的配套技术，储藏期可长达6~8个月；还研究和推广了柑橘、荔枝、香蕉、鸭梨、哈密瓜、蒜苗等的保鲜措施。

（二）与畜牧业、林业有关的生物学研究

家畜持久不育、久配不孕和早期流产严重影响了我国畜牧业的发展。用前列腺素F类似物治疗母牛持久黄体不育症，使90%左右的患畜恢复了生育能力；为了调整患畜体内的激素失调，注射外源促滤泡素或促黄体素收效显著；利用性外激素治疗、刺激持久不育或久配不孕的母猪取得成功；母马、母牛配种后立即注射促黄体素，可达到保胎的功效。研究出应用性激素和外激素使大批羊、猪、牛同步发情的新方法，缩短了配种时间，便于冷冻精液集中配种。水貂是一种珍贵的毛皮兽，用激素处理母貂可促进泌乳，并显著提高其繁殖率，为国家创汇作出了贡献。

此外，关于草场改良和提高生产力的研究，对青海、内蒙古、新疆等一些地区畜牧业的发展起了促进作用。

林业方面，对东北红松落叶阔叶混交林的采伐更新问题，通过考察研究，提出以自然更新为主兼择伐的意见，实践证明是正确的。长白山红松林合理经营，湖南会同杉木林营造和合理经营，以及海南岛胶茶人工群落的研究成果，经分别推广应用，都具有很好的经济、生态和社会效益。

在东北林区，内蒙古、青海牧区和新疆、青海农区进行鼠害防治的研究，取得了良好效果。

（三）与水产业有关的生物学研究

在淡水鱼类养殖方面，培育成功的异育银鲫、丰鲤、鲤鲫杂交鱼等鱼类新品种，在理论和生产实践上都有重要意义。创造了武汉东湖大面积养鱼连续高产的记录，为湖泊养鱼提供了范例。稻田养草鱼鱼种的试验，获得了稻、鱼双丰收，已被许多地区所采用。草鱼出血热病原的发现和严重病害的防治，大大提高了产量。关于青、草、鲢、鳙四大家鱼人工诱导排卵的试验，采用激素，特别是人绒毛膜促性腺激素（HCG）和促黄体激素－释放激素（LH-RH）取得了成功，使繁殖的鱼苗提高了数倍。

海产养殖方面，创造出海带夏苗低温培育法和陶罐施肥法，扩大了海带在黄海的生产区域，使产量得到大幅度提高。海带南移的试验成功，更把产区扩大到北纬36°以南到北回归线左右的浙江、福建、广东等沿海省份，这在国际上属于首创，给我国的海带生产带来了飞跃的发展。研究出条斑紫菜的单孢子采苗栽培法，增加了黄海区的紫菜产量。此外，对虾放养、大珠母贝养殖和刺参的培养等也都取得了成绩。

四、为医疗卫生和保健服务

新中国成立后，关于医疗卫生和保健的研究工作，主要在中国医学科学院、中国预防医学科学院等研究单位，以及高等医药院校内进行。中国科学院的生物学研究机构，从各有关学科的实际情况出发，也积极开展了相应的工作。

（一）反细菌战的调查研究工作

在抗美援朝战争期间，生物学家同医学家合作，经深入现场调查和进一步研究，以确凿的证据揭露了美国在朝鲜北部和我国东北发动细菌战的罪行。

（二）放射生物学的研究

1958年起同有关部门合作，开展了中国第一次较全面的放射性本底调查，建立起一套核监测技术和方法，并为制订剂量防护标准提供了依据。在完成上述任务的过程中，研制成功多种监测的仪器和装置。研究急性和亚急性辐射对机体的近期和远后效应，得到了比较系统的剂量效应规律，对放射病的预防和诊治具有指导意义，据此而制订的血液学检测指标已为全国采用。同协作单位一起研制出中国第一代治疗急性放射病的药物“501”。长期低剂量辐照的研究结果，为确定放射性工作人员非随机效应的阈值提供了参考。

（三）癌细胞生物学研究

在国内建立了第一个人体肝癌细胞系，并对其生物学特性进行了系统研究。与上海医学部门合作，首先在国内建立了人甲胎蛋白琼脂扩散法，曾用于20万人的肝癌普查；后来又建立了更为灵敏的甲胎蛋白放射免疫测定法，并制成药盒，供应全国数十个临床单位使用，推动了肝癌早期诊断和人群普查的广泛开展。肝癌细胞“逆转”的研究也取得有意义的结果。

（四）与人口控制有关的生殖生物学研究

通过生殖内分泌活动规律、激素作用原理、胚泡着床机理等研究，发现在子宫内膜和人滋养层细胞中有LH-RH受体，并证明胚泡对子宫代谢和受体有显著影响。此外，还探讨了人滋养层细胞的激素自我调节控制系统、颗粒层细胞和睾丸细胞激素的调节机理、一些避孕药物的作用机理等问题。

（五）人类及医学遗传学问题的研究

对中国十多个民族的近亲结婚率与类型、初潮年龄、红绿色盲率、掌纹指纹和苯硫脲味盲率等调查，以及鄂伦春族和鄂温克族的血型调查和人体测量，得到了大量系统的数据。这对了解我国一些民族的起源和演变，以及遗传流行病学和优生学有一定的理论和实际意义。建立了几种技术和方法，为开展染色体异常疾病、代谢疾病和脆性染色体智力低下等疾病的早期产前诊断奠定了一定基础。

（六）医学心理学的研究

从20世纪50年代起先后对神经衰弱、高血压和精神分裂症等心因性疾病进行了以心理治疗为主的综合治疗，取得显著效果。在儿童多动症的研究中，提供了测量诊断用的心理测量方法，已被一些临床部门采用。为了在我国开展对病态人格的诊断，在广泛调查研究的基础上，根据我国情况，修订了国际通用的明尼苏达多相人格调查表，已为许多精神病临床单位采用。开展失语症研究，初步摸索出一套适合我国临床应用的失语症检查方法和分类方法。与协作单位研究编制的临床记忆量表，经试用证明是评定记忆能力和检查记忆障碍的一种有效工具。

（七）微量元素与健康关系的研究

某些微量元素的丰缺，同样与人体健康直接相关。从20世纪60年代后期起，通过大量野外调查分析，发现从东北大小兴安岭经太行、六盘、秦岭、大巴、川西等山地至云贵、青藏高原，有一条低硒带。在这一地带中，土壤－植物－动物－人体这一生态系统处于低硒生物循环状态，这与克山病、大骨节病的地理分布相吻合。经定点试验，确认缺硒是克山病、大骨节病的病因之一，同时初步提出了改善环境中硒生物循环水平，提高食物中硒含量等防治措施。

（八）药物的研究

天然药物方面，中国科学院有关单位对100多种植物药进行过研究，已报道的新化合物并阐明其结构的有100多个。在几十个具有生理活性的化合物中，能应用到临床的有冠心病药丹参Ⅱ-A磺酸盐，降血压药环仑宁，抗疟药青蒿素、蒿甲醚，抗癌药喜树碱、高三尖杉酯碱，计划生育用药如天花粉、芫花酯甲、类固醇激素衍生物等。在合成药物方面，合成了大量化合物，已投入生产的有抗肿瘤药物如甲氧芳芥、消瘤芥、溶癌呤；抗心律失常药常咯啉；促排放射性金属元素的药物喹胺酸及S-186，强效镇痛剂如芬太尼类似物，以及多用途新药乙双吗啉等。

五、生物工程

（一）基因工程

基因工程虽然在20世纪70年代后期才起步，但也取得了一批重要的阶段成果。乙型肝炎威胁着亿万人民的健康，为预防这种疾病传播而研制的乙型肝炎重组痘苗病毒疫苗，已完成第一期临床试验。预防幼畜腹泻病的$K_{88}K_{99}$双价疫苗的生产中试和大范围的攻毒与免疫试验正在顺利进行。青霉素酰化酶的基因工程菌已在华北制药厂完成中试扩大试验，证实该工程菌具有酶活力高、稳定性好等优点，6-氨基青霉烷酸（6-APA）总收率在85%以上，即将在生产上应用。高表达、分泌型的人生长激素基因工程菌也进入中间试验。利用外源脱氧核糖核酸（DNA）导入技术，培育出抗棉花枯萎病与棉酚含量低的陆地棉。获得了抗烟草花叶病毒和黄瓜花叶病毒的烟草植株以及抗除草剂的大豆植株。转基因鱼和转基因兔也有了初步成果。

（二）细胞工程

继在国际上较早地获得水稻原生质体再生植株后，中国科学院先后在世界上首次培养成功玉米、冬小麦和大豆的原生质体再生植株，这些突破为培育作物良种开辟了道路。在花药培养技术的建立和改进上做了大量工作，从而提高了花粉植株的诱导频率，同时获得了几十种重要作物和林木的花粉植株。与有关单位协作开展单倍体育种工作，培育出“单育1号”烟草新品系，“早丰1号”、“花育1号”水稻，以及“龙花1号”、“花培1号”等小麦新品系。在利用组织培养技术进行良种快速繁殖方面，已得到近百种名贵花卉、经济植物和果树林木的试管苗，许多已投入中间试验或批量生产，如马铃薯脱病毒种薯生产及繁育体系，已在全国20多个省（直辖市、自治区）推广，产量增加一倍，取得很大经济效益；在广东建立了年产450万株苗能力的优良香蕉快速繁殖基地，已生产了150万株无病毒试管苗，香蕉产量提高了20%，并出口到日本和中国香港、澳门等地区。动物细胞工程方面，与医学部门合作，成功地制备了抗人肝癌和肺癌的专一单克隆抗体，正试图用于早期诊断和体内定位诊断，以及与同位素、毒蛋白、抗癌药物等结合，制成“生物导弹”，进行定向治疗。关于鱼类细胞工程的研究，最先开展异科异属鱼类的核移植工作，获得了杂种鱼；异源4倍体鱼和人工复合3倍体鱼的研究取得突破，从而开辟了经济鱼类育种的新途径；麝香的细胞工程研究也有了阶段性成果。为加速良种家畜繁育，家畜受精卵、胚胎移植和胚胎分割的试验研究，都已获得成功。

（三）酶工程

20 世纪 70 年代以来开展固定化酶和固定化细胞的研究，取得了一批成果，有几种已在工业生产中应用。例如，将橘青霉的 5’-磷酸二酯酶共价连接到蔗楂－芒秆纤维上，于 1977 年进行工业应用试验，实际生产效率提高了 30 倍，这是我国建立的第一个工业规模的固定化工艺。固定化青霉素酰胺酶也于 70 年代末应用于 6-APA 的工业生产。

（四）发酵工程

20 世纪 40 年来在工业微生物菌种选育、发酵的生理生化过程、初级和次级代谢产物的调控、物质转化和菌体利用等方面进行了大量研究，为生产提供了许多优良菌种和新的生产工艺，产生很好的经济效益和社会效益。在化工产品方面，丙酮丁醇是国家急需的有机溶剂，研究出连续发酵的方法取代旧的生产工艺，投产后产量成倍增加，劳力和能源大为节省；单一长链二元酸和混合长链二元酸是制造工程塑料、合成纤维、医药、麝香型香料的原料，用化学法合成步骤多、成本高，改用发酵法生产取得成功。氨基酸方面，选育出十多种氨基酸的产生菌，其中谷氨酸、赖氨酸等产生菌，已在生产中推广应用：20 世纪 50 年代末，首先在国内实现了谷氨酸发酵法的工业生产，取代用面筋水解的老工艺。维生素方面，选育出优良的菌种并试验成功新的生产工艺，如由山梨醇经微生物发酵生产山梨糖，再用混合菌株发酵山梨糖，得到维生素 C 的前体 L-酮基-L-古龙酸，再经转化和精制的二步发酵生产维生素 C 的新工艺，与协作单位于 1975 年用于工业生产。该工艺流程简单，省去易燃、易爆和有毒的化工原料，现已在全国推广，并向国外转让。酶制剂方面，培育出一批酶活性高的菌种，用于生产食品、酿酒、皮革、纺织、洗涤剂、医药和饲料等行业所需的各种酶制剂，如淀粉酶、蛋白酶、脂肪酶、纤维素酶、果胶酶等。其中葡萄糖淀粉酶活性高的菌种，在葡萄糖和白酒行业生产中广泛推广，仅 1982 年白酒行业统计，全国节粮 400 万吨。还研制出十多种医用和农用抗生素。近些年来进行多糖和糖脂系列产品的研究与开发，β-环状糊精、黄原胶及槐糖脂已在生产中应用。以微生物转化法同化学法结合，生产了一系列甾体激素类药物。此外，用细菌从伴生矿渣中浸出铜和铀等，已成功地进行工业性生产。

六、基础研究

新中国成立到“文化大革命”期间，由于缺乏稳定的政策和政治环境，基础研究忽上忽下。粉碎“四人帮”以后，有了安定团结的政治局面，但基础研究的投资强度越来越少。尽管如此，40 年来，中国科学院的生物学工作者在基础研究方面还是取得了很多成绩。

生物区系调查和分类研究方面，在全国各地特别是空白地区进行调查，采集了大量标本，发现并鉴定了许多新种、新属，甚至新科。许多科属得到了整理，澄清了不少分类学问题。同院外生物学家一起合作编纂的《中国植物志》、《中国孢子植物志》、《中国动物志》正在陆续出版。其中《中国植物志》是一部 80 卷 125 册的巨著，现已出版 50 册，已完稿或在出版中的还有 25 册。此外还出版了一系列地区性或专类的动植物志如《海南植物志》、《西藏植物志》、《云南植物志》,《中国真菌总汇》、《中国的真菌》、《中国鞘藻目志》和《中国鲤科鱼类志》等。系统发育的研究已逐步开展，对马先蒿属植物、蕨类植物、放线菌目、白粉菌目，鲤亚科、叶甲总科、原尾目等提出了新的分类系统。

形态解剖研究方面，相继发表了《中国植物花粉形态》、《中国蕨类植物孢子形态》和《中国热带亚热带被子植物的花粉形态》等专著；对特有裸子植物的比较胚胎学和一些经济植物的胚胎发育进行了比较深入的研究；木材解剖、经济植物特别是纤维植物解剖、裸子植物比较解剖取得了成绩。动物方面的工作较少，发表了《鲤鱼解剖》、《鲤鱼组织》等著作。

生物化学、生物物理学和分子生物学方面，20 世纪 50 年代对各种肌肉蛋白进行了深入研究，所发表的论文为国际上广泛引用；首次用简单方法进行琥珀酸脱氢酶的分离纯化，在国际上首先报道了酶与异咯嗪辅基会以共价键相结合，为以后呼吸链和有关酶系的分离和重组的系统研究开辟了道路。1962 年提出了蛋白质功能基团的修饰与其生物活性之间的定量关系以及确定必需基团数目的统计学方法，经 20 多年实践检验，已为国内外学者广泛应用。1965 年，上海生物化学研究所、上海有机化学研究所和北京大学化学系合作，在同国外同类实验室激烈竞争中，首先在世界上用人工方法全合成了具有生物活性的蛋白质——牛胰岛素。在这之后，蛋白质空间结构的研究取得了重要进展。由物理研究所、生物物理研究所、北京大学生物系、化学系合作，先后得到了猪胰岛素晶体的 2.5Å (1971 年)，1.8Å（1974 年）和 1.2Å（1984 年）分辨率的结构测定结果。对核酸的结构、性质、功能和人工合成进行了许多研究。上海生物化学研究所、上海细胞生物学研究所、上海有机化学研究所、生物物理研究所、北京大学生物系和上海试剂二厂合作，于 1968 年开始进行的酵母丙氨酸转移核糖核酸人工合成的研究，前后历经 13 年，于 1981 年 11 月胜利完成。这是国际上首次用人工全合成方法获得的，具有与天然物同样结构和生物活性的核糖核酸。分子遗传学研究迟至 20 世纪 70 年代中期才开始，经过努力也取得了一些进展。例如，固氮基因精细结构的研究，测得固氮基因的物理间距，矫正了国外关于其间有静止区的论点；证明核糖体蛋白质对信使核糖核酸具有选择性是一项创新的研究成果。此外，在生物膜、固氮生理生化、呼吸代谢等方面也都做出若干高水平的成果，为国内外同行所瞩目。

光合作用机理研究方面，1962 年在国际上最早发现光合磷酸化过程中高能中间态的存在；此后，又提出了高能中间态有多种存在形式，以及偶联因子的变构与高能中间态的散失有关等新的见解。

细胞生物学与发育生物学研究方面，关于文昌鱼卵发育能力的分析，为国际上提供了重要文献，并为确定文昌鱼在动物分类学上的地位提供了进一步的证据。在文昌鱼中找到脊椎动物脑下垂体的前身结构，并证明了文昌鱼的生殖自调控系统，这是有关动物内分泌系统进化方面的一个新发现。关于卵球成熟、受精和单性生殖的研究，提出了受精 3 个阶段和卵裂节奏的“时空秩序”概念，发展了卵球成熟、受精的“中毒排毒”理论；建立了激素诱发蟾蜍和黑斑蛙卵球体外排卵和成熟的实验体系；成功地得到一批没有外祖父的“癞蛤蟆”；提出了两栖类卵球受精的“三元论”。关于胚胎诱导与分化的研究，证明神经系统的区域性变化是由于中胚层诱导物质和神经诱导物质的相对比值逐步变化，以及反应组织的年龄、诱导物质作用时间长短与浓度不同，都会影响所产生的组织种类。20 世纪 80 年代初，在染色体结构与功能的研究中，发现着丝粒，不但在细胞周期内，而且在世代之间也保持连续性。关于植物细胞核穿壁运动与物质运输的研究，细胞学家与植物生理学家合作，证明细胞核穿壁运动是植物体固有的生理现象，并提出“原生质胞间物运动是有机物运输的一种方式”的假说。

神经生物学方面，20 世纪 60 年代初开辟了神经肌肉系统细胞间营养性或长期性相互关系的研究方向，发现了新现象；进入 80 年代，对神经如何决定肌纤维类型的研究取得重要进展。在吗啡镇痛机理的研究中，60 年代初提出了吗啡镇痛的有效作用部位是第三脑室和导水管周围的中央灰质。吗啡通过这些部位的选择性作用，间接地影响中枢神经系统的其他部位而实现镇痛。这一发现为国际同行证实并进一步发展。有关针刺镇痛原理的研究，阐明了针刺信号如何在神经系统的各个水平调节抑制痛觉，并证明了脑内吗啡样物质及 5-羟色胺、去甲肾上腺素在针刺镇痛中的重要作用。

生态学研究方面，主要以作物、林木、牧草、经济植物、鱼类、害虫和害鼠等为对象，取得的许多成果对生产实践有指导意义。20 世纪 50 年代末开展的西双版纳热带森林能量转换与物质循环的研究，是国内生态系统研究的先声。70 年代后期，在东北，内蒙古、青海、湖北武汉东湖等地设立的生态系统定位站，分别开展森林、草原、高寒草甸和淡水湖泊等不同类型的生态系统研究，借以揭示系统的结构、功能和提高生产力等问题，多年来已发表了许多论文，这些成果为生产实践和生态保护提供了科学依据。

过去的40年，是国际上生物学飞跃发展并发生巨大变革的年代，生物学已在自然科学中崭露头角，显示锋芒。我们的工作虽有不少进展，但由于较长时期“左倾”错误的影响，使我们丧失了许多时间和机会，没能跟上时代前进的步伐。目前，我国的生物学研究与世界先进水平相比还有较大差距，也不能适应国家现代化建设的需要。我们只有加速努力，才能赢回失掉的时间，去迎接光辉灿烂的未来。

协调地发展我国的生物学事业*

综观生物学的全局，优先推进生物科学的新兴前沿学科领域，适当发展一般学科领域，并且及时研究解决前进过程中出现的问题，对于健康、协调地发展我国的生物科学及其应用开发事业具有重要意义。

自然科学和技术的新兴前沿学科，比起一般学科对社会生产力和科学发展能够产生更加广泛而深远的影响，因而总是受到各国政府和科技领导部门的特殊重视和支持，并引起广大科技工作者及人民群众的密切关注，这是十分自然的，也是完全应该的。在生物学方面，从20世纪70年代后半期起，由于生长激素释放抑制因子（somatostatin）、胰岛素等基因工程的实验成功，已经使生物学跃进到开始能够按照预期目的定向改造和创造生物的新阶段。以基因工程为核心的生物工程的兴起和蓬勃发展，将给经济、社会和有关学科的进步带来根本性的变革。不久前，又有比基因工程更新一代的蛋白质工程问世，尽管目前还处在探索阶段，却又在人们面前展示出人类可能对生物体细微结构进行定向修饰和改造的崭新光辉前景。面对这些情况，世界上许多国家的政府以及资本主义国家中的大批资本家们，都纷纷投资并采取各种措施，竭力推动生物工程的研究、开发和生产。我国也迅速制定对策，确定生物工程为最重要的科技前沿领域之一，积极加强生物工程各个方面的研究与应用开发工作。

除生物工程外，我国科技决策机构根据国际生物学的发展趋势和我国国民经济建设和社会发展的需要，经过许多生物学家讨论确定，在生物学中还选择了另外四个新兴前沿学科领域，即被称之为生物学“四根支柱”的分子生物学、细胞生物学、神经生物学和生态学作为应该突出的重点学科，建议给予优先发展，以期带动整个生物学水平的提高，并为发展我国生物工程的新兴产业和解决国家有关生物学方面的其他重大建设任务提供指导力量和理论储备。

几年来，由于国家重视、各方面支持以及广大科技工作者的努力，这些前沿学科领域已经有了不同程度的发展，特别是生物工程进展迅速，取得了可喜的成绩。为了更有效地推动这些前沿学科领域的发展，当然还需要在今后做大量的工作。下面根据个人对这方面工作的肤浅了解，提出一些需要着重注意的

---

* 本文原载《科研管理》1988年第1期第13～16页。

问题。

一、更好地协调发展各新兴前沿学科领域

最近一个时期把生物工程摆在最突出的位置，给予充分支持，是完全正确的。问题是在相应发展其他前沿学科领域方面有某些不足之处。例如，神经生物学是当前生物学最活跃的发展领域之一，被认为是继分子生物学之后生物学发展的另一个高峰，但当前尚未得到应有的支持。

实行科技体制改革后，各个生物学研究单位和科技工作者本人都应该努力争取从各种渠道得到经费。但是应该看到，分子生物学等四个领域的学科性质和生物工程不同，它们的基础研究和应用研究的基础性工作在整个科研工作中占有较多的比例。这些领域的研究工作除了少数可以组建开放实验室取得较多的经费外，其他不少工作的科研经费，有时还少于应用和开发性较强的生物学一般学科领域。如果不从学科发展政策上考虑给予必要的支持，是不可能使这些新兴前沿领域得到优先发展的。还有像生态学中野外生态系统定位站一类的工作，需要多学科协同配合，并且必须经过长期野外观测和试验资料的积累，才可能对生产实践发挥指导作用。只有每年给以固定的经费保证，方能使研究工作长期持续地进行。如果经费中断，建立多年的定位站将毁于一旦，科学工作者艰辛劳动的成果也就会被弃置一旁。这对于国家是很不利的。

二、防止“一哄而起”的偏向

在我国生物学的发展过程中，已经发生过几次“一哄而起”的现象。某一个新兴或当时被认为是“热门”的研究领域，一经出现或稍加提倡，就不顾统筹安排，也不经深入调查，全国各地一齐匆忙上马。许多科研单位纷纷设置研究组、研究室甚至研究所，高等院校跟着设立有关专业或系，大批科学工作者放弃原来课题投入这方面的研究工作。可是没过多久，由于开始计划不周，国家资金不足，科研力量薄弱等种种原因，又大都“一哄而散”。我们不应该忘记这些历史的教训。

生物工程方面，近几年来又开始有这种倾向出现，在某些科研领域还表现得相当突出。例如在植物的组织培养和快速繁殖方面，已有全国植物学、农业科学和林业科学等许多单位的人员都参加了这方面的研究工作。仅在植物学领域，就囊括有细胞、形态、生理、遗传育种、栽培和引种驯化等多种专业的人员。“文化大革命”期间，全国曾出现过研究花药培养和单倍体育种的热潮，据粗略统计

有1000个单位、5000人参加工作，而目前从事组织培养和快速繁殖研究的恐怕也不会少于此数。这种“一哄而起”的结果，使低水平的重复工作大量出现，浪费了许多人力和财力。相反，这些专业的其他不少重要方面却很少或无人问津，从而造成新的缺门，使学科畸形发展。

为了加强生物工程的研究、开发和人才培养，组织和集中较多的人员进行工作，适当增设或新设科研、开发和教学单位，是正常的、必需的。但如果不由领导进行统筹安排，并采取相应的措施保证，而任其自流发展，那就可能重蹈历史覆辙，给国家建设和科技发展造成损失。

三、重视加强薄弱和空白环节

在生物工程方面基础工作和下游技术的建立，近年来已得到一定的重视，使原来一些薄弱和空白的环节得到了填补。例如基因文库和细胞库的建立，目的基因的分离，核苷酸结构的分析，生物反应器和生物传感器的研制等等。当然这些方面的工作只是开始，目前仍然存在一些突出的薄弱环节（如生物后处理技术），因此还需要进一步重视加强薄弱环节的工作，注意填补空白。当前最值得注意的是生物工程的基础研究，虽然我们在基因的表达和调控、核质关系、细胞的脱分化和分化等方面已经做了一些工作，但从整体来看，基础研究还是一个相当薄弱的环节，跟国际先进水平相比有很大的差距。基础研究看来是“远水不救近火”，但终究能积水成河，要是等到“临渴挖井”就已经来不及了，到那时难免追悔莫及。没有基础研究的足够积累和指导，生物工程的应用研究和开发工作将难于持久和深入，而要独创性地开辟新的应用和开发研究领域更是无以着手。人们只要看一看我国目前的生物工程研究大都是模仿国外工作的现状，就不难明白这个道理。为此，在一部分有条件的科研机构和学校，有计划地部署若干重要的基础研究，并给以相应的经费等支持，确是当务之急。

在其他新兴前沿学科领域，同样有一些很重要的科研环节，在我国还是处于空白或薄弱状态，如分子免疫学、细胞免疫学、分子神经生物学、发育神经生物学等。有些国家希望在其中某些方面跟我国合作和交流，有的甚至还要求我国援助他们开展研究工作，靠我们现在的力量都无法实现。因此，需要尽快地物色和培养一部分年轻人才，把这些领域的研究工作逐步建立与开展起来。

四、在重视发展前沿学科的同时，适当兼顾一般学科

在优先发展新兴前沿学科领域的同时，还要顾及全盘，使生物学的一般学科

领域也得到适当的发展。在这个问题上，首要的是要解决对一般学科领域的认识。许多人对发展前沿学科领域非常热心，这是很好的。但有一部分人只重视前沿学科而忽视或轻视一般学科，认为一般学科领域无足轻重，甚至可有可无。这样的认识还广泛影响着青年人员。因而在一些生物学科研单位里，搞新兴前沿学科领域工作的钱多得用不完，而从事一般学科领域工作的却缺少最起码的科研经费；在一些高等院校，热衷于兴办毫无基础的前沿领域的专业或系，对于很有基础或有一定基础的一般学科专业却任其自生自灭；在招收大学生或研究生时，报考前沿领域的门庭若市，而考一般领域的则寥若晨星。结果，使得当前某些一般学科领域已成为“濒危物种”，如再不加紧“保护”和“繁殖”，就将趋于灭绝。

生物学史和我国的实践都证明，生物学的各个学科领域诞生有早有晚，发展有快有慢，但每个学科领域都有它本身的重要性。就以生物学中最古老的传统学科领域——分类学来说，直到今天，无论是对国计民生或生物学本身发展都仍然有着不可低估的意义。在我国抗美援朝时期，正是昆虫分类学家、微生物分类学家和植物分类学家以他们的渊博学识和实际研究工作，揭穿了美国在朝鲜和我国东北撒布害虫、毒菌的罪恶行径，对谴责侵略者的非人道行为，争取世界舆论支持提供了无可辩驳的铁证。他们与我国的医学家、病理学家和生态学家等一起，在反细菌战的伟大斗争中作出了重要的贡献。在开发利用我国野生植物资源的工作上，也是凭借植物分类学亲缘关系的知识，找到了一些重要的资源植物。当国外从印度的蛇根木中发现能治疗高血压的药物“利血平”之后，我国很快顺藤摸瓜，从蛇根木亲缘相近的国产萝芙木中找到了有很好疗效的治疗高血压的药物；我国治疗风湿性关节炎和多种疾病的重要药物“可的松”，也是用同样的方法找到的。分类学研究在国家经济建设、卫生保健、外贸、国防、公安等方面发挥作用的事例举不胜举，这里不过略举一二而已。

还应指出，各个学科领域有着相互交叉渗透和相互推动的密切关系，随着科学的发展这种关系更为显著。这对生物学来说当然也不例外。生物学新兴前沿学科领域的进步，固然更广泛而有力地影响于一般学科领域。但一般学科领域的发展，同样也在不同程度上对前沿学科领域发生推动作用。其实，新兴前沿学科领域本身之所以出现，往往就是不同学科领域（包括一般学科领域）相互交叉渗透的结果。例如，基因工程就是遗传学、生物化学、生物物理学、微生物学等学科交叉渗透的产物；植物细胞工程的诞生，也是植物生理学、细胞学、形态学、遗传学等长期相互推动和交叉渗透的结果。

由此可见，生物学的一般学科领域绝不是无足轻重或可有可无的，而是生物学中不可缺少的组成部分。给生物学的一般学科领域以必要的重视和支持，使它们能够得到适当的发展，无论对于整个生物科学或是前沿学科领域本身更好地发展，都是有益的。

突出重点，全面安排，是党和国家对科学技术发展采取的一项重要政策。愿这项重要政策能得到全面的理解和切实的贯彻执行。

中国科学院所长会议生物学地学组会议总结*

中国科学院所长会议生物学地学组的会议从1953年10月26日开到11月7日。各单位在会上汇报了工作情况，结合过渡时期国家总路线和文教工作方针，对今后工作展开了讨论，明确了生物科学及地学各单位今后数年内发展的方针与任务，同时对生物科学、地学各单位比较普遍存在的一些问题，如学习苏联、培养干部、组织领导、院内外联系等问题有了更明确的认识。

一、1953年工作的初步估计

根据各单位的报告，1953年的计划基本上是可以完成的。在这一年中，我们能得到这样的成绩，是和我们党及政府的领导、广大人民的支持分不开的，同时，也是各位负责同志及工作同志对执行计划采取了认真的态度的结果。

1953年是我们开始按计划进行工作的第一年，制订计划，执行计划，对我们来说还是一件新的工作，还缺乏这方面的经验，因此，就不可避免地会存在一些缺点。首先是我们对自己的力量和要进行的工作量没有很好的估计，而使工作的面太广，计划不够切实。因此，今后我们要坚决贯彻中央人民政府文教委员会所指示的工作方针："整顿巩固，重点发展，提高质量，稳步前进"；要明确工作的重点，根据主观和客观的力量，分清轻重缓急，把有限的力量投入最需要的地方，借以获得更大的效果。

其次，有些研究工作的目的性不明确，这样就难以得到预期的效果，如有的题目，就题目本身来看似乎是为解决某一实际问题，但是具体的工作内容却与此不符，或者是没有抓住问题的中心环节，因而工作虽然做了很多，但成绩却很有限。

---

* 本文原载《科学通报》1954年1月第10～16页，并被收入中国科学院办公厅编的《中国科学院资料汇编1949—1954》第211～222页。总结的原稿是由当时同在中国科学院计划局生物学地学组工作的薛攀皋同志和我分工执笔写作的。时任计划局综合组组长的汪志华同志和竺可桢副院长都对原稿作一些文字修改，最后由竺副院长在总结会议上宣读。

二、生物科学地学各单位的方针任务及今后工作方向

总体而言，生物科学的任务是配合国家建设，调查自然，利用自然，改造自然，为提高农业收获量，为人民保健事业，而从事生命现象的各方面的研究。同时在工作中应注意理论水平的提高，在某些部门，还须进行从理论上阐明重要的生命现象的工作，各单位必须把结合本身工作性质来学习苏联先进理论——包括米丘林、巴甫洛夫、勒柏辛斯卡娅及威廉士等学说——与培养干部作为经常任务之一。

地学方面，今后几年内，主要是配合国防及国家改造自然的规划与农林、水利、植物、土壤、工程技术等方面，组织在一起进行综合性的调查研究，首先是黄河的开发与西北工业中心的建立问题。

现将各单位今后几年内工作方向分别叙述如下。

地球物理研究所

（1）天气方面：以改进短期预报、中期预报为中心，继续进行有关天气问题的研究。

（2）气候方面：配合黄河的规划、设计工作，从黄河中游开始以水文气候为中心，进行观测和研究。与农业部合作开展农业气象工作。

（3）地震方面：建立与充实西北地震观测台、站，并结合黄河开发工作，开展西北区域地震研究，并进行小区域地震考察。

以上是主要的方面，其次还有：

（4）继续地磁观测，并与大学合作逐步展开大气物理研究。

（5）建立海洋气象的研究工作，设沿海观测站。

地理研究所

（1）黄河工作：配合国家重大的经济建设进行综合性的自然条件与经济条件的考察研究，要通过这些工作提高各科专门知识及分析综合能力，以便在今后的生产力调查上发挥更大作用。

（2）系统地总结过去的地理材料，编辑中华地理志。

以上两项是主要工作。

（3）与有关单位合作进行重力测量，参加黄河测量与制图工作。

（4）与大学合作逐步展开关于东南亚国家地理与历史地理的研究，首先是搜集与整理资料。

（5）通过以上综合性的工作培养干部，逐步补充，填补学科的空白。

土壤研究所

（1）结合国家自然条件调查与改造自然的规划，研究各种土壤性质、发育规律，主要是土壤中生物因素的作用，为土壤改良、轮作制的建立与土地合理利用提供科学基础。近几年内主要围绕西北黄河水土保持工作进行调查研究。其次则对华南红壤利用、东北黑土区轮作制的建立与盐碱土改良，以及风沙问题进行研究。

（2）与植物研究所、中南农林机构合作，进行红壤利用调查，并充实甘家山试验场的试验工作。

（3）土壤研究所东北分所筹备处主要进行下列工作：

（ⅰ）以东北黑土带的土壤利用与改良为目标，进行草田轮作制的研究。

（ⅱ）研究东北盐碱土的土壤改良。

（ⅲ）研究辽西、内蒙古的风沙防治问题（应与林业研究所筹备处取得密切联系）。

植物研究所

（1）结合国家自然条件的调查与改造自然的规划，发展地植物学、植物生态学的研究。近几年内围绕黄河中上游水土保持问题、中南红黄壤土地利用问题，与土壤、气象、地理等有关各研究所配合进行综合性研究，而以黄河问题为重点。

（2）在南京中山陵园基础上建立南京植物园，开展植物驯化、杂交、育种、栽培的试验研究。

（3）建立植物资源研究部门，开展自然经济植物学的研究。

（4）为编纂全国植物志在资料上、组织上进行准备。

林业研究所筹备处

以东北地区工作为对象。

（1）在东北分院领导下与东北地方机构密切联系，以东北森林（红松）抚育更新及辽西沙荒造林为主要工作。

（2）植物的研究应尽可能与主要工作紧密配合进行，并注意东北地区农林建设中对于植物学方面的要求。

真菌与植物病理研究室

（1）根据 1953 年全国植物病理会议总结，配合农业生产进行粮棉及工业原料作物主要病害研究，找出病害发生规律及其与环境条件关系，从而找出有效防除方法，病害研究对象主要为棉花黄萎病、枯萎病、小麦条锈病、秆锈病等。

（2）逐步建立抗生素消灭植病的研究工作基础。

（3）调查并整理全国经济植病的资料，组织院外各方面力量来共同参加工作。

菌种保藏委员会

（1）编制全国菌种目录，促进医学、兽医、农学菌种保藏中心的建立，并协助培养一般微生物专门人才。

（2）进行工业微生物遗传、选种、育种及发酵条件的研究。

植物生理研究所

（1）结合提高农业收获量，就各种主要作物，发展植物肥力生理的系统研究，掌握肥力生理的基本规律。

（2）结合水利灌溉，开展植物水分生理、灌溉与主要作物生长发育的关系的系统研究，从而找出合理灌溉的科学基础，与此相关联地进行作物抗旱、抗涝、耐寒等方面的试验研究。

（3）开展植物发育生理的系统研究，首先研究主要作物在阶段发育过程物质转化与形态建成的问题。

（4）在植物生物化学方面开展生物合成与新陈代谢类型的研究，并逐步建立植物酶化学的研究工作。

（5）结合上述水分生理、发育生理与生物合成开展光合作用的研究工作。

（6）逐步建立微生物生理的研究基础。

实验生物研究所

（1）在米丘林学说指导下进一步深入研究蚕的混精杂交、人工单性生殖，并要求在学理上来阐明各种试验结果。蓖麻蚕方面则着重从驯化育种方面作深入一步的研究。

（2）结合巴甫洛夫学说、勒柏辛斯卡娅学说的学习，在生物原刺激素方面进一步作整体试验，并试探研究生物原刺激素的活动情形。开始在癌的研究方面先进行一些试探性的工作。

（3）逐步开展生活物质方面的研究。

生理生化研究所

（1）应明确巴甫洛夫学说为全研究所研究工作的指导思想。

（2）生理方面：全力开展巴甫洛夫生理学的研究，研究高级神经活动的兴奋、抑制等基本过程及其与新陈代谢的关系。

（3）生物化学方面在巴甫洛夫学说思想指导下进行酵素、蛋白质及新陈代谢的研究。

动物研究室

（1）组织综合性调查队，先从东北开始，调查中以哺乳动物为重点，并研究皮毛兽类的养殖与驯化，研究为害农林生产的兽类的生活史与生活习性及其防治办法。

（2）鱼类方面继续与青岛海洋生物研究室合作，除进行总结过去渤海湾的调查工作外，根据现有人力逐步开展南海鱼类的调查。

（3）有重点地调查研究果树、农作物及森林的害鸟与益鸟。

（4）逐步开展无脊椎动物的研究，先从寄生虫开始（该室无脊椎动物研究应多借助大学及其他方面人才）。

（5）逐步建立完整的动物标本室，并组织院内外力量，酌量编纂全国动物园谱。

昆虫研究所

（1）从分类、分布、生理、生态等各方面掌握几种主要害虫的生活规律及其与环境条件的关系，研究根本防治的办法，在原有基础上进一步研究根治蝗虫、蚜虫的方法。

（2）开展黏虫发生规律研究，并在森林昆虫、生物防治方面建立研究基础。

（3）组织昆虫学家们有步骤地进行虫相及经济昆虫调查研究。

（4）结合企业部门之需要进行药剂及毒理试验研究。

水生生物研究所

（1）继续进行中小型湖泊的调查工作，并为产业部门培养干部，以便能逐步将此项工作移交产业部门去做。今后应着重深入提高工作，并进行大型湖泊的调查研究，特别是鱼类生态方面的研究。在调查过的湖泊中选择典型，进行放养及养殖试验，以提高湖泊水产产量。

（2）水库养殖的研究，先在淮河流域选择典型进行试验，取得经验，逐步推广，并在一定时期内开始研究黄河鱼类的分布及洄游情况，为黄河流域全面开发积累资料。

（3）鱼病防治工作，除浙江菱湖外，再增加广东为重点地区，采取防重于治的试验研究方针，并逐步提高到寄生虫生活规律的研究。

(4) 结合以上工作，进行鱼苗繁殖、运输、驯化、育种等工作。

(5) 进行中国淡水养殖方法的经验总结工作，并进行试验。

海洋生物研究室

(原水生生物研究所青岛海洋生物研究室自1954年1月起将改为独立的研究室，直接由院领导，业务上与水生生物研究所应取得密切联系。)

(1) 中国沿海水产资源调查为海洋生物研究室最近几年重点工作，完成华北沿海并开展南海水产资源调查工作。资源调查以鱼类为主，其次是藻类、无脊椎动物。鱼类调查以渔场调查研究为主，了解主要鱼类产地，海洋环境与洄游情况，并同时调查沿海各种鱼类种类分布。藻类方面除调查外，应继续在试验室研究藻胶利用问题。无脊椎动物方面应分期完成中国沿海有经济价值的软体动物、棘皮动物、甲壳动物等调查。

(2) 研究海生生物生活史、生态、人工养殖原理，进行育种试验。在藻类方面进行海带密植试验，研究改良品种使其能适应外海地带养殖，并进行紫菜生活史及养殖原理研究。

(3) 研究海港有害生物。

(4) 开展海洋环境研究。

古脊椎动物研究室

(1) 结合中生代鱼类化石研究解决与油页岩及煤层有关的地层问题。

(2) 通过古脊椎动物化石并结合黄河开发，调查研究黄土高原新生代土状堆积及地层问题。

(3) 研究动物演化，史前人类发展的情况。

心理研究室

过去方向不明确。以后应以学习巴甫洛夫学说应用于心理学为中心任务，并建立实验室逐渐展开工作。

其他各单位

地质研究所和古生物研究所的计划须和地质部共同研究，遗传栽培研究室计划须和华北农业科学研究所会商共同研究，所以这次会议不作决定。

此外生物地学部门尚有几个空白点将如何补充建立，是值得考虑的。如微生物学、遗传学、地球化学、海洋物理学将来也都应发展，各有关单位应设法准备条件，以便使这几门科学能在中国发展起来。

三、关于综合性工作的问题——黄河开发问题

科学研究工作是一个统一的整体。各门科学应该有着经常的有机联系和密切配合，而且实践向科学提出的问题往往是错综复杂的，特别是国家建设上的重大问题，更需要各门科学综合研究解决。由于各门科学间的密切联系，在综合研究解决国家建设任务时，各门科学也将互相推动，促进科学本身的发展。

但是综合性工作我们过去做得很少，也缺乏经验。1953 年已开始注意到这一方面。1953 年 5 月，地理、土壤、植物各研究所参加了西北水土保持考察团及勘察队；此外还有黄、渤海鲐鲅鱼渔场的调查，湖北的湖泊调查，中华地理志，抗生素等等问题，有关的单位也都共同参加了工作。并且由于大家对综合性工作的重视，在统一计划下进行工作，取得了成绩，这是良好的开端，同时也给这次制订综合性的统一研究计划打下基础。

黄河全面开发及根治黄河问题是一个规模浩大的长期的复杂的工作，对整个国家国民经济发展具有重大意义。西北水土保持工作是根治黄河的主要环节之一。在这一方面，中国科学院将投入较多力量，作为工作的一个重点。

在水土保持工作中，我们可先选择一两个典型地区（如无定河的绥德、泾河的西峰镇），与地方上现有水土保持工作站相结合，进行比较深入的综合试验研究。总结当地农民及试验机关的现有水土保持经验加以提高；进行各种水土侵蚀及水土保持试验、观测、研究，借以了解水土流失规律，求得水土保持及提高农业产量的方法。试验研究要同时注意到治本及治标两个方面，也要注意到符合目前社会经济情况及将来发展远景两个方面。并结合试验研究，进行重点调查、勘测工作，至于其他地区，如榆林、兰州、天水等地，以当地机构为主，本院可协助布置设计试验、讨论计划、分析结果、总结工作等。

在黄河开发问题上，我们要配合进行规划和设计工作。设计工作中地震问题占很重要的地位，各重要建设地区内的地震烈度的估计是一个迫切而不可缓的工作。为要达到企业部门的要求，地球物理所必须与地质所、地理所、历史所共同来解决。此外，按照黄河研究组的需要，整理分析各项资料，并绘制图表（包括土壤、气候、植物、地形、地震、新生代地质、经济等）。并结合资料整理分析，以及适应黄河开发规划的迫切需要，进行若干重点观测及调查工作，如灌溉、盐碱土、气象等。这项工作系配合产业部门进行，由地球物理、地理、土壤、植物、古脊椎动物等单位担任。

黄河综合性的工作经过这次讨论后，已经有了总的轮廓，有关各研究所就要

把它具体化起来。在统一的计划下，考虑本单位可以做些什么，要求其他单位做些什么，以后就可集中制订出统一的具体计划。

当然，无论是黄河开发问题或是水土保持问题，单靠科学院几个单位的力量是远远不够的，因此需要和院外各有关部门统一进行。1953 年黄河水利委员会组织八个勘察队在黄河流域调查，其他一些部门也都做了一些调查工作，这类勘察队所得资料的研究，应该给予一定的重视。黄河问题现在由国家计划委员会领导，关于组织领导及其他一些问题都需要和国家计划委员会以及院外部门协商后确定。

在这次会议中，大家进行了热烈的讨论，表现出对综合性问题的极大关心。许多人员都提供了宝贵的意见，这是很好的现象。产业部门对于中国科学院的工作也予以积极的支持，工作上所切需的条件，也将尽量帮助我们解决。院外的产业部门和中国科学院的各有关单位，都有着做好综合性工作的共同愿望，有着一齐为国家经济建设的共同目标而努力的决心，这就是我们工作胜利开展的保证。

进行综合性工作时，应该照顾到目前利益和长远利益两个方面，而这两个方面又是紧密结合着的。例如，由于水土流失的严重后果，西北水土流失区的农民当前的生活水平是比较低的，因此，如果不把水土保持和当前农业生产结合起来，不注意提高目前农作物的单位面积产量，要逐步展开全面性的水土保持工作是很困难的；另一方面，我们如果不事先考虑到全面性的水土保持工作，如草田轮作、造林等，则水土流失不能有效地制止，农业生产的提高没有充分保证，农民生活水平也不能得到根本改善。当然水土保持还须和改造小农经济以及黄河全面开发结合起来。因此，忽略了任何一方面，都是不对的。在目前现实条件下，总结群众经验，并进行一些有效的水土保持方法试验研究，逐步加以推广是十分重要的。

黄河全面开发问题是长期、复杂、艰苦的工作，不是一朝一夕所能见效，不能急于求成，但同时我们也不应该因为它是长期、复杂、艰苦的工作，而害怕、动摇。消极等待、保守不前或是盲目冒进的两种倾向，都应该反对，我们应该在现实基础上积极而又稳步地前进。

总之，综合性工作的经验应该在我们具体工作中创造性地运用，并继续摸索，创造经验，使工作不断提高。

此外，尚有中南区红黄壤问题、东北黑土问题、中华地理志等工作，也牵涉到许多部门，希望有关各研究所多多交换意见，取得统一步调，并把工作安排在各个部门的计划中。

四、学习苏联与培养干部

现在各单位的人员都有了学习苏联的要求，各单位也决定把学习苏联订立到

1954年工作计划中去，这是很好的现象。目前在学习苏联方面固然有了一些成绩，但是还很不够。一般说来，是学习不普遍、不经常、不系统。

苏联著名生理学家贝可夫院士说得好：生物科学是站在学术思想斗争的最前线。很明显的，学习苏联先进科学，首先要学习苏联科学工作的指导思想——马克思列宁主义的世界观，注意系统理论的学习，逐步掌握其观点、方法，把它运用到我们实际研究工作中去，而不能把苏联科学只是单纯作为一种技术来对待。单纯从工作中去摸索，零碎枝节地学习一些技术，帮助是不大的。相反的，学习理论，如不结合工作、不贯彻到实际工作中去，事实上也是学不好的。

1953年秋天，卫生部集中国内许多生理、心理、病理、医药等方面科学工作者举办了巴甫洛夫学说学习会，得到相当大的收获。事实证明，从有系统地学习基本理论和有关的经典著作开始是比较好的办法，这样可以很好地帮助领会其基本观点和指导思想，此外经常地深入地钻研各种有关的苏联文献，依靠苏联文献，也是进行任何研究工作所必须注意的。

在这次会上，大家对今后如何开展学习问题，已经提出了很多积极性的意见。如生物学各研究所先分别从达尔文主义、米丘林学说以及巴甫洛夫学说的基本理论学习起。北京的单位还提出希望在北京组织集中学习等。这些意见都可以作为很好的参考，院里将慎重考虑研究。同时，还希望各单位主动地积极地行动起来。

俄文的学习是学习苏联先进科学的桥梁，各单位应注意研究技术人员有充分时间学习俄文。

关于培养干部，过去一两年各研究所虽已注意到了这个问题，而且作了很多努力，有些研究所并已取得了一些经验，但也感到仍存在不少问题和困难。其中主要的是：目前高级人员数量少，有好些方面，还缺乏能指导研究工作的专门人才，部分年轻人员质量不高，程度不齐，培养干部的方针原则还不够明确，还没有一套比较好的培养方法等等。

有些单位提出要争取高等学校中的教师，一起来参加我们的工作（并不是把大学里的人调过来），以加强与大学的联系合作。这样做对干部问题有很大帮助，这是我们今后应该努力的。我们解决干部问题最主要的、最根本的办法，是按照我们国家建设及科学发展需要来做有计划的、有步骤的长期培养。因此各研究所应根据本所发展的需要，作一通盘的考虑，订出一个比较长远的计划。

我们和综合大学的合作是极其重要的，高等教育部在不久前曾召开了综合大学会议，决定综合大学应以培养科学研究工作人员及高等学校师资为主要任务，因此中国科学院需要和综合大学在培养人才方面取得一致步骤，我们应该鼓励各研究所研究人员尽可能至大学教课，同时也希望大学教授能逐渐抽出时间做研究工作。此外我们的研究人员对于高等学校中相关学科教研组的工作、安排课程的工作以及毕业生的分配工作等也应该予以关心。

培养干部的重点，是培养研究人员，对其他工作人员也要适当照顾。培养年轻研究技术人员应有明确的要求与计划，每一个研究实习员到研究所以后，首先我们就要明确他今后应向哪方面发展，在今后几年内他应达到怎样的水平，根据这些要求，然后订出一套比较长期的计划来培养。由于研究实习员的主要任务还是研究工作，因此培养应结合工作进行，要保证给他一定的学习时间。在培养中应注意使他有较广泛的基础，在这样的基础上再深入。除本门科学外，特别要注意政治思想教育。此外还应注意外文（在目前特别是俄文）的学习。

由于生物学与地学部门很多是做野外工作，因此对野外工作中干部的培养也是必须注意的。在这方面有的单位已取得了些经验。在出发前，先给干部以必要的系统的学习，在工作时间特别是回来以后，要抓紧工作总结，从工作总结中来提高。

五、组织领导及与院外联系问题

在中国科学院的研究业务范围内，根据国民经济建设的需要，并结合每门科学的全面发展趋势组织科学家，在共同的目标下，统一领导，统一计划，分工合作，进行科学研究事业，这应该是科学院不可推卸的职责。

这样说来，能不能因为我们要担任科学研究司令部的任务，就认为我们可以包办一切，随便发号施令呢？这是不可以的，我们不应该对领导做这样的理解。就中国科学院是全国科学研究的最高机关而言，在我们的业务研究范围内，我们负有组织推动科学之责，而如何推动，如何进行科学研究事业，应该和院外的专家们共同商量，采取一致的步骤，对工作做全面而合理的安排，为国家建设和科学研究的总目标而共同努力。

经过这几年来事实的教育，大多数科学工作者都已经感到分散工作不能更好发挥作用，迫切地要求组织起来，因此，只要是我们能够采取谦虚的态度，和大家很好地团结合作，听取大家的意见，召开一定的会议来共同讨论有关国家建设及本门科学发展等重要的科学研究问题，就能很好地共同为国家和人民科学事业而服务。

我们不但要进行组织领导，学术思想的领导也是同样重要的。对苏联先进理论的学习，我们应该站在全国科学界的最前哨，组织并号召科学工作者来共同学习，要以新的代替旧的，以新的学理代替旧学理，以新的指导思想代替旧的指导思想。这个新的指导思想无论在哪一科学部门，都应该以马克思列宁主义的世界观——辩证唯物论为基础的。

生产实践中存在的问题需要科学去帮助解决，而科学本身也从解决生产实践中的问题得到发展。研究生产实践中的问题是科学繁荣与发展的源泉与动力，中国科学院和产业部门应该保持经常而密切的联系合作。

因此，中国科学院应该着重进行比较带有根本意义的重大问题的系统研究，而产业部门的研究机关着重在研究目前生产中所直接提出的一些问题。可是在这两者之间显然是不能截然分开的。特别在目前任务多、人力缺乏的情况下，有许多急迫的问题需要我们去解决，我们就只能实事求是地根据现有的条件，从各种具体工作中去考虑如何分工，逐步摸索，求得解决。伍献文副所长在这次会议中谈到“地方的试验机构如果不能建立起来，我们的工作也不易做好，也不易抽出人来做提高的工作，因此我们要帮助他们训练干部，帮助产业部门把这方面业务开展起来，产业部门有了自己的试验室，我们许多事就可以让他们做，像鱼病组，将来就可以做寄生生物的生活史。”从这里就可以看出只有根据目前的具体情况，从具体工作去考虑和产业部门的分工问题才是比较切合实际的；笼统地机械地来谈分工，是脱离实际的。

当然，我们是要逐步地走到进行基本、重大的问题的系统研究，苏联科学院的工作方向是我们所应该遵循的道路。但是苏联科学院也并不是一下子就达到现在的样子，也是经过苏联科学家 30 多年来不断努力的结果。有些基本的研究工作现在应该做，而且可以做的，那现在就可以开始进行，有些工作我们目前还没有条件做的，那就缓一缓。通过现在的工作逐步提高，给将来比较长远的研究打下基础，只有这样做才是切实可行的。

在和产业部门的联系和合作中，是不是存在着困难呢？的确，是有一些困难的。譬如说，过去产业部门有时提不出问题，有时虽然提出来了，我们却觉得太零碎了，不一定是重要的问题。国家进步得这样快，国家建设的各项问题又是这么复杂，我们缺乏经验，许多问题对我们来说都是新鲜的，提出来一个问题不是简单容易的，每件事都是在发展，过去提不出问题的，现在提出来了，而现在提不出来的，不久也就可以提出来。

从 1951 年第二次院务会议后两年多来，我们生物学、地学各部门的对外联系工作已或多或少有所加强，并初步建立了工作上的关系，也做了一些组织科学家的工作，应该肯定我们的工作是有成绩的，特别像黄河问题等，比起过去已经有了很大的进步，但我们在组织科学家和对外联系工作上还是做得不够的。1953 年植物研究所调查队在湖南研究柑橘上山问题，而同时在同一地区进行类似工作的还有六个队；又如 1953 年土壤研究所、植物研究所在东北松江和齐齐哈尔进行土壤和牧草的调查研究，而东北农业科学研究所和省农场也组织了一个调查队在同地做类似的工作。

中国科学院领导上现在正具体设法减轻各所室领导同志在行政工作上的负担。同时我们也希望各单位领导同志尽量想法摆脱一些事务性工作，精简一些不必要的会议，抓住所里的业务领导和工作中比较重要的问题加以考虑，这样也将使工作更有成效。

统一科学研究工作的队伍，进一步加强与院外机构的联系，为国家建设和科学的繁荣而共同努力，这是我们大家共同奋斗的目标。

关于长江救鱼问题的正确决策*

——通过科学研究、专家论证和实地考察解决学术争端的一个案例

争论产生的背景

长江鱼类资源丰富，自古以来就是我国淡水鱼的集中产区。共有鱼类260多种，约占全国淡水鱼种类的一半；鱼类的捕捞产量，多年平均占全国淡水鱼总产量的2/3左右。人民熟知的青、草、鲢、鳙四大家鱼，每年从长江捕捞的鱼苗约1000亿尾；还有中华鲟、白鲟、白暨豚等极其珍贵的我国特有鱼类。长江两岸的人民，仅以渔业为生的就达60多万人。因此，兴建拦腰截断长江的葛洲坝水利枢纽工程，会给长江的鱼类资源带来什么样的影响？要不要采取补救措施？得到人们，特别是水产、水利和有关生物学工作者的普遍关切。

关于修建水利枢纽工程对江河鱼类资源的影响以及相应的补救措施，国外做过多年研究，有着不少经验和教训。针对需要上溯繁殖的鱼类，较长时期内采取的措施偏重于修建过鱼工程，主要是鱼道。鱼道的雏形在200多年前便已出现，20世纪初经改进后，为较多国家所采用。但是，从过鱼效果看，鱼道只对溯游能力强的回游性的鲑科鱼类和少数鲱科鱼类起一定作用，对其他类群的鱼类收效甚微，甚或毫无效果。因此，国际上开始重视河流生态学和鱼类生物学的研究，视不同的救护对象采取适当的措施。

研究建造葛洲坝枢纽工程对长江鱼类资源的影响，需要解决的问题是：这种影响的性质和程度如何？要不要采取补救措施？需要拯救的是什么鱼？怎样拯救？由于我国淡水鱼类的区系组成和资源结构跟国外差异很大，这些问题主要还得靠我们自己研究解决。

从20世纪50年代起，中国科学院水生生物研究所就在长江开展了鱼类区系和资源、主要经济鱼类生物学、四大家鱼繁殖生态及产卵场的分布和规模、家鱼胚胎发育等调查研究工作，积累了大量资料。当国家考虑修建葛洲坝水利工程的

---

* 本文原载《自然辩证法通讯》1988年第3期第22～25页。

时候，水生生物研究所的一些科学工作者根据以往的科研成果，并参照国外的情况，于1970年建议不必修建过鱼设施。但是，某业务主管部门与水生生物研究所科学工作者的观点不同，没有采纳他们的建议，从而引起了长达十一二年的争论。

葛洲坝工程开工初期，按照这个主管部门的意见，负责兴建工程的指挥部决定修建过鱼设施。在葛洲坝工程的模型上，明确地布置了鱼道。尽管存在不同意见的争论，对鱼道能否过鱼毫无把握，在其科学技术可行性和经济合理性未作认真论证之前，当时工程指挥部的某负责人说："花几千万元交个学费也可以。"在1975年经过审查的工程修改初步设计报告的材料中，列入建造鱼道工程经费3496万元。

开展进一步的科学研究

在审查这个初步设计之前，国务院于1973年把葛洲坝工程的修改设计任务交给了原水利部长江流域规划办公室。长江流域规划办公室了解在葛洲坝工程对鱼类资源影响的问题上有不同意见，认为需要进一步弄清情况，通过科学研究的实践来解决学术争端。于是，他们除组织自己的科技人员开展研究外，1976年和1980年还分别委托中国科学院水生生物研究所和四川省农业科学院水产研究所（后简称四川农科院水产研究所）进行调查研究。实际上，水生生物研究所在接受委托前，为了取得更深入和有说服力的科学根据，1973年就已经重新开展了长江的工作。这项工作一直持续到1984年。

从长江流域规划办公室组织进一步调查研究到1982年底，水生生物研究所曹文宣、余志堂等先后提出了14篇研究论文和报告，长江流域规划办公室胡兴祥等提出12篇研究报告，四川农科院水产研究所柯薰陶等提出3篇研究报告，华中农学院易伯鲁教授（他是长江流域规划办公室聘请的技术指导）也提出1篇研究报告。这些研究成果，为国务院各有关领导部门作出决断提供了主要的科学根据。

水生生物研究所等单位科学工作者的研究结果，着重论述了两个问题。

一、关于救鱼对象

保护长江鱼类资源，要不要把青、草、鲢、鳙四大家鱼包括在内，这是一个重大问题。根据家鱼繁殖的生物学特点和产卵场江段的河道地貌、水文要素等情况，对比丹江口枢纽兴建后汉江家鱼产卵场的状况，他们作出的预测是：径流式低水头的葛洲坝枢纽工程，不会使库区上下的水体环境条件发生显著变化，除库区本身外，长江干流中普遍分布的产卵场仍将存在，受枢纽阻隔的性腺成熟的亲鱼，可以在坝下江段的产卵场正常繁殖。因此他们明确提出，没有必要将四大家鱼作为救护对象。

他们指出，中华鲟是长江中唯一需要到上游干流繁殖的回游性鱼类，葛洲坝枢纽阻隔了中华鲟的回游通路，给它带来了严重的不利影响，必须加以救护。

二、关于救护措施

他们指出，国外在水利枢纽上针对鲟鱼修建的过鱼设施通常是不成功的。中华鲟的个体大，雄鱼一般为50～195千克，雌鱼一般为120～410千克（国外的鲟鳇鱼类，例如苏联资源较多，体重最大的欧洲鳇，雄鱼一般为60～90千克，雌鱼为90～120千克，俄国鲟雄鱼为6～15千克，雌鱼为4～28千克）；数量少，建坝前每年全江仅捕捞400～500尾。在江面宽、江水深、流速高的长江中，建造过鱼设施很难达到救护中华鲟的目的。他们根据有关资料，预测在坝下江段中华鲟的性腺有可能发育成熟，同时在枢纽下游存在自然繁殖的基本条件。他们还认为在坝下捕捞成熟亲鲟用于人工繁殖，也不存在大的困难。因此他们主张，救护中华鲟应该主要采取人工繁殖放流措施。在人工繁殖放流站建成前，可采取网捕亲鲟运送过坝使其在上游繁殖，同时必须加强中华鲟资源的保护工作。

根据研究结果，修改的设计确定不建造过鱼设施。

组织专家论证和实地考察

当葛洲坝水利枢纽合拢之际，1981年1月12日，9位有关科技工作者上书党中央和国务院，提出《关于拯救长江鱼类的紧急呼吁》，要求修建鱼道拯救长江鱼类资源，并借以恢复和保持生态平衡等。但另一些科学家却持相反观点，例如已故著名鱼类学家伍献文就曾反复提出意见，认为不宜轻率决定修建鱼道。对于9位科技工作者的呼吁书，国家领导人批示：“请农委（作者注，即原国务院农业委员会）召集专家论证提出看法。”

1981年2月18日至23日，农委召开了第一次论证会。参加会议的有全国有关专家和国家计划委员会、建设委员会、科学技术委员会、水利部、水产总局、环境保护办公室等部门的负责同志。会上，讨论了要不要救鱼、救什么鱼、怎么救鱼等几个主要问题。要不要救鱼？要救。各方的意见是一致的。可是，在救什么鱼和怎样救鱼的问题上，产生了严重的意见分歧。一方认为，青、草、鲢、鳙四大家鱼无需救护，要救的是中华鲟；而另一方提出四大家鱼也要救护。怎样救鱼？前者认为，参照国外的经验教训，不应为救护中华鲟修建过鱼设施，主要应当采用人工繁殖放流和加强保护亲鲟等措施；后者则坚持要修建过鱼设施。

双方意见争持不下。会后，国家农业委员会等单位即组织了有各方面代表参加的联合调查组和联合设计研究组，针对有尖锐分歧的两个问题，分别开展了葛洲坝截流后对家鱼产卵场影响的调查和过鱼工程设计方案的研究。

水生生物研究所等单位的调查表明，大江截流、水库蓄水运行后，四大家鱼仍然可以在长江干流上、中游正常繁殖，证实原来所作的预测是正确的。水产部门组织的调查结果也基本一致。不过在某些问题上双方的看法还是统一不了。

与第一次论证会召开相隔整整一年，1982 年 2 月 18 ~ 20 日，又举行了第二次专家论证会。这次会议讨论的结果，只救中华鲟的意见已渐趋一致，关于救护方法，大家都认为需要采取综合措施。取得一致的意见有三点：采取人工繁殖放流；用渔网捕捞一部分亲鱼过坝繁殖；在湖北、四川两省江段实行禁捕（这三项措施在会后都基本上得到落实）。但是，对于建不建过鱼设施和建什么样的设施仍然存在分歧意见。

为了实地了解国外经验，派出了两个鲟鱼技术考察组。一个组到苏联，苏联的鲟鱼资源占世界总量 90% 左右；一个组到美国，美国是兴建过鱼建筑物较早、较多的国家。考察结果证实，对鲟科鱼类当前救护的方向是人工繁殖，修建鱼道对过鲟鱼是不成功的。

同时，在 1981 年 10 月到 1982 年 11 月这段时间里，水生生物研究所等单位进行的坝下中华鲟生态调查也有了结果。1981 年 10 ~ 11 月，水生生物研究所、四川农科院水产研究所等单位在宜昌至石首江段发现性腺发育到Ⅳ期（临产前）的中华鲟亲鱼；1982 年 3 月和 6 ~ 7 月，水生生物研究所又分别在沙市江段和崇明岛附近采集到中华鲟幼鱼 10 尾和 100 余尾。这两批幼鱼都是在大江截流后的 1981 年秋季出生的，证明中华鲟仍能在长江自然繁殖后代。1982 年 10 ~ 11 月，该所首次发现了中华鲟在枢纽下游的宜昌江段新形成的产卵场内自然繁殖，采集到大量鲟鱼卵和刚孵化的鲟鱼苗标本。中国水产科学研究院长江水产研究所沙市分所，也于 11 月 10 日在十里江附近捕到 51 尾铜鱼，经解剖，其中 16 尾肠管中含有中华鲟鱼卵。这些结果，农委、水利部、农牧渔业部派联合调查组赴现场作了核实。随后，又召集了 9 个单位的有关专家进行座谈鉴定，专家们确认了这些事实。

在充分论证和掌握确凿可靠事实的基础上，农委、水利部、农牧渔业部和长江流域规划办公室的 6 位负责同志，于 1982 年 12 月 28 日联名向国务院主要领导所写的书面报告中明确提出：“对中华鲟的救护措施可以不考虑修建过鱼建筑物，以免造成经济上的严重损失浪费。”就这样，一场多年的争论平息了。

此后，原来安排的中华鲟人工繁殖试验，由水产部门和葛洲坝工程局水产处组成的协作组开展工作后，于 1983 年取得成功，获得了人工孵化的鲟鱼苗。葛洲坝工程局水产处中华鲟人工繁殖放流站建成后，1984 年再次催产、孵化出 4 万尾鱼苗。事实证明，采取人工繁殖放流措施救护中华鲟的意见是正确的、可行的。关于中华鲟资源的保护工作，由于 1983 年各地建立了渔政站而得到加强，也收到了比较明显的效果。

由于这项正确的决策，为国家节省了修建过鱼建筑物的投资约 3 500 万元，还可节省每年的运行费用 400 万元左右。如果国家还要在长江兴建更大的工程，同样不必修建过鱼设施，节省的基建投资和运行费用将数倍于葛洲坝工程。

引发出来的思考

在学术问题上，有不同意见，是正常情况。葛洲坝水利枢纽工程对长江鱼类资源有什么样的影响，是关系到国计民生的重大问题，科技工作者根据自己的科研结果或者了解的情况，积极发表意见，提供建议，展开争论，这是好事。但是，这种争论与自然科学理论问题上的学术争论不同，需要由有关领导部门及时作出决策。在这个问题上，明显地看到了两种截然相反的决策方式。一种是不进行调查研究，不顾不同意见，轻率地以行政方式处理科学问题；另一种则是遵循解决学术争端的原则，采取慎重态度和细致的工作方法，积极组织各方面进行科学研究、专家论证和实地考察，在了解事实真相和充分展开不同意见争鸣的基础上，通过科学实践提供的可靠根据，从而作出正确的决策。后一种决策方式，反映出领导者的成熟和领导艺术的高明，而更重要的，是对国家和人民利益高度负责的精神。

“交学费”，这个多年来被人们使用惯了的话语，很有必要加以分析。我国的社会主义革命和建设是新的事业，在缺乏经验和无规可循的情况下，挫折和失误难以避免。为了探索，为了从实践中学习，交付必要的学费是无可非议的。问题在于，“交学费”往往被用于作为不负责任、独断专行、滥用权力等的借口，来掩盖许多原来完全可以避免的错误。在这种借口下，几百万、几千万、几亿甚至更多的金钱被白白地浪费掉了，有些还付出了人民生命的惨重代价。正因如此，关于长江救鱼问题的正确决策，可以使我们从中获得不少教益。

为在我国进一步发展米丘林学说而斗争*

今年 10 月 27 日是伊凡·弗拉基米罗维奇·米丘林的一百周年诞辰。我们怀着崇敬的心情来纪念这位卓越的生物学家和伟大的自然改造者。

19 世纪 50 年代，达尔文正确地解释了有机界的进化及有机体适应的合理性，击溃了当时盘踞在生物学领域内的主要的唯心主义谬论——物种不变论和目的论。可是，达尔文没有能够指出有机体变异的原因及遗传性的实质，因而也不能提出如何控制进化，借以创造有利于人类的有机体的新类型。达尔文以后，孟德尔-摩尔根主义者集中生物学中的各种反动理论，表面上打着“新达尔文主义”的招牌，实质上是对达尔文的唯物主义的进化论发动猛烈的攻击，并使他们的伪科学理论渗入生物科学的各个部门，使生物科学陷入深重的危机。米丘林一生的科学活动，进一步发展了达尔文学说，创立了控制有机体生活和发展以及定向改造有机体的学说，把生物科学从唯心主义理论的束缚中解放了出来，提高到新的阶段。

米丘林奠定了有机体与其生活条件统一的理论。他证明在有机界的长远发展历史中，有机体总是和它所同化的外界环境条件相适应，并从而改变自己的构造和机能。环境条件对于有机体类型的形成和发展具有决定的作用，是有机体遗传和变异发生的主要源泉，因此人们可以根据需要，控制环境条件，有目的地动摇有机体的遗传性使其发生变异，并使变异传递给后代。这个结论推翻了摩尔根主义者认为有机体遗传性和生活条件无关以及有机体获得性不能遗传的谬论。

米丘林创立的植物有机体，特别是杂种有机体的可塑性原理，是他应用有性杂交和无性杂交特别是远缘杂交等一切方法的基础。米丘林的杂交理论的原则就是有意识地选择亲本、考虑杂交时的环境条件以及定向培育杂种有机体。

米丘林以前，许多生物学家认为杂交过程只是亲本遗传基础的机械组合，但是米丘林证明在杂交过程中发生着最复杂的生物学反映，产生出与亲本类型的总合有质的不同的新生物，并进一步阐明了受精选择性的原理。孟德尔-摩尔根主义曾竭力否认无性杂交的可能性。但米丘林却成功地通过嫁接获得了大量杂种，推翻了虚伪的基因遗传理论。米丘林依据地理上相隔很远的类型杂交的试验，揭

---

* 本文由管绍淳同志（当时在院科学通报编辑室工作）写出初稿，经作者重写后被作为“社论”发表在《科学通报》1955 年 10 月号第 1，2 页。

露了杂种性状显性的本质，创造出许多控制显性现象的方法，彻底驳斥了孟德尔性状遗传定律。许多世纪以来生物学家认为生物的种间交配，特别是属间交配是不可能的，但是米丘林证明，在人类的干涉下，种间和属间的交配不仅是可能的，并且可以得到良好的效果。米丘林所发明的蒙导法、媒介法、无性接近法、混合授粉法、多次重复授粉法等，就是克服远缘杂交不可交配性的基本方法。

此外，米丘林在生物发生律及植物个体发育上的一些发现，给李森科植物阶段发育理论的创立以重要的启示。

米丘林这一系列的理论成就，使得生物科学根本摆脱了以前仅是等待自然恩赐的消极状态，米丘林学说已成为人类积极干预和定向改变生物类型的有力武器。

米丘林既给生物科学提供了不朽的理论财富，同时在他自己的科学理论的指导下对实践也作出了巨大的贡献。在米丘林以前，还没有任何一个生物学家像米丘林那样，培育出350多个果树和浆果品种。这些品种，不但产量高、品质优异，而且能够抵抗苏联中部甚至北部的严寒气候，在许多原来不能种植果树和浆果的地方生长，得到良好的收获。

米丘林在理论上和实践上的辉煌成就，也大大丰富了马克思主义哲学。米丘林首先实践了改造有机体本性及创造有机体新类型的革命任务，进一步给马克思主义的唯物论提供了自然科学的基础。米丘林对有机体与其生活条件统一的理解、有机体个体发育和系统发育统一的理解、有机体杂交过程中新质产生的理解等等，也都为马克思主义辩证法提供了自然科学上的有力证明。

米丘林是人民的科学家，是伟大的爱国主义者。就是在他不但不能得到支持而且受尽官方的嘲讽和压制的那个沙皇统治时代，他也丝毫没有为美国政府的利诱所动而离开人民，离开祖国。列宁发现了米丘林，使他成为全民的财富。在苏联共产党、苏联政府和人民的关怀下，米丘林学说获得蓬勃的发展。苏联生物学家继承了米丘林的全部宝贵科学遗产，进一步丰富和发展了米丘林学说，取得了许多光辉的成就。现在，米丘林学说不仅已为苏联及人民民主国家的生物科学界所广泛接受，而且在全世界先进的科学家中，也有了越来越多的追随者。

中华人民共和国的成立，为米丘林学说在我国的传播开辟了广阔的道路。伟大盟邦苏联的许多优秀生物学家先后到我国讲学、考察，介绍米丘林学说；米丘林生物学的著作大量翻译出版；全国各地的生物学者，特别是农业科学工作者，相继集中地进行了米丘林学说的系统学习；各大、中学校也摒弃了孟德尔-摩尔根主义的讲授而代之以达尔文和米丘林生物学的课程。

六年来，我国许多生物科学家批判了过去受到的孟德尔-摩尔根主义的影响，并以米丘林学说作为进行研究工作的指导原理。过去，有些生物学家的工作结果与孟德尔-摩尔根主义的理论并不符合，然而却以各种办法去凑合这个理论，以致许多问题都无法解决，现在应用米丘林学说得到了正确的解释。过去，在不短的时期里，纯系理论是我国农业学家指导选育良种工作的基本原则，但在实践上却长期得不到良好的结果，现在，在米丘林学说指导下，在不长的时间里，就在选育良种工作上取得了初步的成就。

孟德尔-摩尔根主义在我国生物科学界的长期统治，也带来了理论脱离实际的研究方法，使得我国的生物科学和农学工作者把自己的研究局限在实验室里，不注意生产实践上的问题，不注意总结农民群众的经验。通过米丘林生物科学的学习，生物科学和农学工作者的研究方法有了良好的改变。遵循着理论和实践紧密联系的原则，许多农、林、生物科学研究单位都派工作队到现场调查，总结农民群众的经验，并从各种具体环境条件下，去发现生产上存在的各项问题，求得解决的办法，收到了很好的效果。

我国生物科学工作者在接受了米丘林学说的理论和方法，并结合生产实践进行研究以后，已经取得了不少重要的成果。例如，关于阶段发育方面的研究，几年来所进行的稻、麦、棉花等主要农作物的阶段分析工作，已为这些作物的某些特性的控制，以及选种和合理栽培提供了科学资料。陆地棉的春化提高了霜前花的产量。改变春小麦为冬小麦的试验已经获得成功。根据受精选择性和生活力的理论，推广了玉米去雄授粉和人工辅助授粉的方法，在玉米增产上取得很大效果。解放前无法克服的小麦、棉花、水稻等的退化，现在已在米丘林学说的指导下进行着复壮工作。家蚕混精杂交的研究证明存在着选择受精的现象。作物无性杂交的研究以及家禽人工交换蛋白的试验都获得初步成绩。金霉菌的环境条件对金霉菌生长发育与金霉素合成影响的研究，提高了金霉素的产量。此外，在农作物和家畜的杂交选种工作中，也选育出一些有价值的品种。从上面提出的一些工作中，已经可以看出，我国在这方面的研究有了良好的开端。

然而，也必须承认，米丘林学说在我国的发展还只是刚刚开始。一般说来，我国已在进行的还只是一些初步的工作，农业生物学的许多领域都还没有开始研究。生物科学的各个部门以及农、林业生产上的很多问题都迫切需要运用米丘林学说来研究解决。我们生物科学工作者应该积极地把这个光荣的任务承担起来，继续努力学习辩证唯物主义和米丘林学说，对孟德尔-摩尔根主义及生物科学中一切形形色色唯心主义和形而上学理论展开彻底的批判，从各方面大力展开研究工作，把米丘林学说的学习和创造性地解决我国农、林业生产实践问题结合起来，与总结我国劳动农民几千年来积累的丰富经验结合起来，并用自己的成就来丰富和发展米丘林学说，使米丘林学说在我国生根、茁长和繁荣，在祖国伟大的社会主义建设中起重大的作用。

调查河北省晋县除草防蚜功效报告*

中国科学院实验生物研究所昆虫研究室张广学、钟铁森两位同志，1951 年 3～6月在河北省晋县进行除草预防棉蚜的试验工作，试验结果发现除草区和不除草区蚜虫发生的轻重程度相差很显著。院方为了更进一步了解他们的工作情况，派我于 9 月 1～3 日到晋县实地调查。除旅途外，在晋县实际工作时间约一天半。虽然时间比较短促，收获却很不少。

晋县是一个产棉的好县，农民种棉的很多。该县的第三区是最好的产棉区，第三区的北彭家庄又是 1951 年全县除草棉花丰产的模范村。张广学、钟铁森两位同志的除草预防棉蚜试验区就在这个村庄。

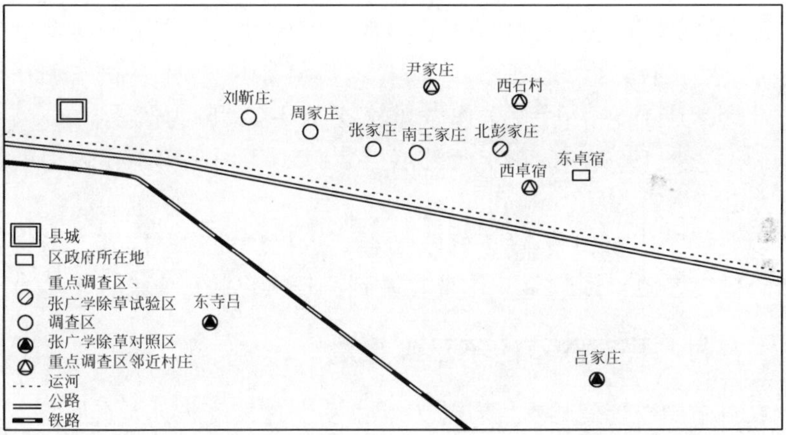

在晋县经分别和县政府农建科科长及该科郭本同志、第三区政府区长刘静玉同志及生产委员李景铎同志、北彭家庄村长及劳动模范许洛墨同志等交谈，并至北彭家庄、南王家庄、张家庄、周家庄、刘靳庄等乡村调查，以北彭家庄为调查重点地区。现在将交谈和调查结果叙述于下：

(一) 除草对预防棉蚜发生和棉花生长的效果

经过彻底除草的地区，如北彭家庄，一般的是蚜害轻、蚜虫发生晚、卷叶

---

* 本文原载《科学通报》1951 年第 2 卷第 11 期第 1197，1198 页。

少、老桃多、落铃少、质佳（桃大、绒毛长、色白）、量多（一棵棉株约十几枝果枝，十几个到二十个桃子）；平均每亩产量约200斤左右（1950年平均每亩产量140斤左右，水地160斤，旱地120斤；1952年争取增加到250斤。）（劳模许洛墨、张唐混、李振虎、张景山等人的棉田，1951年每亩产量高达400斤以上。许洛墨和张唐混两人所订的1952年增产计划，争取达到每亩600斤）。其他乡村一般每亩产量仅达100～150斤。

从上述的例子中，说明除草对防蚜和棉花的生长有着相当大的影响；虽然除草不一定是除蚜和增进棉花质量的唯一办法，但如能防治并行，再和整地、施肥、浸种、选种、间苗、定苗、整枝等农业科学技术相结合，一定能保证棉花更加丰收。

（二）彻底除草蚜害轻的证明

（1）北彭家庄1951年除草最彻底，也及时，所以蚜害很轻；尹家庄除草工作也做得较好，蚜害也稍轻；东寺吕、吕家庄除草工作做得差，所以蚜害严重。其他乡村或因除草不彻底，或因除得不及时，蚜害就较厉害。视除草彻底程度的不同，蚜害发生就有轻重的差别。

（2）北彭家庄1950年除草工作做得较差，蚜害就颇为严重。

（3）周家庄是1950年棉花丰产模范村。1951年因除草工作做得不彻底，不及时，蚜害也较厉害。

（4）以北彭家庄1951年除草的情形看，近村庄处除草彻底，蚜害轻；远村庄处（如两村交界地）因除草工作没有做到，蚜害也较厉害。

（三）乡村农民对除草的不正确想法

（1）农村中少数迷信的农民，认为蚜虫发生是天使然，人奈何它不得。

（2）也有一部分农民认为把杂草留着，棉蚜虫还能均匀散布；如把草除去，蚜虫就专蛀棉苗，为害更大。他们不知道如把杂草连根拔掉，蚜虫根本就不能发生。

（四）除草工作要和政治任务和发动群众结合进行

1951年晋县各级人民政府以除草防蚜，增产棉花就是抗美援朝任务之一的具体口号，号召农民展开除草运动，获得了很大的成绩。如北彭家庄除草期间每两、三天开会一次，以除草工作结合政治宣传，思想动员，所以农民对除草的错误想法，就很快地被纠正过来。该村劳模许洛墨通过村内积极分子，发动广大农民及小学生除草，在棉苗快出土时，每天下午五时一次，共除草约4万斤（农民

3 万斤，小学生 1 万斤），对防蚜起了很大的作用。但是也有一些村庄，因为结合政治任务宣传不够，对除草的错误想法还是或多或少的存在着，因之除草的工作也就做得较差。相信如能大力展开宣传，积极发动群众，这种思想是不难打消的。

（五）结语

在这一次调查工作中，根据县、区、乡政府的干部和农民的反映，都一致表示张、钟两位的工作成绩很不错。对于除草防蚜和增进棉花产量的功效也估计很高，认为除草是防蚜的基本好办法；晋县县政府农建科科长甚至认为是根本的好办法。至于除草有没有缺点到现在还没有发现。

1951 年 8 月 31 日中国科学院郭院长在人民日报发表了《防治棉蚜歌》的文章，号召各地农民展开除草运动，这是值得非常重视的一件事。希望各地区能积极响应号召，在 1952 年种棉期间大力发动群众，展开除草运动，并配合各种农业技术进行，为完成国家增产棉花的任务而努力。

进展迅速的我国生物工程研究和开发*

我国的生物工程研究和开发工作欣欣向荣，为迎接国庆40周年带来了丰硕的成果。

生物工程是一门新兴的高科技领域。国际上近十几年来所取得的惊人进步，虽然已经对国民经济和人类生活的许多方面产生了重要影响，但它将会创造出的种种奇迹还在明天和后天。正因如此，在世界范围内掀起的“生物工程热”方兴未艾，国际间展开了激烈的竞争。我国从“文化大革命”结束以来，特别是实行改革开放以来，为了迎接世界高技术革命的挑战，党和政府对发展生物工程十分重视，一直把它摆在科技领域的突出位置上，从各方面给以优先的支持。通过科技工作者和各有关部门的努力，我国的生物工程研究和开发进展迅速，各个领域都做出了一批成果，有些成果已经超过或达到国际先进水平，并且收到了显著的经济效益和社会效益。

我国的基因工程研究是从1974年起步的。迄今为止，应用外源基因导入微生物、动物和植物已获得成功的约15项。防治人、畜重要疾病用的乙型肝炎疫苗、青霉素酰化酶、α干扰素和幼畜腹泻病 $K_{88}K_{99}$ 双价疫苗，可望不久得到推广应用；还有一些项目已进入中试阶段。已培育出一些抗病或提高茧层量的家蚕新品种、新品系。继我国首次将高等动物生长激素基因转入泥鳅之后，最近又首创出一种高效、简便的技术，将人生长激素基因导入成熟的鲤鱼卵子，并孵出几千尾幼鱼，为把基因工程应用于渔业展现出光辉的前景。

近几年来，我国在研究难度很大的植物基因工程上有了可喜的突破。从培育出抗病和棉酚含量低的陆地棉以后，采用基因重组技术，已获得了抗α烟草花叶病毒、黄瓜花叶病毒和产生人体蛋白α干扰素的烟草植株以及抗除草剂的大豆植株，新近又获得抗水稻螟虫的水稻植株。如能育成新品种，将大大提高这些作物的产量。

细胞工程方面，我国于1970年开始从事花药培养和单倍体育种的研究，应用花药培养于遗传育种和创造的某些培养技术，多年来一直居世界领先地位。育成的一些水稻、小麦新品种已大面积种植，培育的玉米、烟草等也在生产上发挥了作用。关于植物快速繁殖的研究，我国已培养出百余种农作物、果树、林木、

---

* 本文原载《科技日报》1989年10月10日。

名贵花卉等的试管苗，其中许多已批量生产或进入中试。例如，马铃薯脱病毒种薯生产及繁育体系的建立，已成功地解决了退化问题，在全国大部分种植区推广，使产量增加 1 倍。在广西、广东分别建立了甘蔗、香蕉的快速繁殖基地，已大量供应试管苗，香蕉还出口到日本和中国港澳等地。香荚兰、唐菖蒲、草莓、杉木等试管苗已开始或即将大量生产。植物体细胞杂交和无性系变异方面的研究也取得了一些突出成果。人工种子的研究近年来得到高度重视，已制作出水稻、芹菜、花椰菜、胡萝卜等的人工种子。

动物细胞工程方面，从 1979 年以来，我国已制备出 50 种左右能快速灵敏诊断人、畜疾病的单克隆抗体，包括抗人肝癌、肺癌、胃癌、乙肝病毒、家畜布鲁氏菌、马传贫病毒、鸡新城疫病毒、兔出血热病毒等，其中一些并做成了诊断药盒。抗胃癌单克隆抗体的制备成功，对胃癌的早期诊断是个重大突破。研制生产的早孕诊断试剂，准确率达 100%，诊断盒已在全国 27 个省（直辖市、自治区）供 28 万人临床使用。鱼类和家畜细胞工程研究获得了一些国际先进水平的成就。通过异科异属鱼类的核移植，得到了杂种鱼；首创了鱼类人工雌核发育等技术；还培养出世界上第一尾“试管鱼”。为了加速家畜的良种繁育，受精卵移植、胚胎移植、胚胎分割和体外受精等方法均已试验成功；乳牛胚胎移植和胚胎分割技术已在一部分地区推广应用。继中、日科学家合作在日本培养出世界第一只“试管羔羊”之后，又在国内培养成功，并取得了创新的研究成果。

酶工程方面，目前，国外有的主要工业用酶我国几乎都能生产，并已应用于生产几十种产品。我国的固定化技术研究发轫于 1970 年，迄今已有 7～8 种固定化酶和固定化细胞在生产上使用。采用桔青霉的 5′-磷酸二酯酶的固定化新工艺，使生产效率提高了 30 倍；用固定化细胞制备 6-氨基青霉烷酸的新工艺，也取得了可观的经济效益。

发酵工程方面，40 年来，我国的发酵工程研究取得了一大批成果，使酱油、醋、酒等传统发酵工业得到改革和更新，还从无到有地建立起抗生素、氨基酸、柠檬酸、维生素、甾体激素、核苷酸、微生物多糖等一系列新的发酵工业，形成了比较完整的工业生产体系。我国首创的二步发酵生产维生素 C 的新工艺，已在全国推广，并向国外转让；糖化霉新菌种及其生产工艺在全国推广后，每年可节约粮食 20 多万吨，节约资金 8000 多万元；近年来开发成功的“851 超级口服液”，已经进入国际市场。其他如研究单细胞蛋白、长链二元酸、细菌浸矿等等方面也都获得重要成果。

现在，我国已建立起可观的生物工程研究、开发机构和科技队伍，涌现出一批优秀的中青年科技人才。他们正在继续发奋努力，大力加强薄弱环节，使我国的生物工程研究和开发工作更加大踏步前进。

我国花药培养和单倍体育种研究的成就*

在我国花药培养和单倍体育种研究的园地上，经过十多年来许多生物科学、农林科学工作者的辛勤垦殖和培育，已经结出了丰硕的果实。有些方面，特别是应用花药培养于育种实践方面，已经站到了世界的前列。

花药培养和单倍体育种研究，是从植物组织培养和细胞培养领域萌发出来的一个新分支，它已成为植物细胞工程的重要组成部分。早自 1902 年起，科学家们就陆续探索植物组织的离体培养问题，但经历了相当漫长的时期，工作进展缓慢。直到 1934 年，美国的 White 首先用离体的番茄根尖培养成功能活跃生长的无性繁殖系；法国的 Gautheret 用山毛柳、黑杨的形成层组织，诱导出愈伤组织。主要归功于这两位科学家的奠基工作和他们的进一步研究，植物的组织培养法终于在 20 世纪 30 年代后期确立起来了。50 年代以后，植物的细胞培养也获得成功。关于花药培养的研究，就是在这方面长期工作成果和经验积累的基础上进行的。1964 年、1966 年，印度科学家 Guha 和 Maheshwari 用野生的毛叶曼陀罗的花药，经人工诱导花粉培育出单倍体植株，这是国际上花药培养试验成功的第一个实例。随后，法国 Bourgin、Nitsch 于 1967 年培养成功烟草花粉单倍体植株；1968 年，日本新关宏夫、大野清春又培养出禾本科植物水稻的花粉植株。由于花粉单倍体植株具有育种上的重要价值，以及应用花药培养进行理论研究的意义，因而他们的突破性进展引起了世界上许多遗传育种学者和植物学者的很大重视和兴趣，一时纷纷开展研究工作。可是在后来颇长一段时间里，国外科学家在一些重要作物方面的研究进展并不理想，因为从花药组织诱导出花粉单倍体植株的频率较低，使实际应用乃至理论研究都受到限制。

率先在我国开辟这块园地的，是中国科学院遗传研究所和植物研究所的科学工作者，时间在“文化大革命”中的 1970 年，比国外晚了几年。那是国家动乱、人心摇荡的年代，但不少科学工作者依然不愿虚度时光，尽量利用机会进行科研工作。开展工作不久，水稻和烟草的花粉单倍体植株在国内先后培养成功。1971 年 4 月，遗传研究所欧阳俊闻等在国际上首次诱导出小麦花粉植株。此后，我国这方面的研究进步迅速，并在一些领域后来居上，取得了可喜的成就。

---

* 本文原载《中国科学院院刊》1988 年第 3 期第 268～270 页。

概括说来，我国的贡献主要有以下三个方面。

一、在国际上首先把花药培养技术应用于育种实践

从一开始，我国科学工作者就把开辟育种新途径作为花药培养研究的首要目标。因此，他们选用主要粮食作物和经济植物作为实验材料，并且大都采用杂种第1代（F_1）花药进行培养。

当水稻、烟草、小麦花药培养成功之后，植物研究所、遗传研究所就跟有关兄弟单位协作，开展单倍体育种工作。1974年，植物研究所和中国农业科学院山东烟草研究所（山东益都）合作，首先培育出“单育1号”烟草新品系。1975～1976年，植物研究所又跟黑龙江农业科学实验所等单位协作，培育出“早丰1号”水稻和“龙花1号”小麦新品系；遗传研究所也分别同天津市农业科学院水稻研究所、昆明市农业科学研究所合作，培育成功“花育1号”水稻和“花培1号”小麦新品系。这些新品系都在一定的面积推广种植，并获得了增产效果。

花药培养应用于育种实践最值得称道的两项成果，是北京市农林科学院作物研究所胡道芬等育成的“京花1号”小麦新品种和中国农业科学院作物研究所李梅芳、陈银全等育成的“中花9号”水稻新品种。这两个新品种均经鉴定确认为推广品种，并已大面积栽培种植，获得了相当可观的经济效益。之后，胡道芬等又育成“京花3号”新品种和其他一些优良小麦新品系，并建立了比较完整的花粉育种程序，为花药培养与杂交育种相结合开辟了广阔的途径。李梅芳和合作者又选育出“中花10号”等一些水稻优良新品系，已在一些地区扩大种植并申报品种审定。

到1987年为止，据不完全统计，我国各地用花药培养方法培养出来的水稻新品系或新品种约60个，小麦20多个。此外，在烟草、玉米、橡胶、果树和蔬菜的育种工作中，也已不同程度地采用了花粉单倍体育种技术，并获得了一些优良的新品种、新品系或无性系。

我国在花粉单倍体育种上获得的成就，赢得了国际同行科学家的普遍赞誉。有些著名科学家说，单倍体研究1964年起始于印度，但是单倍体育种却在中国广泛应用。就应用而言，中国在世界上处于领先地位。

17年来的研究和育种实践证明，花粉单倍体育种是一种行之有效的育种新方法，它具有下列其他育种方法不能代替的优越性：①可以明显地缩短育种年限，快速、高效地选育出新品种；②可以固定那些常规育种后代中难以显现的配子基因重组体，获得较多双亲优良性状的植物新类型；③单倍体系统的诱变、无

性系变异和突变体筛选，是创造植物新类型的理想系统；④花药培养是转移外源有用基因的有效手段。

二、建立了先进的培养技术

在花药培养技术的建立和改进上，我国科学工作者做了大量试验研究工作，从而提高了花粉植株的诱导频率，突破了国外学者原来在这方面所受到的限制。我国所以能够在单倍体育种实践上取得比较显著的成绩，也是跟在培养技术上作出的突破分不开的。

植物研究所朱至清等研制成功的 N_6 培养基，适用于水稻和其他一些禾谷类植物的花药培养和其他组织培养。这种培养基跟国际上有名的 MS 培养基和 Miller 培养基相比，可以提高诱导频率 1～2 倍。现已被国内许多实验室和美国、印度、联邦德国、法国、英国等十余个国家的有关实验室所采用。遗传研究所科技人员研制的马铃薯培养基，证明效果良好，也被国内外不少实验室应用于一些麦类和水稻的花药培养。最近，欧阳俊闻等在马铃薯培养基的基础上加以改进，又建立了一个高效的 W_{11} 小麦花药合成培养基，对愈伤组织有很高的诱导率，达到了国际先进水平。此外，中国科学院华南植物研究所科学工作者研制的“合五”、“籼苗Ⅱ”等籼稻花药培养基，也获得比较普遍的应用。在培养方法上，遗传研究所田文忠、陈英改进了花药漂浮培养方法，使水稻愈伤组织的诱导频率得到成倍增长。

目前，在遗传研究所、植物研究所等一些单位的实验室里，粳稻和小麦花粉植株诱导的成功率都在 10% 以上。能够得到这样高的诱导频率，并不是一件简单、容易的事情，而是从多方面长期研究探索的结果。为此，两个研究所的学者曾对花药培养基、适宜的花粉发育时期，适宜的培养条件和供体基因型的作用等问题作了许多研究，因而使其达到能在育种工作和理论研究上应用的水平。不过也要看到，近年来国外有些国家在研究提高稻、麦等重要作物的诱导频率上已有显著的进展，而且我国在玉米、橡胶、蔬菜、籼稻、冬小麦等的花药培养上，成功率都还不够高，因此这方面的研究仍需进一步加强。

三、诱导成功一些重要植物的花粉植株，并在基础研究上取得了一定的成果

到现在为止，我国科学工作者培养成功花粉单倍体植株的农作物和经济植物的种类已超过 40 种。其中，遗传研究所、植物研究所诱导成功的小麦、玉米、

橡胶、杨树、甘蔗、小黑麦、小偃麦、辣椒、茄子、薏苡、枸杞、人参、贝母等十多种植物，在国际上均属首次。

关于花粉植株的细胞遗传学特征，遗传研究所胡含等作了比较系统的探讨。他们发现，通过花药培养不仅可得到大量的整倍体，还可以直接获得不少非整倍体和变异体，容易产生染色体断片和染色体重排。当培养杂种花药时，可使各种配子重组体充分显现，因而能将异源基因或染色体快速地转移到栽培种，创造新的类型。这些成果为单倍体育种提供了进一步的科学依据。植物研究所、遗传研究所的工作者还对于雄核发育中的细胞分裂方式和超微结构进行了比较细致的研究。但是总的看来，我国这方面的基础研究还相当薄弱。

花药培养和单倍体育种作为一种技术、一种手段，给生物学研究和育种工作增添了一项新的、有力的武器，但它并不能取代其他的研究技术和育种手段。在对待花药培养和单倍体育种研究的问题上，我国曾经有过两种不同的倾向。在工作顺利开展并取得一定成绩的一段时间里，在某种程度上出现过“单打一”的现象，人力过分集中于花药培养和单倍体育种研究，而对其他研究和育种手段有所忽略；过后，在这方面的工作没有取得显著突破的时期，又出现了忽视花药培养和单倍体育种的优越性，对它的作用估计不足的倾向。经历了这两个时期，近数年来，花药培养和单倍体育种研究已逐步走上了健康的发展道路。

我国的研究和育种实践已经证明，把花药培养和单倍体育种研究跟其他研究技术、育种手段相结合，是可以收到相互补充、相得益彰的效果的，应该坚持这样做下去。继续把面向国民经济建设作为主要的目标，同时真正重视和加强基础研究，注意充实和填补薄弱环节，那么，在我国的花药培养和单倍体育种研究领域里，就不仅能够保持和进一步发展有些方面已经取得的领先地位，而且也有希望在其他方面不断登上世界科学的高峰，为国家的社会主义建设事业作出更大的贡献。